高等职业院校“三教改革”成果系列教材

电工综合技能训练与考级

（高级）

主　编　孙秀珍

副主编　许长兵　张海艳

参　编　周艳红　夏　诚　蔡永石

徐海涛　陈　飞　李　云

北京理工大学出版社

BEIJING INSTITUTE OF TECHNOLOGY PRESS

内 容 简 介

本书共五个模块，其中模块一继电控制电路的测绘、装调与维修主要介绍机床电气控制电路测绘、调试、维修，以及临时供电、用电设备设施的安装与维护的内容；模块二 PLC 控制系统的安装、调试与维修主要介绍可编程控制系统分析、编程、调试与维修以及消防电气系统装调维修的内容；模块三直流传动系统的安装、调试与维修主要介绍常见直流调速及直流传动系统的安装、调试、维修的内容；模块四交流传动系统的安装、调试与维修主要介绍变频调速的控制及中高频淬火设备的装调；模块五电力、电子电路安装、调试与维修主要介绍典型电子电路装调、维修及可控整流电路装调相关的内容。

本书可作为高职高专、五年制高职院校电气自动化专业、机电一体化专业的相关课程教材，也可作为应用型本科、职业技能竞赛等相关专业的培训教材，还可以作为相关工程技术人员的参考用书。

图书在版编目（CIP）数据

电工综合技能训练与考级：高级 / 孙秀珍主编. —北京：北京理工大学出版社，2021.4
ISBN 978-7-5682-9783-7

Ⅰ. ①电…　Ⅱ. ①孙…　Ⅲ. ①电工技术-高等职业教育-教材　Ⅳ. ①TM

中国版本图书馆 CIP 数据核字（2021）第 074723 号

出版发行 / 北京理工大学出版社有限责任公司
社　　址 / 北京市海淀区中关村南大街 5 号
邮　　编 / 100081
电　　话 /（010）68914775（总编室）
（010）82562903（教材售后服务热线）
（010）68948351（其他图书服务热线）
网　　址 / http://www.bitpress.com.cn
经　　销 / 全国各地新华书店
印　　刷 / 三河市天利华印刷装订有限公司
开　　本 / 787 毫米×1092 毫米　1/16
印　　张 / 17.5
字　　数 / 388 千字
版　　次 / 2021 年 4 月第 1 版　2021 年 4 月第 1 次印刷
定　　价 / 45.00 元

责任编辑 / 陈莉华
文案编辑 / 陈莉华
责任校对 / 周瑞红
责任印制 / 施胜娟

图书出现印装质量问题，请拨打售后服务热线，本社负责调换

前　言

《电工综合技能训练与考级（高级）》是依据中华人民共和国人力资源和社会保障部颁布的国家职业技能标准电工（职业编码 6－31－01－03）2018 年版，遵循以“职业活动为导向，以职业技能为核心”的指导思想，结合当今社会经济发展和产业结构的变化而编写，以培养学生职业实践能力为宗旨，以掌握现代控制技术技能为培养目标。

该书涵盖了电工高级工考核的知识点及操作技术要点，在内容与呈现形式上以理论和实践并重、规范与创新兼备，由学校和企业人员共同参与开发编写，共建共享，着力于体现电工职业的岗位需求，紧扣产业发展与企业人才需求。整体架构以项目为主线，以基于工作过程开发的典型工作任务或案例为引领，多元全程评价相结合。一改传统的理论说教模式，将知识点贯穿于实训操作过程中，充分体现以学生为主体、教师为主导的“教、学、做”一体，“做中学，做中教”的现代职业教育理念，结合企业 6S 管理理念，强调安全第一，注重培养规范的操作技能和良好的职业素养。编写特色充分体现了与国家职业技能鉴定接轨、与企业人才需求接轨、具有规范性和创新性。

本书可作为高职高专、五年制高职院校电气自动化专业、机电一体化专业的相关课程教材，也可作为应用型本科、职业技能竞赛等相关专业的培训教材，还可以作为相关工程技术人员的参考用书。

本书由江苏省南京工程高等职业学校、江苏联合职业技术学院宜兴分院、连云港中等专业学校等几所院校多年从事该课程教学的专业教师及中国船舶重工集团公司第七一六研究所的李云高级工程师参与编写，其中孙秀珍担任本书的主编，张海艳、许长兵担任副主编。模块一由孙秀珍编写，模块二由周艳红、李云、张海艳编写，模块三由蔡永石、陈飞编写，模块四由夏诚、张海艳编写，模块五由徐海涛编写。全书由张海艳统稿，李云高级工程师提供了企业需求建议和技术指导，常州刘国钧高等职业技术学校杨欢主审。

限于编者的经验、水平，书中难免有不足与缺漏之处，恳请专家、读者批评指正。

编　者

目　录

模块一　继电控制电路的测绘、装调与维修

项目一　X62W 型万能铣床电气控制电路的测绘、装调与维修

项目提出

铣削是一种高效率的加工方式，铣床是通用的多用途机床，可以加工各种表面，如平面、阶台面、沟槽，装上分度头可以加工齿轮和螺旋面，装上圆工作台可以加工凸轮和弧形槽。铣床的种类很多，有卧式铣床、立式铣床、龙门铣床、仿形铣床及各种专用铣床等，常用铣床如图 1.1.1 所示。其中 X62W 型和 X52K 型是两种常用的万能铣床，这两种铣床的主要区别在于铣头的放置方向不同，X62W 型铣头是水平方向放置的，X52K 型铣头是垂直方向放置的。其他机构上基本相似，工作台进给方式、主轴变速等相同，电气控制电路原理也很相似。

卧式万能铣床

立式摇臂万能铣床

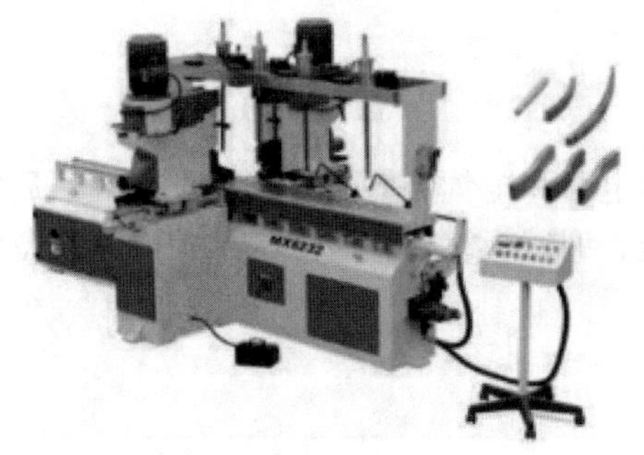

双面仿形铣床

龙门铣床

图 1.1.1　几种常用铣床

本项目以学校机加工实训车间的 X62W 型卧式万能铣床为例进行学习，X62W 型万能铣床是一种高效率多用途的通用机床，它可以用圆片铣刀、角度铣刀、成型铣刀及端面铣刀等刀具对各种零件进行平面、斜面、螺旋面及成型表面的加工，还可以加装万能铣头、分度头和利用圆工作台等机床附件来扩大加工范围。

项目分析

X62W 型万能铣床共由 3 台电动机拖动，分别是主轴电动机 M1、进给电动机 M2 和冷却泵电动机 M3。铣削加工有顺铣和逆铣两种加工方式，所以要求主轴电动机能正反转。为能实现快速停车，采用制动停车方式。铣床的工作台要求有前后、左右、上下六个方向的进给运动和快速移动，因此进给电动机也要求能正反转，并通过操纵手臂和机械离合器配合实现，进给电动机停车是通过电磁铁和机械悬挂挡来完成的。同时，在工作台上加了圆形工作台，圆形工作台回转运动是由进给电动机经传动机构来驱动的。为了使操作者能在铣床正面、侧面方便操纵，对主轴的启动、停止，工作台进给运动选向及快速移动等的控制，设置了多地控制。要求有冷却泵系统和照明系统及各种保护措施。

本项目以 X62W 型万能铣床为例，学习 X62W 型万能铣床电气控制电路的测绘、装调与检修，达成以下学习目标：

（1）通过观察 X62W 型万能铣床实物了解铣床的基本组成结构，通过通电试车操作，熟悉铣床的运动过程及形式。

（2）通过对 X62W 型万能铣床电路的测绘，学会电气图测绘的思路和方法。

（3）通过研读 X62W 型万能铣床电气原理图，对照实际铣床，明确使用电气元件种类、数目及型号，学会绘制电气安装接线图。

（4）通过观察分析铣床故障现象，学会判断铣床故障类型和故障点，会分析处理铣床电气故障和机械故障。

（5）能正确填写维修记录，操作完成后按要求清洁整理施工现场。

项目实施

任务 1.1.1　继电 – 接触器控制电路的测绘

知识导读

电气测绘是根据现有的电气电路、机械控制电路和电气装置进行现场测绘，然后经过整理后测绘出的安装接线图和控制原理图，为安装、调试、使用、检修和维护电气设备的工作人员提供了重要依据。

继电 – 接触器控制电路测绘的方法和步骤

1. 电气控制图测绘方法

（1）布置图—接线图—原理图，先绘制电气元件布置图，再绘制安装接线图，最后绘制原理图。这也是常用的电气控制图测绘方法。

（2）查对法，在调查了解的基础上，分析判断生产设备控制电路中采用的基本控制环节，并画出控制电路草图，然后与实际电路进行查对，不对的地方加以修改，最后绘制出完整的电气控制电路图。采用查对法绘制电气图，要求绘制者具备一定的电气原理知识基础。

（3）综合法，根据生产设备中所用电动机的控制要求及各环节的作用，将上述两种方法相结合，进行电气图的绘制方法。如先用查对法画出草图，再按实物绘制、检查、核对、修改，画出完整的电气控制电路图。

2. 电气控制图测绘步骤

（1）测量工具和测量仪器等的准备。

（2）了解机床的基本结构和运动形式。

（3）通电试车，以进一步熟悉机床运动情况和控制方式。

（4）草图的绘制。草图的绘制原则是：先测绘主电路，再测绘控制电路；先测绘输入端，后测绘输出端；先测绘主干线，再依次按节点测绘各支路；先简单后复杂，最后要一个回路一个回路进行校验。

（5）整理测绘草图，画出正规的安装接线图和控制电路图。

任务实施

一、准备阶段

（1）实训车间 X62W 型万能铣床一台，X62W 型万能铣床说明书，测绘软件（AutoCAD 软件、elecworks 软件等），电工工具，安全用具。

（2）X62W 型万能铣床电气控制图测绘前的调查。

① 了解 X62W 型万能铣床的基本结构及运动形式，分清楚机械控制、液压控制和电气控制及各种保护。

② 通过在教师监护下通电试运行，进一步明确 X62W 型万能铣床的运动过程及控制形式。

二、操作过程

1. 测绘电气元件位置图

将 X62W 型万能铣床断电，并使所有电气元件处于正常（不带电不受力）状态，按实物画出电气元件位置图，如图 1.1.2 所示。

测绘顺序从外到内：先画出电源开关、按钮、行程开关、电气控制箱等部件的位置，再画出电气控制箱内部熔断器、接触器、热继电器、控制变压器、端子排等电气元件的位置。

2. 测绘电气安装接线图

根据实际查看 X62W 型万能铣床电气控制电路，结合电气元件位置图，绘制出铣床电气安装接线图，如图 1.1.3 所示。根据之前测绘出的位置图画出元件的内部功能示意图，清晰标注出端子号。

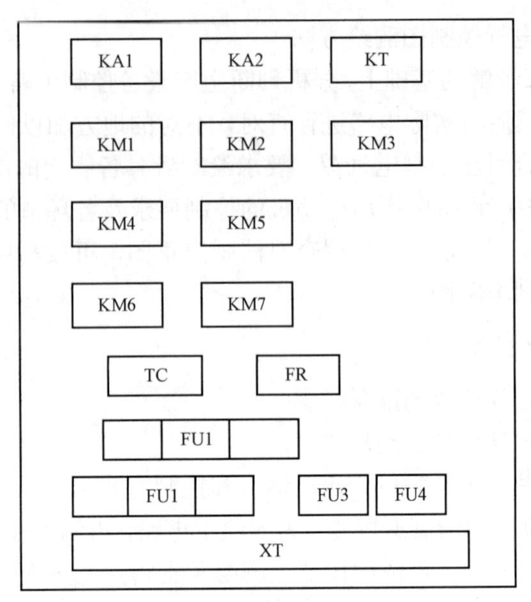

图 1.1.2　X62W 型万能铣床电气元件位置图

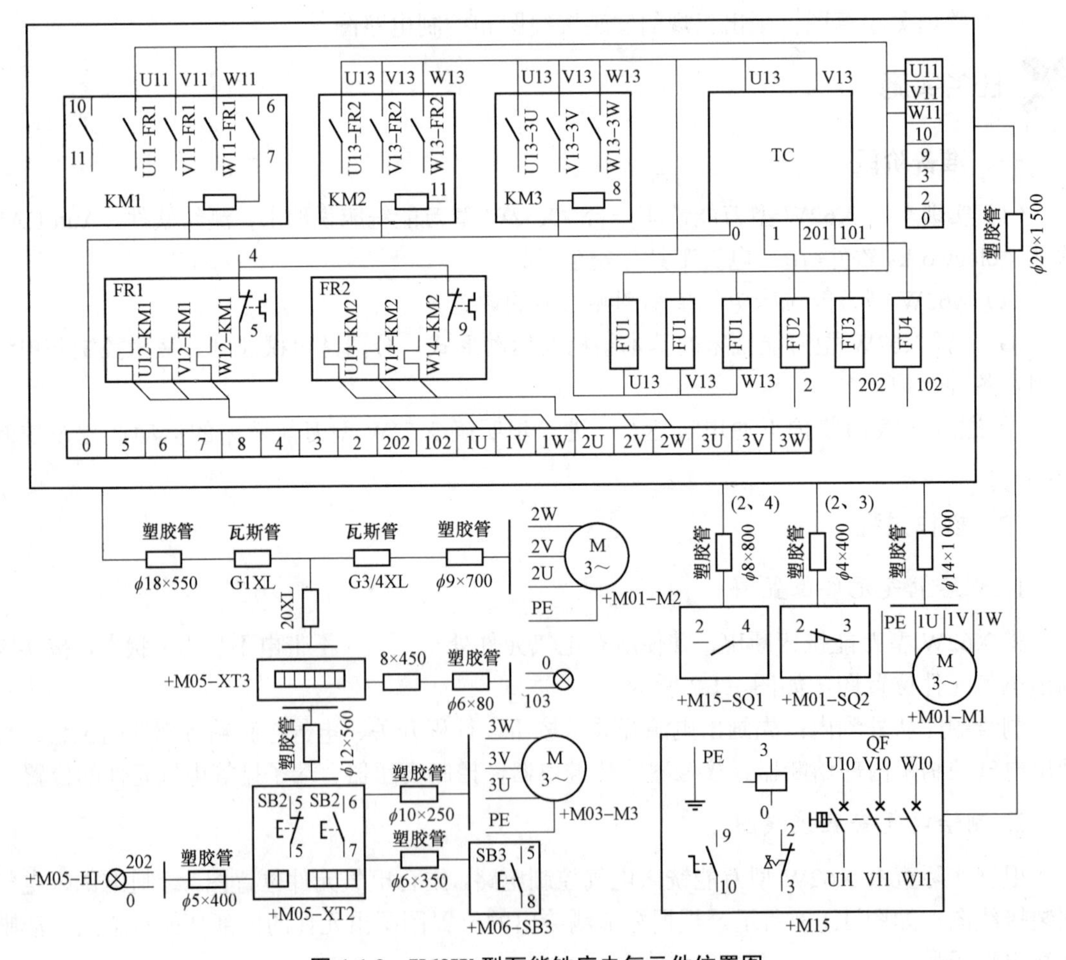

图 1.1.3　X62W 型万能铣床电气元件位置图

注意事项

（1）接线图应能表示出各电气元件在电气设备中的实际位置，同一元件的各组件要画在一起。

（2）要表示出各电动机、元件之间的电气连接关系。

（3）接线图中元件的图形符号、文字符号以及端子的编号均应与电路相一致，以便对照检查。

（4）接线图应标明导线和走线管的型号、规格、尺寸、根数。

（5）测绘时，应先从主电路开始，测绘出主电路接线图，然后再测绘出控制电路接线图。

三、案例——测绘电气安装接线图

1. 测绘主电路

X62W型万能铣床的电气控制主电路主要是由电源开关QS、熔断器FU1和FU2、接触器KM1～KM6，热继电器FR1～FR3，电动机M1～M3，速度继电器KS及制动电阻器*R*等元件组成的电路。具体绘制思路如图1.1.4所示。

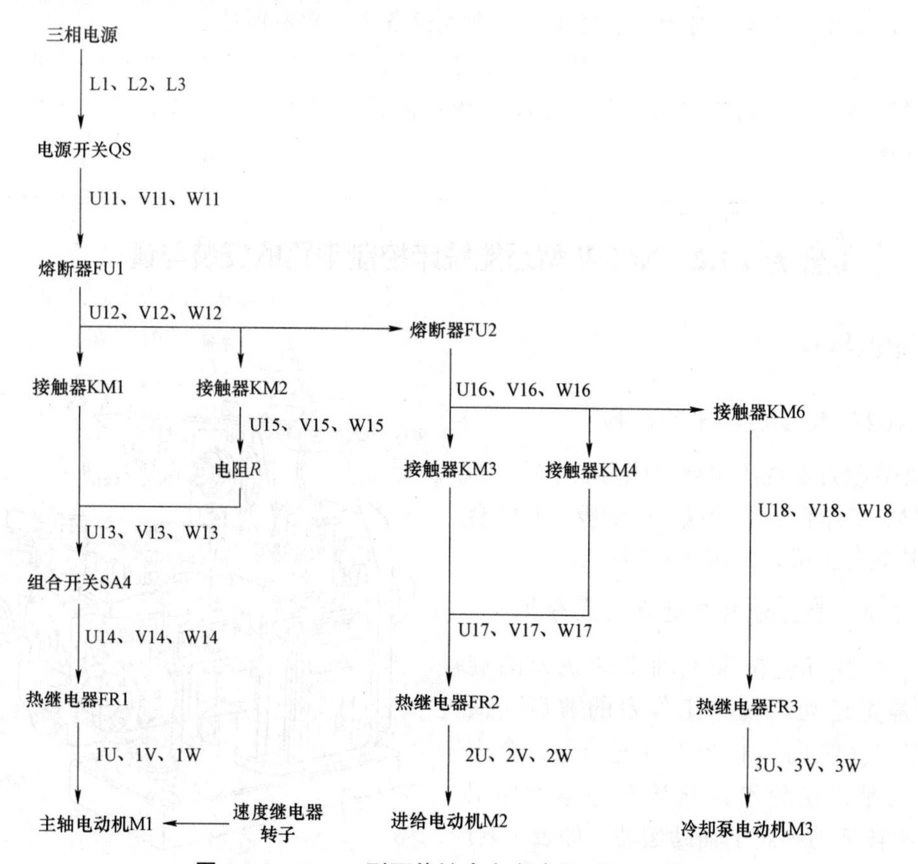

图1.1.4 X62W型万能铣床主电路原理图绘制思路

2. 测绘控制电路

控制电路的测绘从控制变压器 T 的二次侧开始，外加照明电路，用上述同样的方法可测绘出控制电路的草图。

3. 检查、修改测绘的电路图

将绘制好的电气控制电路图对照实物进行实际操作，检查绘制的电气控制电路图的操作控制与实际操作的电气元件动作情况是否相符。

注意事项

（1）操作时，要切断被测设备或装置电源，尽量做到无电测绘。如果确需带电测绘，要穿戴好劳动保护用品，规范操作。

（2）图中各电气元件的图形符号和文字符号均按最新国家标准绘制，主电路在左，控制电路在右，按照国家标准规定采用竖直画法。

（3）要避免大拆大卸，对拆下的线头要做好标记。

（4）两人测绘要由一人指挥，协调一致防止发生事故。

（5）测绘过程中，如确需开动机床或设备时，要断开执行元件或请熟练的操作工操作，同时要有人监护。对于可能发生的人身或设备事故要有防范。

（6）测绘过程中如果发现有掉线或接错线时，首先做好记录，然后继续测绘，待电路图绘制完成后再做处理。切记不要把掉线随意接在某个元件上，以免发生更大的电气事故。

任务 1.1.2 X62W 型万能铣床控制电路的安装与调试

知识导读

1. X62W 型万能铣床的结构

X62W 型万能铣床主要由床身、主轴、刀杆、横梁、工作台、回转盘、横溜板、升降台底座等几部分组成，如图 1.1.5 所示。

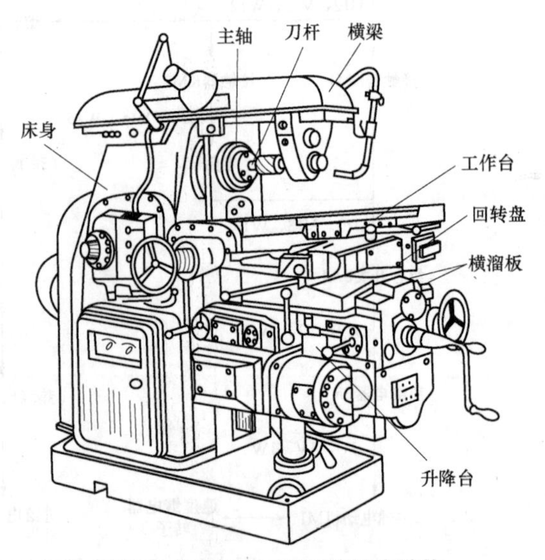

图 1.1.5 X62W 型万能铣床结构

2. X62W 型万能铣床运动形式分析

X62W 型万能铣床主轴带动铣刀的旋转运动是主运动，铣床工作台的前后（横向）、左右（纵向）和上下（垂直）6 个方向的运动是进给运动，铣床其他运动如工作台的旋转运动则属于辅助运动，如表 1.1.1 所示。

表 1.1.1　X62W 型万能铣床运动形式和控制要求

运动种类	运动形式	控制要求
主运动	主轴带动铣刀的旋转运动	主轴电动机选用三相笼型异步电动机，采用组合开关控制主轴电动机的正反转。 主轴电动机采用电磁离合器制动的方式实现准确的停车。 主轴电动机的调速，采用改变齿轮传动箱的传动比实现，主轴电动机不需要调速
进给运动	工作台在前后、左右、上下 6 个方向上的运动，以及椭圆形工作台的旋转运动	由进给电动机拖动，需要正反转，为保证安全，在任何时刻工作台只有一个方向的进给运动，采用机械手柄和行程开关配合实现联锁。 主轴电动机启动后，进给电动机才能启动；进给电动机停止后，主轴电动机才能停止
辅助运动	工作台的快速运动	在前后、左右、上下 6 个方向之一上的快速移动，是通过电磁离合器的吸合，改变传动机构的传动比实现的
	主轴和进给的变速冲动	电动机作瞬时点动，即变速冲动

3. X62W 型万能铣床原理及分析

（1）X62W 型万能铣床电气控制电路原理图，如图 1.1.6 所示。

（2）X62W 型万能铣床主电路分析。

X62W 型万能铣床主电路主要由主轴电动机 M1、进给电动机 M2、冷却泵电动机 M3 组成。

1）主轴电动机 M1 拖动主轴带动铣刀进行铣削加工。

正反转通过换相开关 SA5 及接触器 KM1 配合实现控制，通过串电阻 R 和速度继电器 KS 实现串电阻瞬时冲动和正反转反接制动，并通过机械进行变速。

2）工作台进给电动机 M2 拖动升降及工作台进给。

变速时的瞬时冲动、6 个方向的常速进给和快速进给是由 KM3、KM4 与行程开关 SQ1－6、牵引电磁铁 YA 配合实现控制。

3）冷却泵电动机 M3 提供冷却液。

冷却泵电动机 M3 由 SA3 和接触器 KM6 配合控制。

4）电路保护。

总短路保护及 M1 的短路保护是熔断器 FU1，M2、M3 及控制变压器 TC、照明灯 EL 的短路保护是 FU2、FU3、FU4，M1、M2、M3 的过载保护分别是热继电器 FR1、FR2、FR3。

（3）X62W 型万能铣床控制电路分析。

1）主轴电动机的控制，其电路如图 1.1.6 所示。

① SB1、SB3 与 SB2、SB4 是分别装在机床两边的停止（制动）和启动按钮，实现两地控制，方便操作。

② KM1 是主轴电动机启动接触器，KM2 是反接制动和主轴变速冲动接触器。

③ SQ7 是与主轴变速手柄联动的瞬时动作行程开关。

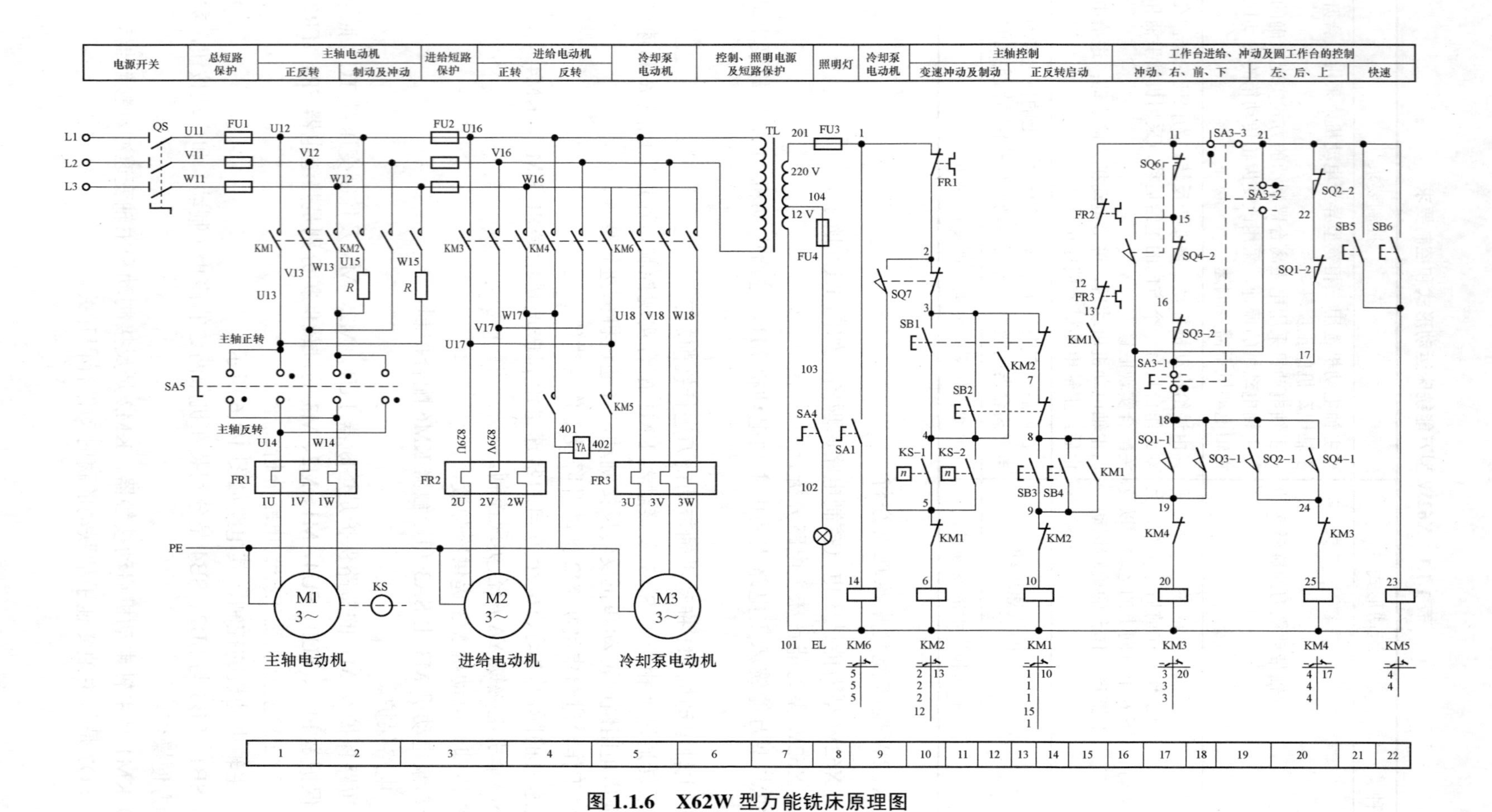

图 1.1.6　X62W 型万能铣床原理图

④ 主轴电动机需启动时，要先将 SA5 扳到主轴电动机所需要的旋转方向，然后再按启动按钮 SB3 或 SB4 来启动电动机 M1。

⑤ M1 启动后，速度继电器 KS 的常开触点闭合，为主轴电动机的停转制动做好准备。

⑥ 停车时，按停止按钮 SB1 或 SB2 切断 KM1 电路，接通 KM2 电路，改变 M1 的电源相序进行串电阻反接制动。当 M1 的转速低于 120 r/min 时，速度继电器 KS 的常开触点恢复断开，切断 KM2 电路，M1 停转，制动结束。

⑦ 主轴电动机变速时的瞬动（冲动）控制，是利用变速手柄与冲动行程开关 SQ7 通过机械上联动机构进行控制的。

变速时，先下压变速手柄，然后拉到前面，当快要落到第二道槽时，转动变速盘，选择需要的转速。此时凸轮压下弹簧杆，使冲动行程 SQ7 的常闭触点先断开，切断 KM1 线圈的电路，电动机 M1 断电；同时 SQ7 的常开触点后接通，KM2 线圈得电动作，M1 被反接制动。当手柄拉到第二道槽时，SQ7 不受凸轮控制而复位，M1 停转。

接着把手柄从第二道槽推回原始位置时，凸轮又瞬时压动行程开关 SQ7，使 M1 反向瞬时冲动一下，以利于变速后的齿轮啮合。但要注意，不论是开车还是停车时，都应以较快的速度把手柄推回原始位置，以免通电时间过长，引起 M1 转速过高而打坏齿轮。

2）工作台进给电动机的控制。

工作台的纵向、横向和垂直运动都由进给电动机 M2 驱动，接触器 KM3 和 KM4 使 M2 实现正反转，用以改变进给运动方向。它的控制电路采用了与纵向运动机械操作手柄联动的行程开关 SQ1、SQ2 和横向及垂直运动机械操作手柄联动的行程开关 SQ3、SQ4 组成复合联锁控制。即在选择三种运动形式的 6 个方向移动时，只能进行其中一个方向的移动，以确保操作安全，当这两个机械操作手柄都在中间位置时，各行程开关都处于未压的原始状态，如图 1.1.7 所示。

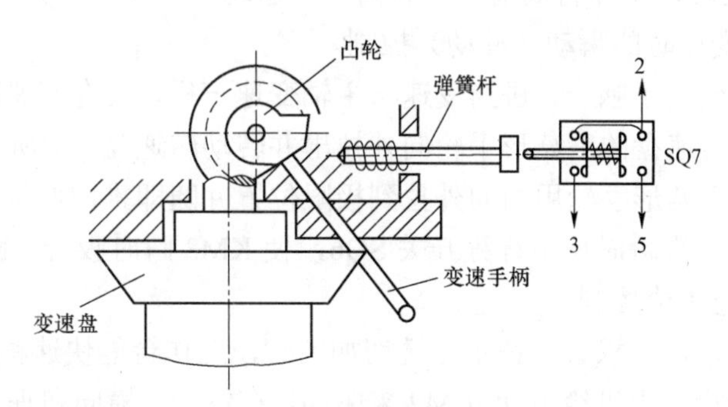

图 1.1.7　主轴变速冲动控制示意图

由原理图 1.1.6 可知：M2 电动机在主轴电动机 M1 启动后才能进行工作。在机床接通电源后，将控制圆工作台的组合开关 SA3－2（21－19）扳到断开状态，使触点 SA3－1（17－18）和 SA3－3（11－21）闭合，然后按下 SB3 或 SB4，这时接触器 KM1 吸合，使 KM1（8－12）闭合，就可进行工作台的进给控制。

① 工作台纵向（左右）运动的控制。

工作台的纵向运动是由进给电动机 M2 驱动，由纵向操纵手柄来控制。此手柄是复式的，一个安装在工作台底座的顶面中央部位，另一个安装在工作台底座的左下方。手柄有三个：

向左、向右、零位。当手柄扳到向右或向左运动方向时，手柄的联动机构压下行程 SQ2 或 SQ1，使接触器 KM4 或 KM3 动作，控制进给电动机 M2 的转向。工作台左右运动的行程，可通过调整安装在工作台两端的撞铁位置来实现。当工作台纵向运动到极限位置时，撞铁撞动纵向操纵手柄，使它回到零位，M2 停转，工作台停止运动，从而实现了纵向终端保护。

工作台向左运动：在 M1 启动后，将纵向操作手柄扳至向右位置，一方面机械接通纵向离合器，同时在电气上压下 SQ2，使 SQ2-2 断、SQ2-1 通，而其他控制进给运动的行程开关都处于原始位置，此时使 KM4 吸合，M2 反转，工作台向左进给运动。

工作台向右运动：当纵向操纵手柄扳至向左位置时，机械上仍然接通纵向进给离合器，但压动了行程开关 SQ1，使 SQ1-2 断、SQ1-1 通，使 KM3 吸合，M2 正转，工作台向右进给运动。

② 工作台垂直（上下）和横向（前后）运动的控制。

工作台的垂直和横向运动，由垂直和横向进给手柄操纵。此手柄也是复式的，有两个完全相同的手柄分别装在工作台左侧的前、后方。手柄的联动机械一方面压下行程开关 SQ3 或 SQ4，同时能接通垂直或横向进给离合器。操纵手柄有 5 个位置（上、下、前、后、中间），5 个位置是联锁的，工作台的上下和前后的终端保护是利用装在床身导轨旁与工作台座上的撞铁，将操纵十字手柄撞到中间位置，使 M2 断电停转。

工作台向后（或者向上）运动的控制：将十字操纵手柄扳至向后（或者向上）位置时，机械上接通横向进给（或者垂直进给）离合器，同时压下 SQ3，使 SQ3-2 断、SQ3-1 通，使 KM3 吸合，M2 正转，工作台向后（或者向上）运动。

工作台向前（或者向下）运动的控制：将十字操纵手柄扳至向前（或者向下）位置时，机械上接通横向进给（或者垂直进给）离合器，同时压下 SQ4，使 SQ4-2 断、SQ4-1 通，使 KM4 吸合，M2 反转，工作台向前（或者向下）运动。

③ 进给电动机变速时的瞬动（冲动）控制。

变速时，为使齿轮易于啮合，进给变速与主轴变速一样，设有变速冲动环节。当需要进行进给变速时，应将转速盘的蘑菇形手轮向外拉出并转动转速盘，把所需进给量的标尺数字对准箭头，然后再把蘑菇形手轮用力向外拉到极限位置并随即推向原位，就在一次操纵手轮的同时，其连杆机构二次瞬时压下行程开关 SQ6，使 KM3 瞬时吸合，M2 做正向瞬动。

④ 工作台的快速进给控制。

为提高劳动生产率，要求铣床在不做铣切加工时，工作台能快速移动。

工作台快速进给也是由进给电动机 M2 来驱动，在纵向、横向和垂直三种运动形式 6 个方向上都可以实现快速进给控制。

主轴电动机启动后，将进给操纵手柄扳到所需位置，工作台按照选定的速度和方向做常速进给移动时，再按下快速进给按钮 SB5（或 SB6），使接触器 KM5 通电吸合，接通牵引电磁铁 YA，电磁铁通过杠杆使摩擦离合器合上，减少中间传动装置，使工作台按运动方向做快速进给运动。当松开快速进给按钮时，电磁铁 YA 断电，摩擦离合器断开，快速进给运动停止，工作台仍按原常速进给时的速度继续运动。

3）圆工作台运动的控制。

应先将进给操作手柄都扳到中间（停止）位置，然后将圆工作台组合开关 SA3 扳到圆工作台接通位置。此时 SA3－1 断，SA3－3 断，SA3－2 通。准备就绪后，按下主轴启动按钮 SB3 或 SB4，则接触器 KM1 与 KM3 相继吸合。主轴电动机 M1 与进给电动机 M2 相继启动并运转，而进给电动机仅以正转方向带动圆工作台做定向回转运动。

注意事项

（1）主轴电动机需要正反转，但方向的改变不频繁，根据加工工艺的要求，有的工件需要顺铣（电动机正转），有的工件需要逆铣（电动机反转），大多数情况下是一批或多批工件只用一种方向铣削，并不需要经常改变电动机转向。

（2）铣刀的切削是一种不连续切削，容易使机械传动系统发生振动，为了避免这种现象，在主轴传动系统中装有惯性轮，但在高速切削后，停车很费时间，故采用电磁离合制动。

（3）为了防止刀具和机床的损坏，要求只有主轴旋转后，才允许有进给运动。为了减小加工件表面的粗糙度，只有进给停止后主轴才能停止或同进停止。

（4）主轴运动和进给运动采用变速盘来进行还度选择，保证变速齿轮进入良好啮合状态，两种运动都要求变速后做瞬时点动。

X62W 型万能铣床电气元件明细表如表 1.1.2 所示。

表 1.1.2　X62W 型万能铣床电气元件明细

代号	名称	型号	规格	数量
M1	主轴电动机	J02－51－4	7.5 kW、1 450 r/min	1
M2	进给电动机	J02－22－4	1.5 kW、1 410 r/min	1
M3	冷却泵电动机	JCB－22	0.125 kW、2 790 r/min	1
KS	速度继电器	JY1	380 V、2 A	1
QS	组合开关	HZ10－60/3	60 A	1
FU1	熔断器	RL1－60/35	380 V、60 V、配熔体 35 A	3
FU2	熔断器	RL1－60/25	380 V、60 V、配熔体 25 A	3
FU3	熔断器	RL1－15/5	380 V、60 V、配熔体 5 A	1
FU4	熔断器	RL1－15/2	380 V、60 V、配熔体 2 A	1
KM1、KM2	交流接触器	CJ10－20	线圈电压 220 V、20 A	2
KM3～KM6	交流接触器	CJ10－10	线圈电压 220 V、20 A	4
FR1	热继电器	JR16－20/3	20 A、三极整定电流 15 A	1
FR2	热继电器	JR16－20/3	20 A、三极整定电流 3 A	1
FR3	热继电器	JR16－20/3	20 A、三极整定电流 0.3 A	1
YA	牵引电磁铁	B1DL－Ⅱ		1

续表

代号	名称	型号	规格	数量
TC	控制变压器	BK－50	380 V/220 V/12 V	1
SQ1～SQ4	十字开关	LX2－131		4
SQ5～SQ7	行程开关	LX1－11K	380 V、5 A	3
SA1	开关	LS2－3A	380 V、3 A	1
SA2	开关	LS2－3A	380 V、3 A	1
SA3	开关	HZ10－10/31	380 V、10 A	1
SA4	开关	HZ3－133	380 V、10 A	1
SB1、SB3	按钮	LA2－2H	380 V、5 A	2
SB2、SB4	按钮	LA2－2H	380 V、5 A	2
SB5、SB6	按钮	LA2－1H	380 V、5 A	2

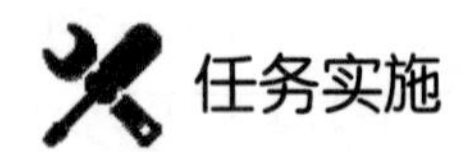

任务实施

一、准备阶段

实训车间 X62W 型万能铣床一台，X62W 型万能铣床说明书，装调工具，仪器仪表，安全用具。

（1）认真研读 X62W 型万能铣床电气原理图，明确电气元件种类、型号及数量，清楚各电气元件的连接顺序及控制关系。

（2）列出 X62W 型万能铣床元器件清单表，准备好电气元件和导线等材料。对元器件进行常规核对和检测，包括外观、触电、动作、绝缘等。对电动机进行三相电阻平衡、绝缘电阻（绝缘电阻不低于 0.5 MΩ）等检测。对变压器一、二侧绝缘电阻和两侧电压进行检测，确保能正常工作。

（3）选择适当的导线。主轴电动机 M1 为 7.5 kW，宜选用 4 mm^2 的 BVR 塑料铜芯线，进给电动机 M2 为 1.5 kW，冷却泵电动机 M3 为 0.125 kW，宜选用 1.5 mm^2 的 BVR 塑料铜芯线，控制电路宜选用 1.0 mm^2 的 BVR 塑料铜芯线。敷设控制板宜选用单芯硬质导线，其他连接可选用同规格多芯软线，导线的耐压等级均为 500 V。

（4）控制板选用 2.5～5 mm 厚的钢板。

二、操作过程

1. 电气控制板的制作

（1）元器件定位。将元器件进行合理排列定位，并进行标记。注意元器件之间、元器件与柜壁之间距离应恰当、均匀，不影响开关柜门操作。

（2）按标记进行打孔、攻螺纹、修磨、两面刷防锈漆，正面喷涂白漆，晾干后，将元器件对应的电器标牌固定在图样标示的位置。

（3）敷线。线路敷设一般有两种方法，一种采用硬线贴板敷设，另一种采用软线走线槽敷设。

（4）电路检测。根据 X62W 型万能铣床电气原理图，核对、检测线路连接，防止错接、漏接、编号错漏等。

2. X62W 型万能铣床的电气安装

安装要求：元器件与底板贴合紧密、固定牢固、横平竖直，同类元器件尽量集中安装。特别要注意以下两点。

（1）限位开关的安装。限位开关固定要牢固，放置在撞块安全撞压区内，确保撞块在不撞坏的前提下能可靠撞压。

（2）电动机的安装。电动机的安装一般可以借助起吊装置将电动机水平吊起至中心高度并与安装孔对正，先装好电动机与齿轮箱的连接件并相互对准，再将电动机与齿轮连接件啮合，对准电动机安装孔，旋紧螺栓即可。

3. X62W 型万能铣床的电气连接

导线端子的处理（包括剥线、除锈、镀锡、套编码管等），接线、导线整理绑扎。要求导线连接规范可靠，安装完后对照原理图和接线图进行核对检查，确保无错接、漏接等。

4. X62W 型万能铣床的调试

调试前的检查：

（1）电源检查。接通试运行电源，用万用表检测三相电源是否平衡，然后拔去控制电路熔芯切断控制电路，接通机床电源开关，观察有无异常现象、有无异味。测量变压器输出电压，若有异常现象，立即关断机床电源，再切断试运行电源，并对异常现象进行分析处理。

（2）熔断器检查。检查熔丝规格型号是否正确，若接线无误，用万用表检测熔丝是否良好。

（3）短路检查：主电路检查：断开电源和变压器一次绕组，用 500 V 绝缘电阻表测量相相间、相地间电阻，避免短路或绝缘损坏现象。控制电路检查：断开变压器二次绕组，用万用表测量电源线与零线或保护线 PE 间是否短路。

整机调试：

（1）空操作试运行。

断开主电路，短接速度继电器 KS 的常闭触点进行空操作运行。

1）主轴电动机电路。

按下启动按钮 SB3 或 SB4，KM1 吸合，按下停止按钮 SB1 或 SB2，KM1 释放，KM2 吸合。

主轴电动机启动时，拨动行程开关 SQ7，压上 SQ7，KM1 失电，KM2 吸合。SQ7 复位，KM2 失电。再次压上，KM2 得电，再次复位 SQ7，KM2 失电。

主轴电动机未启动时，拨动行程开关 SQ7，压上 SQ7，KM2 得电吸合。SQ7 复位，KM2 失电释放。

2）进给电动机电路。

将转换开关 SA3 打到断开位置，即圆工作台停止位置。在 KM1 吸合后，用带有绝缘手柄的工具压下 SQ1 或 SQ3，KM3 吸合，松开 SQ1 或 SQ3，KM3 释放，同样压下 SQ2 或 SQ4，KM4 吸合，松开 SQ2 或 SQ4，KM4 释放。

按下工作台快速移动按钮 SB5 或 SB6，接触器 KM5 吸合，松开 SB5 或 SB6，接触器 KM5 释放。

将转换开关 SA3 打到接通位置，即圆工作台工作位置。按下主轴启动按钮 SB3 或 SB4，接触器 KM1 和 KM3 吸合。按下主轴停止按钮 SB1 或 SB2，KM1 和 KM3 释放。

3）冷却泵电动机电路和照明电路。

将开关 SA1 打到接通位置，接触器 KM6 吸合，SA1 打到断开位置，接触器 KM6 释放。

将开关 SA2 打到接通位置，照明灯 EL 亮，SA2 打到断开位置时，照明灯 EL 灭。

（2）空载试运行。

空载试运行时，接通主电路，其余操作重复空操作试运行的 1）～3）步骤。此时注意观察电动机的启动和运转情况。

按下 SB3 或 SB4，观察电动机 M1 的转向、转速，再依次扳动 SQ1～SQ4，观察电动机 M2 转向、转速。将 SA1 打到接通位置，观察电动机 M3 的转向和转速。调整各热继电器的额定电流。调试主轴电动机的制动控制，按下 SB1 或 SB2 时，电动机 M1 应刹车，且在 1～2 s 内停转。在空载试运行时，应先拆下连接电动机和变速箱的传动带，以免转速不正确损坏传动机构。

（3）带载试运行。

经过空操作试运行和空载试运行后，可进行带载逐项试运行。

注意事项

（1）操作时，穿戴好劳动保护用品，规范操作。

（2）操作前，检查仪器仪表和工具，确保安全可靠，使用仪器仪表和工具要规范。

（3）电动机和线路接地要符合要求，严禁使用金属软管作为接地通路。

（4）控制箱外部的导线要穿在导线通道或敷设在机床底座内的导线通道，导线中间不能有接头。

（5）通电试运行时，要在教师的监护下进行，先合上电源开关，后启动按钮，停车时，先按停止按钮，后断开电源开关，严格遵守安全操作规程。

任务 1.1.3　X62W 型万能铣床控制电路的检修

知识导读

X62W 型万能铣床主要由电气电路与机械系统两部分组成，其故障也包括电气故障和机械故障两类，因此电工在铣床故障检修过程中，首先要正确判断是电气故障还是机械故障，才能迅速地进行故障排除。X62W 型万能铣床常见故障的判断及处理方法如表 1.1.3 所示。

表 1.1.3 X62W 型万能铣床常见故障分析

故障现象	故障分析	故障处理方法
主轴电动机不能启动	主轴电动机不能启动时，首先要检查电源电路部分，可能 QS 或 FU1、SA5 接触不良或线路断开；其次，可能是：控制电路的 FR1、FR2 常闭触点不复位；FU3 接触不良或断开；按钮 SB1、SB5 或 SB6 均可能接触不好或断开；KM1 线圈接触不良或断开；SQ1 常闭触点接触不良或断开	维修或更换相关元器件，检查线路连接是否牢固可靠
主轴电动机停止时无制动	主轴电动机无制动时，首先要检查按下停止按钮 SB1 或 SB2 后，反接制动接触器 KM2 是否吸合，若 KM2 不吸合，则故障原因一定在控制电路部分； 检查时可先操作主轴变速冲动手柄，若有冲动，则故障范围就缩小到速度继电器 KS 和按钮 SB 支路上； 若按下按钮 SB1 或 SB2 后 KM2 吸合，故障原因可能是主电路 KM2、制动电阻 R 支路中可能有缺相。也可能是速度继电器 KS 常开触点不能正常闭合，其原因有推动触点的胶木摆杆断裂；KS 轴伸端圆销扭弯、磨损或弹性连接元件损坏；螺丝销钉松动或打滑等。若 KS 常开触点过早断开，其原因有 KS 动触点的反力弹簧调节过紧；KS 的永久磁铁转子的磁性衰减等	维修或更换按钮、接触器或速度继电器 KS
主轴电动机停止后产生短时的反向旋转	速度继电器 KS 动触点弹簧调整得过松，使触点分断过迟引起	重新调整反力弹簧便可消除
按下停止按钮后主轴电动机不能停止	如按下停止按钮后，KM1 不释放，则故障可断定是由熔焊引起；如按下停止按钮后，接触器的动作顺序正确，即 KM1 能释放，KM2 能吸合，同时伴有嗡嗡声或转速过低，则可断定是制动时主电路有缺相故障存在；若制动时接触器动作顺序正确，电动机也能进行反接制动，但放开停止按钮后，电动机又再次自启动，则可断定故障是由启动按钮绝缘击穿引起	更换接触器 KM1、按钮或检查主轴电动机是否缺相运行
工作台各个方面都不能进给	进给变速冲动或圆工作台控制如果正常，则故障可能在开关 SA3－1 及引接线 17、18 号上，若进给变速也不能工作，要注意接触器 KM3 是否吸合，如果 KM3 不能吸合，则故障可能发生在控制电路的电源部分，即 11－15－16－18－20 号线路及 0 号线上，若 KM3 能吸合，则应着重检查主电路，包括电动机的接线及绕组是否存在故障	检查相关元器件和电路，维修或更换元器件，使电路连接可靠
工作台不能快速进给运动	牵引电磁铁电路不通，多数是由线头脱落、线圈损坏或机械卡死引起；如果按下 SB5 或 SB6 后接触器 KM5 不吸合，则故障在控制电路部分，若 KM5 能吸合，且牵引电磁铁 YA 也吸合正常，则故障大多是由于杠杆卡死或离合器摩擦片间隙调整不当引起	检查相关元器件和电路，维修或更换元器件；整定牵引电磁铁电路接线；与机修钳工配合，对杠杆卡死或离合器进行修理
工作台不能做左右、上下进给	SQ3、SQ4 螺钉松动，开关移位，接触不良或断开	修理或更换相应的行程开关，使接线可靠

任务实施

一、准备阶段

实训车间 X62W 型万能铣床一台，X62W 型万能铣床说明书，检修用仪器仪表及工具，安全用具。

二、操作过程

X62W 型万能铣床的故障一般包含电气故障和机械故障两种，因此首先要能判断是电气故障还是机械故障。这就要求维修人员不仅要熟悉铣床的电气组成及工作原理，还要熟悉相关机械系统组成及工作原理，并能正确操作铣床。

三、案例——主轴电动机停止时无制动作用

1. 故障现象的分析

根据图 1.1.8 所示，主轴电动机不能启动，首先要检查电源电路部分，可能 QS 或 FU1、SA5 接触不良或线路断开；

其次，可能控制电路的 FR1、FR2 常闭触点不复位；FU3 接触不良或断开；按钮 SB1、SB5 或 SB6 均可能接触不好或断开；KM1 线圈接触不良或断开；SQ1 常闭触点接触不良或断开。

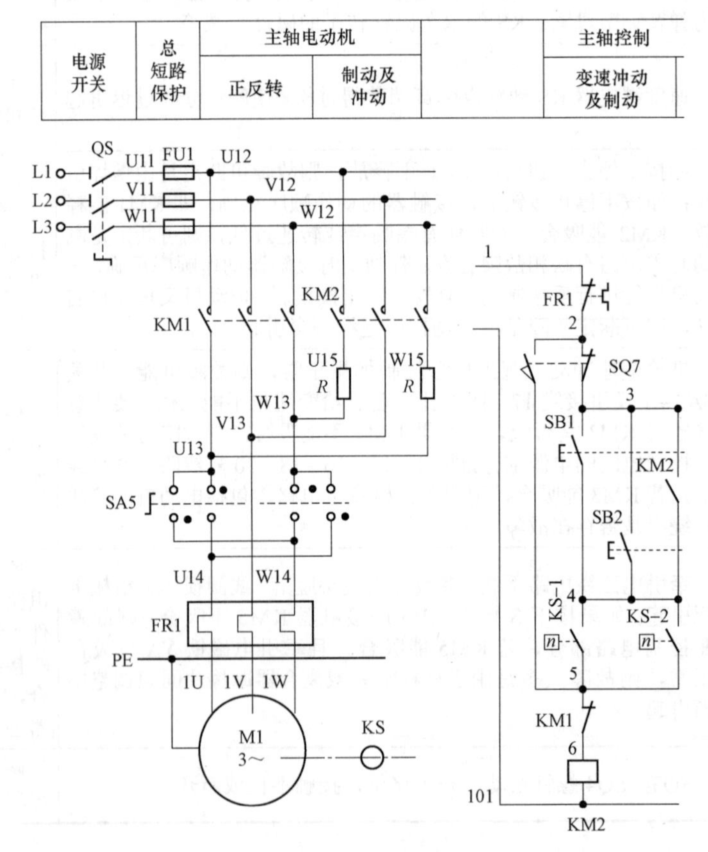

图 1.1.8　X62W 型万能铣床部分原理图

2. 故障可能的原因

由以上分析可知，主轴电动机停止无制动的故障原因，除了检查反接制动接触器 KM2 是否吸合外，较多的是由于速度继电器 KS 发生故障引起。若 KS 常开触点不能正常闭合，

其原因有推动触点的胶木摆杆断裂；KS 轴伸端圆销扭弯、磨损或弹性连接元件损坏；螺丝销钉松动或打滑等。若 KS 常开触点过早断开，其原因有 KS 的动触点的反力弹簧调节过紧；KS 的永久磁铁转子的磁性衰减等。

注意事项

（1）操作时，穿戴好劳动保护用品，规范操作。

（2）操作前，检查仪器仪表和工具，确保安全可靠，使用仪器仪表和工具要规范。

（3）检修时必须停电操作，并悬挂检修提醒标志牌，严禁带电检修。

（4）故障检修时，要先仔细观察故障现象，判断是电气故障还是机械故障。必要时，与机修工配合进行故障检修。

（5）检修结束后，要在指导老师的监护下进行通电试车。

项目评价

对项目实施的完成情况进行检查，并填写项目评价表，见表 1.1.4。

表 1.1.4　X62W 型万能铣床电气控制电路的测绘、装调与维修项目评价表

项目内容	配分	评价标准	扣分	得分
X62W 型万能铣床电气控制电路的测绘	20 分	（1）认识万能铣床各主要部分组成及位置； （2）在实物中找出各电气元件的位置； （3）找出各电气元件的实际走线位置及连接关系； （4）会测绘电气元件位置图； （5）会绘制 X62W 型万能铣床的电气安装图； （6）会绘制 X62W 型万能铣床的电源电路、主电路、控制电路和信号照明电路； （7）能检查绘制好的电路图是否正确，如有错误，能及时纠正修改	每错一处扣 2 分	
X62W 型万能铣床电气控制电路装调	30 分	（1）会根据电气元件明细表，配齐所用电气元件； （2）会正确选配导线规格型号、数量、接线端子、控制板、紧固件等； （3）会绘制 X62W 型万能铣床电气安装接线图； （4）会在电气板上固定电气元件和走线槽； （5）会按工艺要求，在控制板上进行板前线槽走线，并套上编码管编制线号； （6）会进行控制板外的元件固定和布线； （7）能进行自检，并纠错； （8）能在教师监护下进行通电试车	每错一处扣 2 分；试车失败一次扣 10 分，失败两次扣 20 分	

续表

项目内容	配分	评价标准	扣分	得分
X62W型万能铣床控制电路故障检修	30分	（1）会操作万能铣床运行观察故障现象； （2）会对照X62W型万能铣床电气控制电路图，在实物中查找电气元件实际位置，电气线路走线，明确各电气元件作用； （3）能清楚准确描述故障现象； （4）会根据故障现象分析故障原因，确定故障范围和故障点； （5）能用万用表等仪器仪表检测故障，判断故障点； （6）会对故障点进行检修，排除故障； （7）能在教师监护下进行通电试车	每错一处扣2分； 试车失败一次扣10分，失败两次扣20分	
安全文明生产	20分	（1）能穿戴整齐安全保护用具； （2）能规范操作，符合安全文明生产要求	不穿戴安全保护用具扣10分； 违反安全文明生产扣10～20分	
评分人				

拓展知识

一、机床一般电气故障检修的步骤

（1）检修前进行调查研究。机床发生故障后，要求操作工尽量保持现场故障状态，不做任何处理，再向操作工了解故障前后的状况，根据机床工作原理进行分析，勿盲目动手修理。

（2）电路分析。结合机床电气原理图进行分析，确定产生故障的可能范围，并尽量缩小故障范围。

（3）进行外观检查。一般在断电情况下，对电气元件以及导线和各接线连接处进行检查，看是否有松动、脱落、熔断、脱扣、失灵、过载等。

（4）检查机械、气动、液压方面的问题。

（5）试验控制回路的动作顺序。

（6）借助仪器、仪表、工具进行进一步检查，确定故障点。

（7）故障排除。

（8）经操作工同意，通电试车成功即可交付使用，做好维修记录，认真总结经验。

二、机床一般电气故障检修的方法

1. 电阻法

在电路切断电源后用仪表测量两点之间的电阻值，测量检查时，万用表的转换开关应置于倍率适当的电阻挡位上，一般选 $R\times100\ \Omega$ 挡。通过对电阻值的对比，进行电路故障检测。如图1.1.9所示。

2. 电压法

电压法也可以分为分阶测量法和分段测量法两种，与电阻法测量很相似。用分阶测量法测量时，也是各点相对于同一公共点进行的，如图 1.1.10 所示。

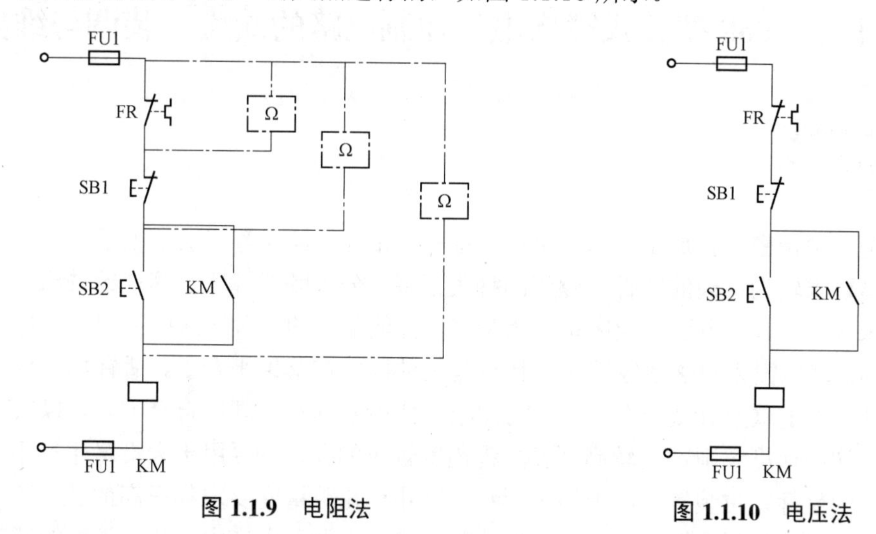

图 1.1.9　电阻法　　　**图 1.1.10　电压法**

（1）在控制电路正常通路的情况下，由于各种控制电器触点的接触电阻都很小，其两端电压近似为零，控制电路的电源电压全部降落在具有一定阻抗的负载上，此时测量触头的电压皆为零，测量负载两端的电压，应为电源电压。

（2）若测量结果与（1）相符，但元器件仍不动作，说明相应元器件（接触器、继电器或电磁铁）的线圈断线，线头脱落或机械部分卡死。

（3）控制电路中若有一个开路点，则因电路中没有电流，控制电路的负载上也没有电压，电源电压全部降落在开路点，此时测量开路点的电压应为电源电压，而其余正常的触头及元件两端的电压皆为零。

3. 短接法（跨接法）

用一根绝缘良好的导线，把怀疑的断路部位短接，如短接过程中电路被接通，就说明该处断路。短接法分局部短接法和长短接法，如图 1.1.11 和图 1.1.12 所示。

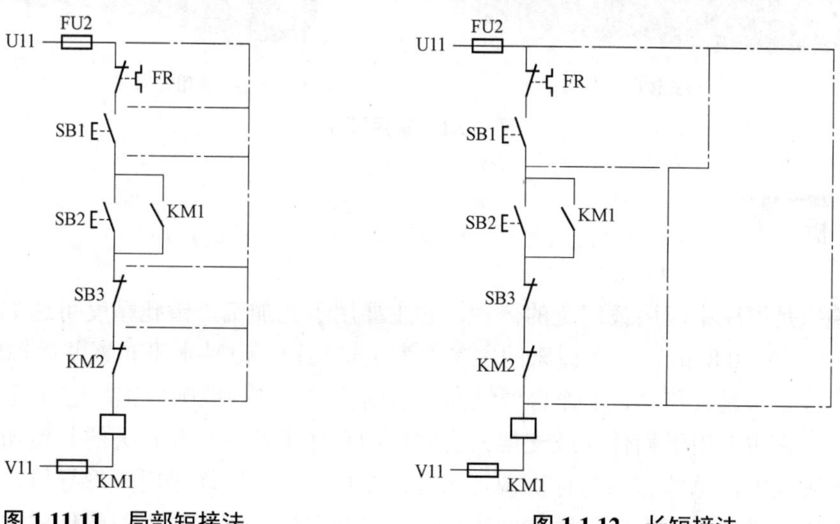

图 1.11.11　局部短接法　　　**图 1.1.12　长短接法**

项目二　T68 型卧式镗床电气控制电路的测绘、装调与维修

项目提出

镗床是一种精密的孔加工机床，可进行镗孔、钻孔、铰孔等，主要用于加工较精确的孔和孔间距离要求较为精确的零件。镗床的种类很多，分为卧式镗床、落地镗铣床、金刚镗床和坐标镗床等类型。其中卧式镗床是应用最多、性能最广的一种镗床，适用于单件小批生产和修理车间。落地镗床和落地镗铣床的特点是工件固定在落地平台上，适宜加工尺寸和重量较大的工件，用于重型机械制造厂。金刚镗床是使用金刚石或硬质合金刀具，以很小的进给量和很高的切削速度镗削精度较高、表面粗糙度较小的孔，主要用于大批量生产中。坐标镗床具有精密的坐标定位装置，适于加工形状、尺寸和孔距精度要求都很高的孔，还可用以进行划线、坐标测量和刻度等工作，用于工具车间和中小批量生产中。其他类型的镗床还有立式转塔镗铣床、深孔镗床和汽车、拖拉机修理用镗床等。常用镗床如图 1.2.1 所示。

本项目以 T68 型卧式镗床为例，通过实践操作学会 T68 型卧式镗床电气控制电路的测绘、装调、操作，学会处理 T68 型卧式镗床的常见故障。

卧式镗床

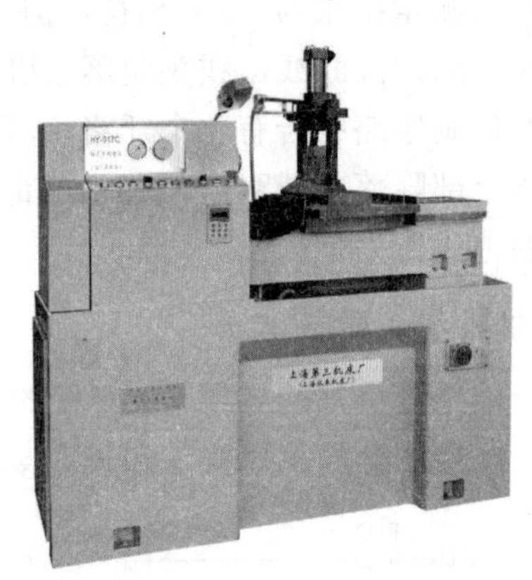

专用镗床

图 1.2.1　常用镗床

项目分析

卧式镗床是镗床中应用最广泛的一种。它主要用于孔加工，镗孔精度可达 IT7，表面粗糙度 *Ra* 值为 1.6～0.8 μm。卧式镗床的主参数为主轴直径。镗轴水平布置并做轴向进给，主轴箱沿前立柱导轨垂直移动，工作台做纵向或横向移动，进行镗削加工。这种机床应用广泛且比较经济，它主要用于箱体（或支架）类零件的孔加工及其与孔有关的其他加工面加工。外观造型美观大方，总体布局匀称协调。床身、立柱、下滑座均采用矩形导轨，稳定性好。导轨采用制冷淬硬，耐磨度高。数字同步显示，直观准确，可提高工效降低成本。

本项目以 T68 型卧式镗床为例，学习 T68 型卧式镗床电气控制电路的测绘、装调与检修，达成以下学习目标：

（1）通过观察了解 T68 型卧式镗床的基本组成结构，通过通电试车操作，熟悉 T68 型卧式镗床的运动过程及形式。

（2）根据 T68 型卧式镗床的技术资料，正确查找各电气元件的实际位置和实际走线路径。

（3）通过研读 T68 型卧式镗床电气原理图，明确电气元件种类、数目及型号，学会绘制电气安装接线图。

（4）通过观察分析，学会判断镗床故障类型和故障点，学会分析处理镗床电气故障和机械故障。

（5）能正确填写维修记录，操作完成后按要求清洁整理施工现场。

项目实施

任务 1.2.1　T68 型卧式镗床控制电路的测绘

知识导读

机电设备的电气控制原理图是用来表明设备电器的工作原理及各电气元件的作用、相互之间关系的一种表示方式，也是安装、调试、使用和检修维护电气设备的重要依据。在原有机电设备电气线路图遗失或损坏，或维修人员对不熟悉的机电设备需要进行维修或电气改造的过程中，能根据实物测绘机床设备的电气线路就显得非常重要了。

一、测绘电气原理图的基本原则

（1）电气符号标准——按国家标准规定的电气符号绘制。

（2）文字符号标准——按国家标准 GB 7159—1987 规定的文字符号标明。

（3）按顺序排列——按照先后工作顺序纵向排列，或者水平排列。

（4）用展开法绘制——电路中的主电路，用粗实线画在图纸的左边、上部或下部。

（5）表明动作原理与控制关系——必须表达清楚控制与被控制的关系。

（6）按电气原理图中的主电路和辅助电路（主电路、辅助电路）绘制。

二、测绘接线图的基本原则

（1）接线图是根据原理图来画的，所以必须按照原理图的线路绘制。

（2）接线图的元器件型号不得有误，面板布置应与面板布置图所画的一致。（注意接线图为面板背后布置图）

（3）有些元器件一个端子只能接一根线，比如插头、插座、接线盒、电能表、综保的某些端子（具体根据电气元件型号和要求确定）。

（4）接线图中涉及屏蔽线的应注明哪些线为屏蔽线，哪根为屏蔽层，写在线的旁边或者用屏蔽线符号标注，便于查看。

（5）对于一根线有两个线号的应注明哪几台柜用哪个线号。

（6）不要漏线、多线、错线，画好后应核对检查。

（7）继电器室中元器件的布置应遵循线接得多的元器件尽量放在离门铰链近的地方，同类元器件布置在一起，元器件摆放的位置也会影响线的走向。

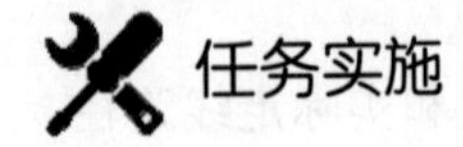

一、准备阶段

实训车间 T68 型卧式镗床一台，T68 型卧式镗床说明书，测绘工具，电工工具，安全用具。

二、操作过程

（1）查看，了解 T68 型卧式镗床的基本结构部件组成。

（2）通电操作进一步熟悉 T68 型卧式镗床的加工过程及各部分机械运动情况。

（3）测绘电气元件位置图。

将 T68 型卧式镗床断电，并使所有电气元件处于正常（不带电不受力）状态，按实物画出电气元件位置图。

测绘顺序从外到内：先画出镗床上电源开关、按钮、行程开关、电气控制箱等部件的位置，再画出电气控制箱内部熔断器、接触器、热继电器、控制变压器、端子排等电气元件的位置。

（4）测绘电气安装接线图。

根据实际查看 T68 型卧式镗床电气控制电路，结合电气元件位置图，先绘制草图，根据之前测绘出的位置图画出元件的内部功能示意图，清晰标注出端子号。然后再根据草图整理、绘制出镗床标准电气安装接线图。

（5）绘制电气控制电路图。

注意事项

（1）操作时，遵守安全操作规程，做好安全保护措施。

（2）测绘各元件符号及标注要按国家最新标准。

（3）接线图中元件的状态均为未通电、无外力情况下的初始状态，手柄置零位。

（4）接线图应标明导线和走线管的型号、规格、尺寸、根数。

（5）测绘时，应先从主电路开始，在左边测绘出主电路接线图，然后在右边再测绘出控制电路接线图。

三、案例——测绘电气安装接线图

（1）测绘主电路。T68 型卧式镗床的电气控制主电路主要是由电源开关 QS、熔断器 FU1 和 FU2、接触器 KM1～KM7、热继电器 FR、电动机 M1 和 M2、速度继电器 KS 及制动电阻器 R 等元件组成的电路。具体绘制思路如图 1.2.2 所示。

（2）测绘控制电路。控制电路的测绘从控制变压器 TC 的二次侧开始，外加照明电路，用上述同样的方法可测绘出控制电路的草图。

（3）测绘照明及指示电路。

（4）检查、修改测绘的电路图。对照实物与绘制好的电气控制电路图进行实际操作，检查绘制的电气控制电路图的操作控制与实际操作的电气元件动作情况是否相符。

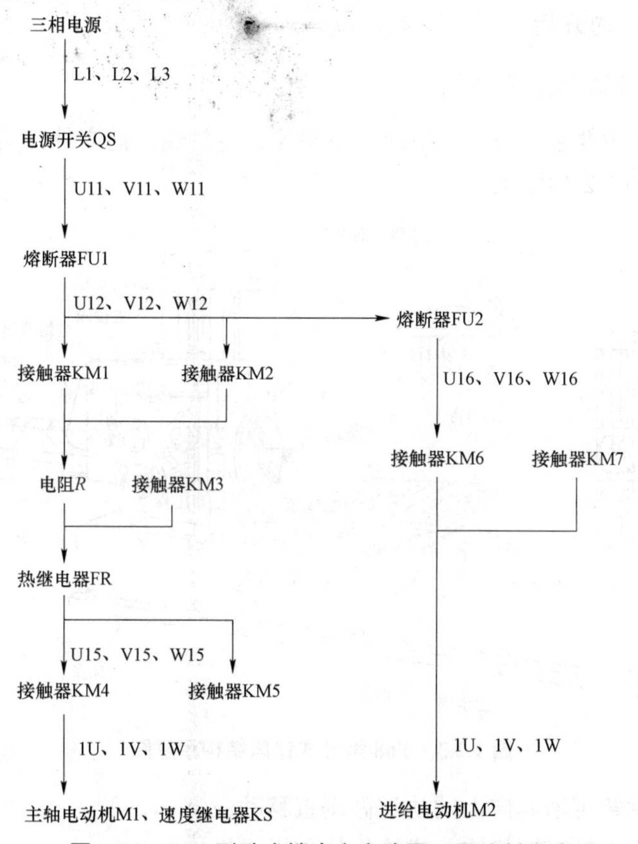

图 1.2.2　T68 型卧式镗床主电路原理图绘制思路

注意事项

（1）电气测绘前要切断被测设备或装置电源，尽量做到无电测绘。如果确需带电测绘，要做好防范措施。

（2）要避免大拆大卸，对拆下的线头要做好标记。

（3）两人测绘要由一人指挥，协调一致防止事故发生。

（4）测绘过程中，如确需开动机床或设备时，要断开执行元件或请熟练的操作工操作，同时要有人监护。对于可能发生的人身或设备事故要有防范。

（5）测绘过程中如果发现有掉线或接错线时，首先做好记录，然后继续测绘，待电路图绘制完成后再做处理。切记不要把掉线随意接在某个元件上，以免发生更大的电气事故。

任务 1.2.2　T68 型卧式镗床控制电路的安装与调试

知识导读

T68 型卧式镗床的分析

1. T68 型卧式镗床的主要结构

T68 型卧式镗床主要由床身、上滑座、下滑座、主轴箱、前立柱、后立柱、尾架和工作台等部分组成，如图 1.2.3 所示。

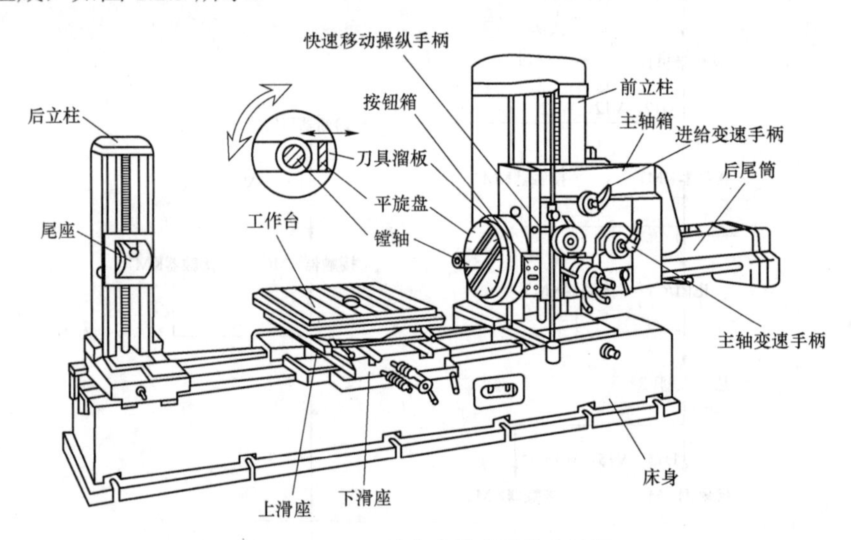

图 1.2.3　T68 型卧式镗床结构示意图

前立柱——主轴箱可沿其向上的轨道做垂直移动；

主轴箱——装有主轴变速机构、进给机构和操纵机构；

后立柱——可沿床身横向移动，上面的镗杆支架可与主轴箱同步垂直移动；

工作台——由下溜板、上溜板和回转工作台三层组成，下溜板可在床身轨道上做纵向移动，上溜板可在下溜板轨道上做横向移动，回转工作台可在上溜板上转动。

2. T68 型卧式镗床的运动形式分析

T68 型卧式镗床的运动形式主要有主运动、进给运动和辅助运动，具体形式如表 1.2.1 所示。

表 1.2.1　T68 型卧式镗床运动形式和控制要求

运动种类	运动形式	控制要求
主运动	镗轴和平旋盘的旋转运动	卧式镗床的主运动和进给运动多用同一台异步电动机拖动。为了适应各种形式和各种工件的加工，要求镗床的主轴有较宽的调速范围，因此多采用由双速或三速笼型异步电动机拖动的滑移齿轮有级变速系统
进给运动	镗轴的轴向进给运动； 平旋盘上刀具溜板的径向进给运动；	

续表

运动种类	运动形式	控制要求
进给运动	主轴箱的垂直进给运动； 工作台的纵向和横向进给运动	主运动和进给运动都采用机械滑移齿轮变速，为有利于变速后齿轮的啮合，要求有变速冲动时主轴电动机能够正反转；可以点动进行调整；并要求有电气制动，通常采用反接制动
辅助运动	主轴箱、工作台等的进给运动上的快速调位移动； 后立柱的纵向调位移动； 后支承架与主轴箱的垂直调位移动	各进给运动部件要求能快速移动，一般由单独的快速进给电动机拖动

3. T68 型卧式镗床原理及分析

T68 型卧式镗床的电气原理图包括两大部分，分主电路和控制电路，如图 1.2.4 所示。主电路是电动机的电源部分，控制部分是电动机的控制回路、照明及信号等电路。

（1）识读与分析主电路。

T68 型卧式镗床原理图共分 32 个区，其中 1～2 区为电源开关及全电路保护，3～7 区为主电路，8～32 区为控制电路，其中 8～11 区为控制电源及照明电路。

主电路有 2 台电动机，即 M1 和 M2。

M1 是主轴双速电动机，是主运动和进给运动电动机，带动主轴旋转对工件进行加工。由接触器 KM1、KM2 的主触点分别控制正反转。接触器 KM3 的主触点与制动电阻 *R* 并联。接触器 KM4、KM5 控制主轴电动机的高低速，低速时 KM4 吸合，M1 的定子绕组为△连接，转速为 1 640 r/min；高速时 KM5 吸合，M1 的定子绕组为 YY 连接，转速为 2 880 r/min。热继电器 FR 对 M1 进行过载保护。

M2 是快速进给电动机，正反转控制，短时工作，无须过载保护。它的任务是主轴的快速轴向进给、主轴箱快速垂直进给、工作台的快速横向及纵向进给。

（2）识读与分析控制电路。

控制电路由控制变压器 TC 提供 110 V 工作电压，熔断器 FU3 进行短路保护。控制电路包括 M1 的双速运行控制、正反转控制、停车控制、点动控制，主轴的变速控制和变速冲动、进给的变速控制及 M2 的正反转控制。在启动 M1 前，首先要选好主轴的转速和进给量，主轴和进给变速行程开关 SQ3～SQ6 的状态，再调整好主轴箱和工作台的位置。

1）M1 的正反转控制。

M1 的正反转控制由中间继电器 KA1、KA2 和接触器 KM1、KM2、KM3、KM4、KM5 完成，SB1 为停车按钮，SB2、SB3 分别为正、反转启动按钮。M1 启动前，先选择好主轴的转速和进给，调整好主轴箱和工作台位置。M1 的正转控制过程为：

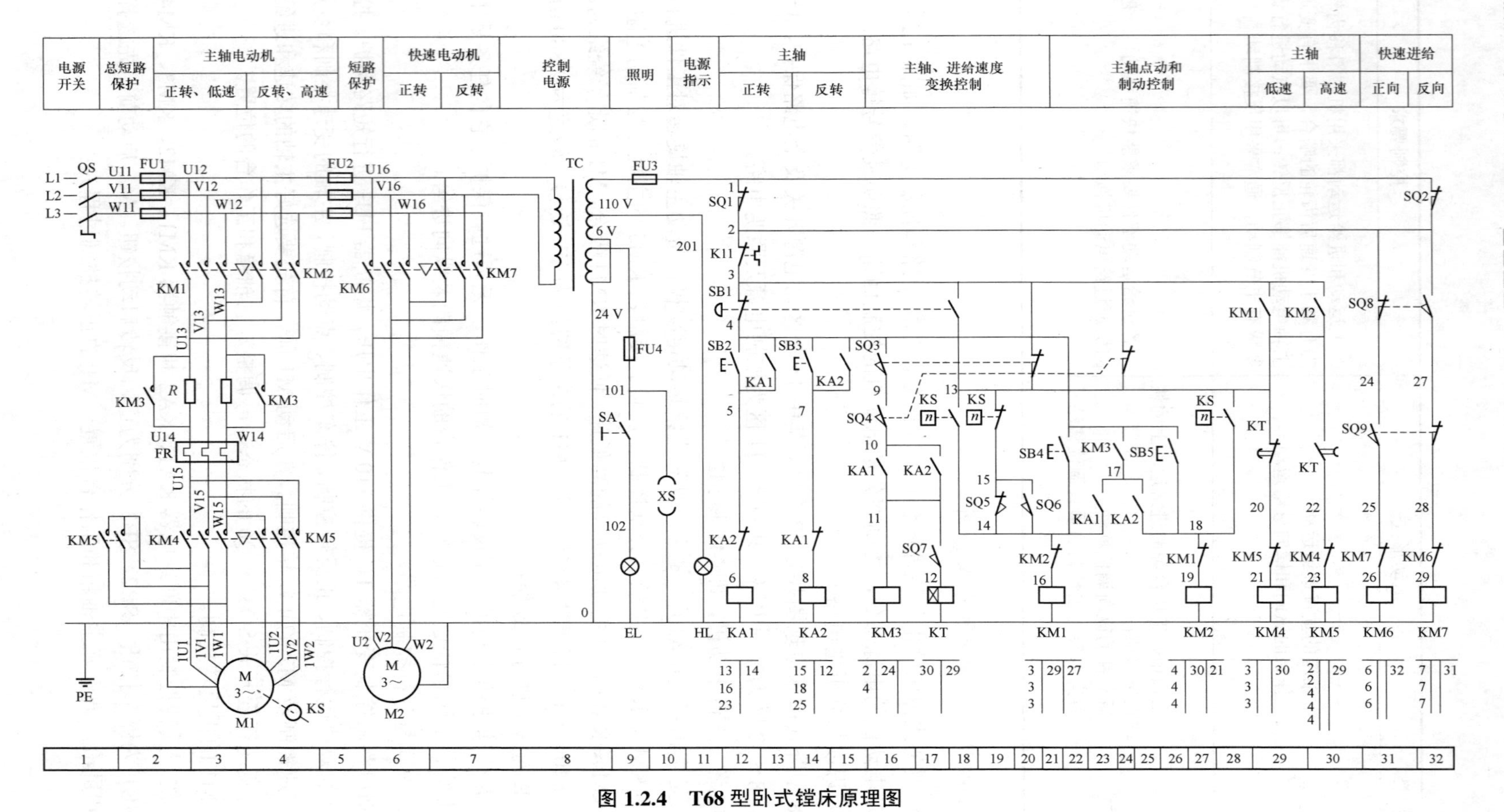

图 1.2.4　T68 型卧式镗床原理图

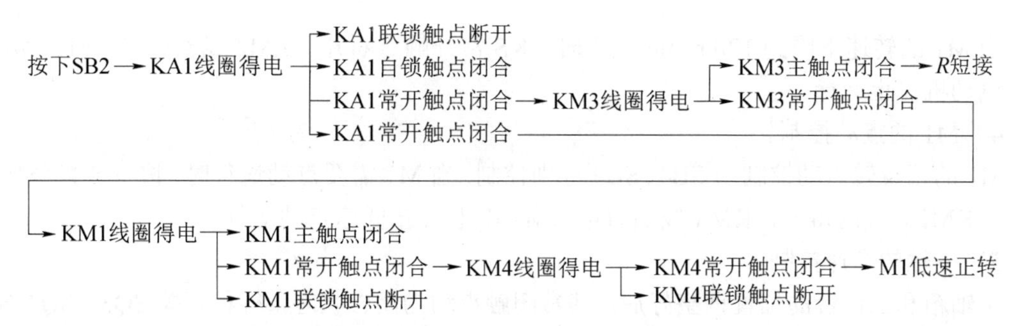

同理，按下 SB3，电动机可以启动反转运行。

2）M1 的双速运行控制。

将机床的主轴变速手柄置“低速”位置，行程开关 SQ7 不动，常开触点断开，时间继电器 KT 线圈不得电。

将机床的主轴变速手柄置“高低速”位置，M1 的高速运行过程为：

SQ7压下 → SQ7常开触点闭合 → KT线圈得电 → KT常闭触点延时断开 → KM4线圈断电；KT常开触点延时闭合 → KM5线圈得电 → KM5主触点闭合、KM3主触点闭合 → M1连接成YY高速正转

根据前面电动机正反转及双速运行的分析，主轴电动机的四种运动形式可总计在表 1.2.2 中。

表 1.2.2　正反转及双速控制的接触器

运动形式	相关的接触器
正向低速运行	KM1、KM3、KM4
正向高速运行	KM1、KM3、KM4、KM5
反向低速运行	KM2、KM3、KM4
反向高速运行	KM2、KM3、KM4、KM5

3）M1 的停车制动。

M1 是由同轴的速率继电器 KS 控制反接制动，当 M1 的转速达到约 120 r/min 以上时，KS 的触点动作，当 M1 的转速下降到 120 r/min 以下时，KS 的触点复位。

M1 正转高速时的反接制动过程如下：

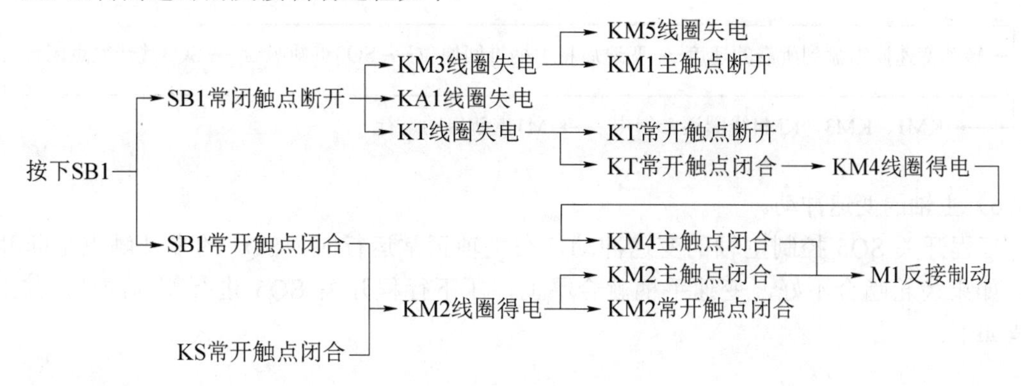

当 M1 的转速下降到 120 r/min 以下时，KS 常开触点断开，KM2 线圈失电，M1 制动停止，电动机停止运行。

4）M1 的点动控制。

M1 的正反转点动控制由 SB4、SB5 分别控制，当 M1 需要点动运行时，按下 SB4（SB5），KM1（KM2）线圈得电，KM4 线圈得电，M1 串电阻 *R* 低速点动运行。

5）主轴的变速控制。

主轴箱和工作台的位置调整好后，其常闭触点均为闭合状态，行程开关 SQ3、SQ4 分别为进给变速控制和主轴变速控制开关，其状态如表 1.2.3 所示。

表 1.2.3　主轴和进给变速行程开关 SQ3～SQ6 状态表

	行程开关	正常工作	变速	变速后手柄推不上时
主变速	SQ3（3—13）	接通	断开	断开
	SQ3（4—9）	断开	接通	接通
	SQ5（14—15）	断开	断开	接通
进给变速	SQ4（3—13）	断开	接通	接通
	SQ4（9—10）	接通	断开	断开
	SQ6（14—15）	断开	断开	接通

在进行主轴变速时，只要将主轴变速操作手柄拉出，与变速手柄有机械联系的行程开关 SQ3、SQ4 均复位，不必按停车按钮。其变速控制过程如下：

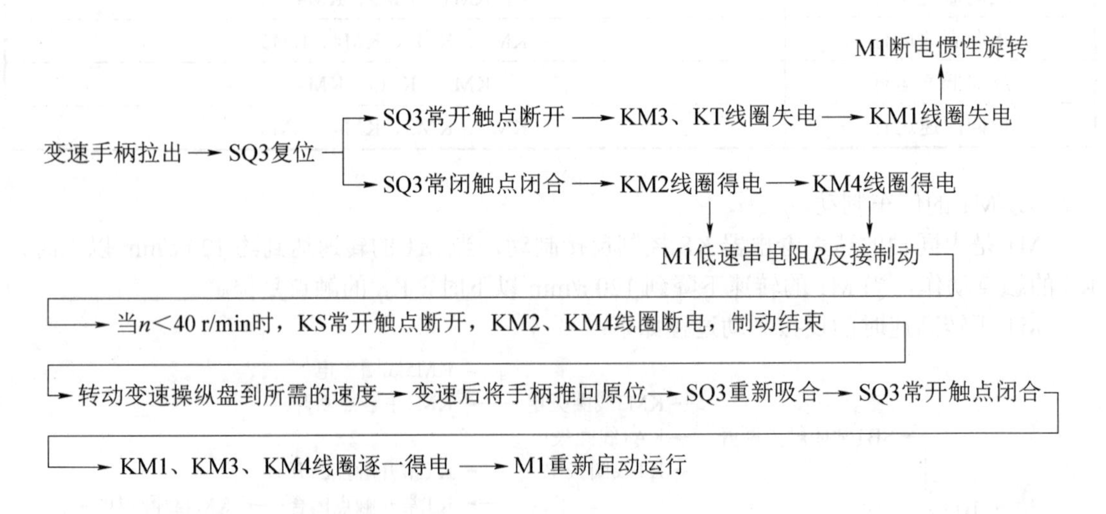

6）主轴的变速冲动。

行程开关 SQ5 控制主轴的变速冲动，在主轴正常运行时，SQ5 的常开触点是断开状态，如果齿轮啮合不好，变速手柄就合不上，压下行程开关 SQ5 进行变速冲动，其工作过程如下：

SQ5压下→SQ5常开触点闭合→KM3线圈得电→KM4线圈得电→M1低速串电阻R启动→

→当$n<120$ r/min时，KS常开触点断开→KM1、KM4线圈失电→M1失电，转速下降→

→当$n<40$ r/min时，KS常开触点闭合→KM1、KM4线圈失电→M1再次启动

7）进给的变速控制。

进给变速控制可参照主轴变速控制，注意在进给变速控制时，拉动进给变速手柄，行程开关 SQ4、SQ6 动作。

8）M2 的控制。

M2 的控制是由 SQ9、SQ8 分别控制正、反向快进，当快进操纵手柄往里（外）推，压下行程开关 SQ9（SQ8），接触器 KM6（KM7）吸合，电动机 M2 正（反）转运行，通过机械传动实现正（反）向快速进给动作。

（3）照明部分控制。

照明电路由变压器 TC 二侧、照明灯 EL、熔断器 FU4 等组成，照明灯 EL 一端接地，SA 为灯开关，XS 为 24 V 电源插座，TC 提供 2 V 电源给照明灯，提供 6 V 电源给电源指示灯。

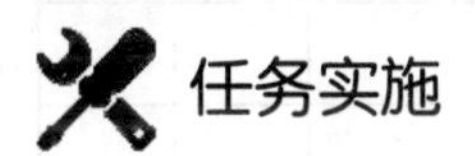

任务实施

一、准备阶段

实训车间 T68 型卧式镗床一台，T68 型卧式镗床说明书，装调工具及仪器仪表，器材、安全用具。

（1）认真研读 T68 型卧式镗床电气原理图，明确电气元件种类、型号及数量，清楚各电气元件的连接顺序及控制关系。

（2）列出 T68 型卧式镗床元器件清单表，如表 1.2.4 所示。准备好电气元件和导线等材料。对元器件进行常规核对和检测，包括外观、触点、动作、绝缘等。对电动机进行三相电阻平衡、绝缘电阻（绝缘电阻不低于 0.5 MΩ）等检测。对变压器一、二侧绝缘电阻和两侧电压进行检测，确保能正常工作。

（3）选择适当的导线。主轴电动机 M1 为 7.5 kW，宜选用 4 mm^2 的 BVR 塑料铜芯线，进给电动机 M2 为 1.5 kW，控制电路宜选用 1.0 mm^2 的 BVR 塑料铜芯线。敷设控制板宜选用单芯硬质导线，其他连接可选用同规格多芯软线，导线的耐压等级均为 500 V。

（4）控制板选用 2.5～5 mm 厚的防锈钢板，平整无毛刺。将所有元器件进行模拟排列定位，确定元器件位置并做好标记，移开元器件并逐一核对安装孔尺寸，最后打中心孔、钻孔、攻螺纹等。

表 1.2.4　T68 型镗床电气元件明细表

代号	名称	型号	规格	数量
QS	组合开关	HZ－1060/3	60 A	1
FU1	熔断器	RL1－60/35	380 V、60 A、熔体 35 A	3

续表

代号	名称	型号	规格	数量
FU2	熔断器	RL1－60/25	380 V、60 A、熔体 25 A	3
FU3	熔断器	RL1－15/5	380 V、15 A、熔体 5 A	1
FU4	熔断器	RL1－15/2	380 V、15 A、熔体 2 A	1
KM1～KM7	交流接触器	CJ10－20	线圈电压 110 V、20 A	7
KA1、KA2	中间继电器	JZ7－44	线圈电压 110 V、5 A	2
FR	热继电器	JR16－20/3	20 A、3 极、整定电流 15 A	1
KT	时间继电器	JS7－2	线圈电压 110 V	1
KS	速度继电器	JY1	5 A	1
TC	变压器	BK－50	380 V/110 V/24 V/6.3 V	1
SB1～SB5	按钮	LA2－3H	380 V、5 A	5
SQ1～SQ9	行程开关	LX1－11K	380 V、5 A	9
HL	指示灯		6 V	1
EL	照明灯		24 V	1
M1	电动机	J02－51－4	7.5 kW、1 450 r/min、380 V	1
M2	电动机	J02－22－4	1.5 kW、1 410 r/min、380 V	1

二、操作过程

1. T68 型卧式镗床的电气安装

（1）元器件安装要求。元器件与地板贴合紧密、固定牢固、横平竖直，同类元器件尽量集中安装。特别要注意限位开关的安装，限位开关固定要牢固，放置在撞块安全撞压区内，确保撞块在不撞坏的前提下能可靠撞压。对于电动机的安装，一般可以借助起吊装置将电动机水平吊起至中心高度并与安装孔对正，对准电动机安装孔，旋紧螺栓即可。

（2）敷线。线路敷设一般有两种方法，一种采用硬线贴板敷设，一种采用软线走线槽敷设。安装线路时按照安装工艺要求进行连线。

（3）电路检测。根据 T68 型卧式镗床电气原理图，检查布线的合理性、规范性和标准性，无漏接、错接、多接现象，确保接线牢固可靠。

2. T68 型卧式镗床的调试

（1）调试前的检查。

1）电源检查。接通试运行电源，用万用表检测三相电源是否平衡，然后拔去控制电路熔芯切断控制电路，接通机床电源开关，观察有无异常现象、有无异味。测量变压器输出电压，若有异常现象，立即关断机床电源，再切断试运行电源，并对异常现象进行分析处理。

2）短路检查。主电路检查：断开电源和变压器一次绕组，用 500 V 绝缘电阻表测量相相间、相地间电阻，避免短路或绝缘损坏现象。控制电路检查：断开变压器二次绕组，用万用表测量电源线与零线或保护线 PE 间是否短路。

3）元器件检查。检查主电路和控制电路所有元器件外观是否损坏、动作是否灵敏、接线是否正确等。

4）熟悉 T68 型卧式镗床的操作运行。

（2）T68 型卧式镗床的调试。

1）空操作试运行。断开主电路，接通控制电路电源，按下启动按钮，检查各接触器、继电器是否正常动作，时间继电器是否正常延时等，以检查控制电路工作是否正常。注意观察电路是否有异常现象，如发热、异响、噪声等，若有异常，应立即切断电源，查找分析问题原因。

2）空载试运行。空载试运行时，接通主电路，其余操作重复空操作试运行的步骤。此时注意观察电动机的启动和运转情况，如转速、转向、高低速等，调试主轴电动机制动情况，确保 1～2 s 可靠停车。如不能迅速制动，可调整速度继电器反力弹簧的弹力。最好在空载试运行时，先拆下连接电动机和变速箱的传动机构，避免损坏传动机构。

3）带载试运行。经过空操作试运行和空载试运行后，可进行带载逐项试运行。

注意事项

（1）穿戴好劳动保护用品，禁止穿凉鞋进入工作岗位。

（2）操作前，检查仪器仪表和工具，确保安全可靠，使用仪器仪表和工具要规范。

（3）电动机和线路的接地要安全可靠。

（4）严格遵守镗床操作规程，两人以上操作一台镗床时，应密切联系，互相配合，并由主操作人员统一指挥。

（5）通电试运行时，要在师傅或教师的监护下进行，先合上电源开关，后启动按钮，停车时，先按停止按钮，后断开电源开关，严格遵守安全操作规程。

（6）工作结束时，关闭电源，清洁整理场地。

任务 1.2.3　T68 型卧式镗床控制电路的检修

知识导读

1. 确定故障点的方法

测量法是电工常用来确定故障点的方法，借助常用仪器仪表，通过对电路进行相关的参数（电流、电压、电阻等）测量来判断电路通断情况、电气元件的好坏及绝缘情况等。常用测量方法有电压测量法（带电）和电阻测量法（断电）两种。

2. T68型镗床常见电气故障及处理方法（见表1.2.5）

表1.2.5 T68型镗床常见电气故障及处理

序号	故障现象	故障位置及原因	处理方法
1	主轴电动机不能启动	QS或其线路断路； FU1其中一个有故障； 自动快速进给、主轴进给操作手柄的位置不正确，压合SQ1、SQ2后动作； 热继电器FR已动作； 按钮SB1和SB2存在故障； 连接导线等可能使电动机不能启动	更换或确认导线接触良好
2	主轴电动机只有高速挡，没有低速挡	接触器KM4线圈故障； 接触器KM5的常闭触点故障； 时间继电器KT延时断开常闭触点故障； 连接导线等可能存在故障	更换接触器、时间继电器或进行维修，确认连接导线良好
3	主轴电动机只有低速挡，没有高速挡	KM4吸合，而KM5不能吸合，接触器KM5线圈故障，或接触器KM4的常闭触点故障； 时间继电器KT延时闭合常开触点； 连接导线等可能存在故障	更换接触器或进行维修，确认接线完好
4	主轴变速手柄拉出后，主轴电动机M1不能启动；或变速完毕，合上手柄后，主轴电动机不能自动开车	行程开关SQ3、SQ5故障； 速度继电器KS故障； 连接导线等可能存在故障	更换行程开关、速度继电器或进行维修，确认接线完好
5	主轴电动机不工作	点动按钮SB4、SB5故障； 连接导线等可能存在故障	更换按钮或进行维修，确认接线完好
6	主轴电动机M1点动可以工作，操作SB2、SB3按钮则不能工作	KM3线圈故障； KA1或KA2常闭触点故障； 连接导线等可能存在故障	更换接触器KM3、KA1、KA2或进行维修，确认接线完好
7	进给电动机M2快速移动正常，主轴电动机M1不工作	热继电器FR故障； 连接导线等可能存在故障	更换热继电器或进行维修，确认接线完好
8	正向启动正常，反向无制动，且反向启动不正常	KM1常闭触点故障； KM2线圈、KM2主触点接触不良； KS3触点未闭合； 连接导线等可能存在故障	更换接触器或进行维修，确认接线完好
9	变速时，主轴电动机M1不能停止	行程开关SQ3、SQ4、SQ5故障； 速度继电器KS的常闭触点故障； 连接导线等可能存在故障	更换行程开关、速度继电器或进行维修，确认接线完好

任务实施

一、准备阶段

实训车间 T68 型卧式镗床一台，T68 型卧式镗床说明书，检修仪器仪表及工具，安全用具。

二、操作过程

T68 型卧式镗床的故障一般包含电气故障和机械故障两种，因此首先要能判断是电气故障还是机械故障。这就要求维修人员不仅要熟悉 T68 型卧式镗床的电气组成及工作原理，还要熟悉相关机械系统组成及工作原理，并能正确操作镗床。

三、案例——主轴电动机停止时无制动作用

1. 故障现象的分析

根据图 1.2.5，主轴电动机不能制动，首先要检查速度继电器部分，可能是速度继电器无法检测到速度信号或速度继电器的触点不能正常吸合。其次，可能是接触器 KM1 或 KM2 互锁的常闭触点接触不良或断开。

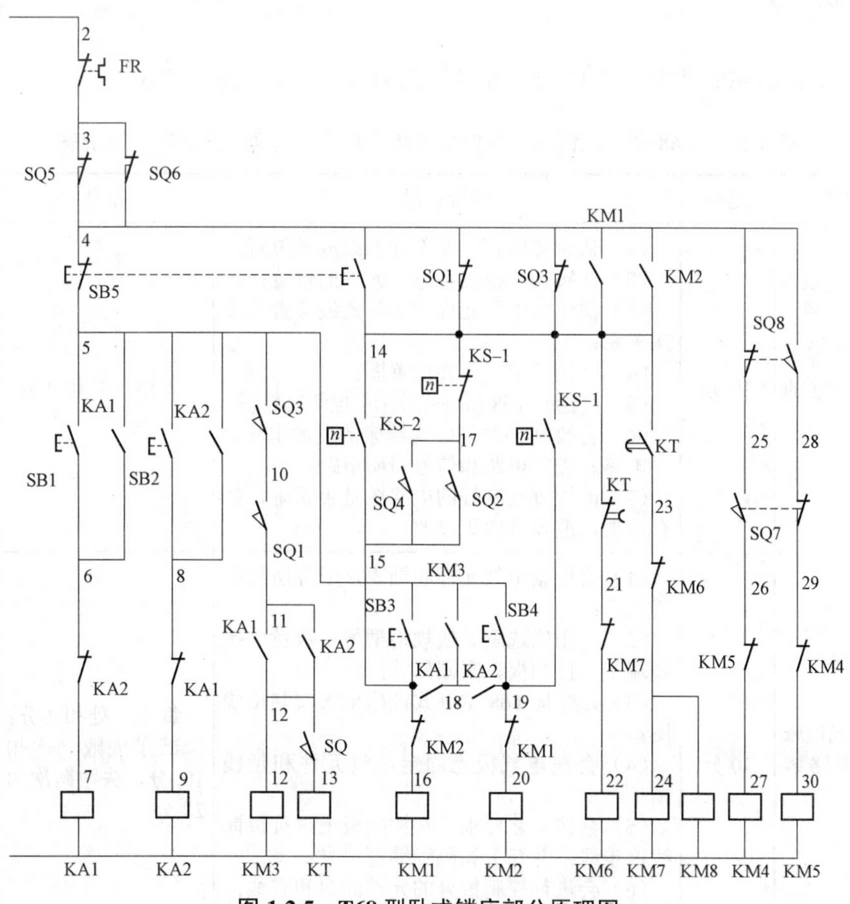

图 1.2.5　T68 型卧式镗床部分原理图

2. 故障可能的原因

由以上分析可知，主轴电动机不能制动的故障原因，可能是以下两种情况：

（1）速度继电器损坏，其正转常开触点 KS－1 和反转常开触点 KS－2 不能闭合。

（2）接触器 KM1 或 KM2 的常闭触点接触不良。

注意事项

（1）操作时，穿戴好劳动保护用品，规范操作。

（2）操作前，检查仪器仪表和工具，确保安全可靠，使用仪器仪表和工具要规范。

（3）检修时必须停电操作，并悬挂检修提醒标志牌，严禁带电检修。

（4）故障检修时，要先仔细观察故障现象，判断是电气故障还是机械故障。必要时，与机修工配合进行故障检修。

（5）检修结束后，要在指导老师的监护下进行通电试车。

项目评价

对项目实施的完成情况进行检查，并填写项目评价表，见表 1.2.6。

表 1.2.6　T68 型卧式镗床电气控制电路的测绘、装调与维修项目评价表

项目内容	配分	评价标准	扣分	得分
T68 型卧式镗床电气控制电路的测绘	20 分	（1）认识镗床各主要部分的组成及位置； （2）在实物中找出各电气元件的位置； （3）找出各电气元件的实际走线位置及连接关系； （4）会测绘电气元件位置图； （5）会绘制 T68 型卧式镗床的电气安装图； （6）会绘制 T68 型卧式镗床的电源电路、主电路、控制电路和信号照明电路； （7）能检查绘制好的电路图是否正确，如有错误，能及时纠正修改	每错一处扣 2 分	
T68 型卧式镗床电气控制电路装调	30 分	（1）会根据电气元件明细表，配齐所用电气元件； （2）会正确选配导线规格型号、数量、接线端子、控制板、紧固件等； （3）会绘制 T68 型卧式镗床电气安装接线图； （4）会在电气板上固定电气元件和走线槽； （5）会按工艺要求，在控制板上进行板前线槽走线，并套上编码管编制线号； （6）会进行控制板外的元件固定和布线； （7）能进行自检，并纠错； （8）能在教师监护下进行通电试车	每错一处扣 2 分；试车失败一次扣 10 分，失败两次扣 20 分	

续表

项目内容	配分	评价标准	扣分	得分
T68型卧式镗床控制电路故障检修	30分	（1）会操作镗床运行，并观察故障现象； （2）会对照T68型卧式镗床电气控制电路图在实物中查找电气元件实际位置，电气线路走线，明确各电气元件作用； （3）能清楚准确描述故障现象； （4）会根据故障现象分析故障原因，确定故障范围和故障点； （5）能用万用表等仪器仪表检测故障，判断故障点； （6）会对故障点进行检修，排除故障； （7）能在教师监护下进行通电试车	每错一处扣2分； 试车失败一次扣10分，失败两次扣20分	
安全文明生产	20分	（1）能穿戴整齐安全保护用具； （2）能规范操作，符合安全文明生产要求	不穿戴安全保护用具扣10分； 违反安全文明生产扣10～20分	
评分人				

拓展知识

镗床的日常维护保养知识

1. 日常保养工作

镗床的维护保养工作主要是注意清洁、润滑和合理的操作。日常维护保养工作分为以下三个阶段进行：

（1）工作开始前，检查机床各部件机构是否完好，各手柄位置是否正常；清洁机床各部位，观察各润滑装置，对机床导轨面直接浇油润滑；开机低速空运转一定时间。

（2）工作过程中，主要是正确操作，不允许机床超负荷工作，不可用精密机床进行粗加工等。工作过程中发现机床有任何异常现象，应立即停机检查。

（3）工作结束后，清洗机床各部位，把机床各移动部件移到规定位置，关闭电源。

2. 一级保养

镗床一般规定累计运行800 h后，以操作人为主进行一次一级保养，保养工作必须在切断电源之后进行。下面以T68型卧式镗床为例，说明镗床一级保养的内容和要求。

（1）外保养。主要清除机床外表污垢、锈蚀，保持传动件的清洁。擦洗机床表面及罩壳，应无锈蚀无黄斑；擦洗各外露丝杠、光杠及齿条；补齐各手柄、螺钉、螺母等机件，保持机床外观整洁。

（2）主轴箱及进给变速箱保养。掀开主轴箱各防尘盖板，检查调整V带和主轴箱夹紧拉杆。清洁各过滤器及油槽；检查平衡锤钢丝绳紧固情况；擦洗平旋盘滑槽及调整镶条。

（3）工作台及导轨保养。擦洗工作台各处，检查调整挡铁及镶条间隙；检查导轨是否拉毛，打光毛刺并擦洗导轨。

（4）后立柱保养。擦洗后轴承座、导轨面，检查调整镶条间隙。

（5）润滑系统保养。清洗油毡、油槽，保持油孔和油路畅通。清洗冷却泵、过滤网及冷却箱。清洗过滤器，保证油杯齐全，保持油标油窗明亮。

（6）电气部分保养。清扫电气箱及电动机。检查电气装置位置，保证电气装置固定、安全和整齐。

操作系统，最后切断电源。

项目三　M7130 型平面磨床电气控制电路的装调与维修

项目提出

机械加工中，当对零件表面的光洁度要求较高时，就需要用磨床进行加工。磨床是用磨具和磨料（如砂轮、砂带、油石、研磨剂等）对工件的表面进行磨削加工的一种机床，它可以加工各种表面，如平面、内外圆柱面、圆锥面和螺旋面等。通过磨削加工，使工件的形状及表面的精度、光洁度达到预期的要求；同时，它还可以进行切断加工。根据用途和采用的工艺方法不同，磨床可以分为平面磨床、外圆磨床、内圆磨床、工具磨床和各种专用磨床（如螺纹磨床、齿轮磨床、球面磨床、导轨磨床等），其中以平面磨床使用最多。平面磨床又分为卧轴和立轴、矩台和圆台四种类型。常见磨床如图 1.3.1 所示。

图 1.3.1　常见磨床

项目分析

本项目以 M7130 型平面磨床为例学习磨床的电气控制电路的装调、操作，学会处理

M7130 型平面磨床的常见故障。

（1）通过观察 M7130 型平面磨床实物了解其基本组成结构，通过通电试车操作，熟悉 M7130 型平面磨床的运动过程及形式。

（2）根据 M7130 型平面磨床的技术资料，正确查找各电气元件的实际位置和实际走线路径。

（3）通过研读 M7130 型平面磨床电气原理图，明确电气元件种类、数目及型号，学会绘制电气安装接线图。

（4）通过观察分析，学会判断 M7130 型平面磨床的故障类型和故障点，学会分析处理磨床电气故障和机械故障的方法和步骤，并做好检修记录。

（5）运用合适的评价手段进行自我评价和小组互评，正确地认识学习成果。

项目实施

任务 1.3.1　M7130 型平面磨床控制电路的安装与调试

知识导读

M7130 型平面磨床分析

1. M7130 型平面磨床的主要结构

M7130 型平面磨床主要由立柱、工作台、床身、滑座、砂轮架、砂轮、电磁吸盘等部分组成，如图 1.3.2 所示。

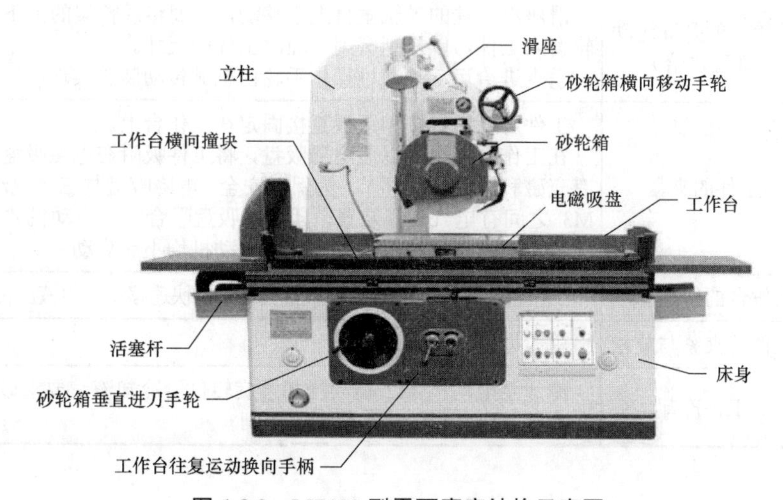

图 1.3.2　M7130 型平面磨床结构示意图

（1）床身——位于磨床的最下端，是组成部件的承载体。

（2）工作台——位于床身的上端，可放置工件，有利于砂轮对工件端面的加工。

（3）电磁吸盘——位于工作台面上，通过电磁吸盘的得电与失电实现对工件加紧与放松。

（4）立柱——位于工作台面的上方，是砂轮架与滑座的承载体。

（5）砂轮架——又称磨头，位于立柱的上方，是磨床的主要组成部件，用于对工件端面的加工。

（6）滑座——位于立柱的上方，滑座沿立柱导轨垂直升降运动，以调整砂轮架的上下位置，或改变砂轮磨削工件时的磨削量。

2. M7130 型平面磨床的运动形式及控制特点

M7130 型平面磨床的主要结构的运动主要分三个阶段：工件加工前、工件加工进行中、工件加工完毕。主要有三种运动形式，如表 1.3.1 所示。

表 1.3.1　M7130 型平面磨床运动形式和控制要求

运动种类	运动形式	控制要求
主运动	砂轮的高速旋转	通常采用两极笼型异步电动机，要求砂轮有较高的转速，以保证磨削加工质量。 采用装入式电动机，将砂轮直接装到电动机轴上，提高主轴刚度的同时简化机械结构。 砂轮电动机只要求单向旋转，可直接启动，无调速和制动要求
进给运动	工作台的往复运动（纵向进给）	因液压传动换向平稳，易于实现无级调速，因此采用液压传动。液压泵电动机 M3 拖动液压泵，工作台在液压作用下做纵向运动。 由装在工作台前侧的换向挡铁碰撞床身上的液压换向开关控制工作台进给方向
	砂轮架的横向运动（前后进给）	在磨削的过程中，工作台换向时，砂轮架就横向进给一次。 在修正砂轮或调整砂轮的前后位置时，可连续横向移动。 砂轮架的横向进给运动可由液压传动，也可用手轮来操作
	砂轮架的升降运动（垂直进给）	滑座沿立柱的导轨垂直上下移动，以调整砂轮架的上下位置，或使砂轮磨入工件，以控制磨削平面时工件的尺寸。 垂直进给运动是通过操作手轮由机械传动装置实现的
辅助运动	工件的夹紧	工件可以用螺钉和压板直接固定在工作台上。 在工作台上也可以装电磁吸盘，将工件吸附在电磁吸盘上。因此，要有充磁和退磁控制环节。为保证安全，电磁吸盘与三台电动机 M1、M2、M3 之间有电气联锁装置，即电磁吸盘吸合后，电动机才能启动；电磁吸盘不工作或发生故障时，三台电动机均不能启动
	工作台的快速移动	工作台能在纵向、横向和垂直三个方向快速移动，由液压传动机构实现
	工件的夹紧与放松	由人力操作
	工件冷却	冷却泵电动机 M2 拖动冷却泵旋转供给冷却液，要求砂轮电动机 M1 和冷却泵电动机 M2 实现顺序控制

3. M7130 型平面磨床的原理及分析

M7130 型平面磨床的电气设备安装在床身后部的壁龛内，控制按钮安装在床身前部的电气操纵盒上。电气控制电路图可分为主电路、控制电路、电磁吸盘控制电路及机床照明电路等几部分，如图 1.3.3 所示。

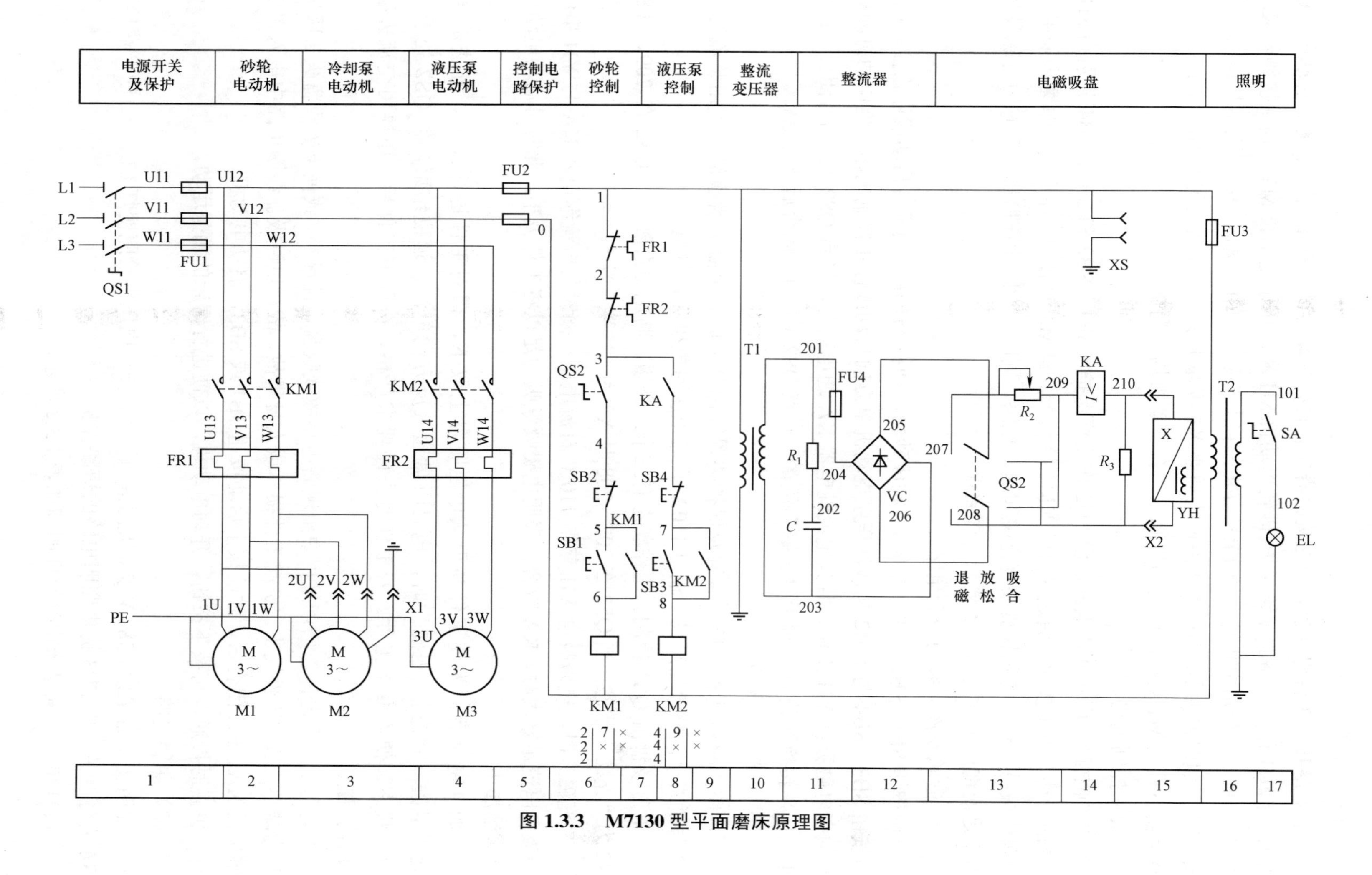

图 1.3.3　M7130 型平面磨床原理图

（1）主电路。

主电路共有 3 台电动机，均为接触器控制直接启动方式。三相交流电源由电源开关 QS1 引入，由 FU1 作全电路的短路保护。砂轮电动机 M1 和液压泵电动机 M3 分别由接触器 KM1、KM2 控制，并分别由热继电器 FR1、FR2 作过载保护。由于磨床的冷却泵箱是与床身分开安装的，所以冷却泵电动机 M2 由插头插座 X1 接通电源，在需要提供冷却液时才插上。M2 容量较小且受 M1 启动和停转的控制。三台电动机均单向旋转。

（2）控制电路。

控制电路采用 380 V 电源，由 FU2 作短路保护。SB1、SB2 和 SB3、SB4 分别为 M1 和 M3 的启动、停止按钮，通过 KM1、KM2 控制 M1 和 M3 的启动、停止。平面磨床采用电磁吸盘来吸持工件。电磁吸盘要有充磁和退磁电路，同时，为防止在磨削加工时因电磁吸盘吸力不足而造成工件飞出，还要求有弱磁保护环节。

① 砂轮及液压泵的控制电路。

由按钮 SB1、SB2 与接触器 KM1 构成砂轮电动机 M1 单方向旋转启动或停止控制电路；由按钮 SB3、SB4 与 KM2 构成液压泵电动机单方向启动或停止控制电路。但电动机的启动必须在电磁吸盘 YH 工作，且欠电流继电器 KA 通电吸合，触点 QS2（3－4）闭合，或 YH 不工作，转换开关 QS2 置于“去磁”位置，触点 QS2（3－4）闭合后才可进行。

② 电磁及吸盘的控制。

电路由整流装置、控制装置及保护装置等部分组成。电磁吸盘整流装置由整流变压器 T2 与桥式全波整流器组成，输出 110 V 直流电压对电磁吸盘供电。

电磁吸盘由 QS2 控制。工作状态有三个：充磁、断电与去磁。当 QS2 在 209、208 时 X2 为“充磁”状态；当 QS2 在 207、208 时 X2 为“去磁”状态。

“充磁”时，电磁吸盘 YH 获得 110 V 直流电压。同时欠电流继电器 KA 与 YH 串联，当吸盘电流足够大时，KA 吸合，表明电磁吸盘吸力足以将工件吸牢，此时可启动电动机进行磨削加工。

加工完成后，为使工件易于从电磁吸盘上取下，需对工件进行去磁。方法是 QS2 处“退磁”状态。“退磁”时，电磁吸盘通入反方向电流，退磁结束，使 QS2 处于“断电”状态，便可取下工件。若工件对去磁要求严格，在取下工件后，还要用交流去磁器进行去磁。

为防止平面磨床在磨削过程中出现断电事故或吸盘电流减小，致使电磁吸盘失去吸力或吸力减小，造成工件飞出，引起工件损坏或人身事故，故在电磁吸盘线圈电路中串入欠电流继电器 KA。KA 闭合后，才能按下启动按钮 SB1 或 SB3，启动电动机。

去磁时接通，可按下按钮，开动电动机，以便进行磨床的调整运动。

（3）照明电路。

照明变压器 T2 将 380 V 交流电压降至 36 V 安全电压供给照明灯 EL，EL 的一端接地，SA 为灯开关，由 FU3 提供照明电路的短路保护。

M7130 型平面磨床电气元件明细如表 1.3.2 所示。

表 1.3.2 M7130 型平面磨床电气元件明细

代号	名称	型号	规格	数量
M1	砂轮电动机	W451－4	380 V、4.5 kW、1 440 r/min	1
M2	冷却泵电动机	JCB－22	380 V、125 kW、2 790 r/min	1
M3	液压泵电动机	JO42－4	380 V、2.8 kW、1 450 r/min	1
QS1	电源开关	HZ1－25/3	380 V、25 A	1
QS2	转换开关	HZ1－10P/3	380 V、10 A	1
FU1	熔断器	RL1－60/30	60 A、熔体 30 A	3
FU2	熔断器	RL1－15/5	15 A、熔体 5 A	2
FU3	熔断器	BLX－1	1 A	1
FU4	熔断器	RL1－15/2	15 A、熔体 2 A	1
KM1	接触器	CJ10－10	线圈电压 380 V	1
KM2	接触器	CJ10－10	线圈电压 380 V	1
FR1	热继电器	JR10	整定电流 9.5 A	1
FR2	热继电器	JR10	整定电流 6.1 A	1
T1	整流变压器	BK－400	400 VA、220/125 V	1
T2	照明变压器	BK－100/350	50 VA、380/36 V	1
VC	硅整流器	GZH	1 A、200 V	1
YH	电磁吸盘		1.2 A、110 V	1
KA	欠电流继电器	JT3－11L	1.5 A	1
SB1	按钮	LA2	绿色	1
SB2	按钮	LA2	红色	1
SB3	按钮	LA2	绿色	1
SB4	按钮	LA2	红色	1
R_1	电阻器	GF	6 W、125 Ω	1
R_2	电阻器	GF	6 W、125 Ω	1
R_3	电阻器	GF	6 W、125 Ω	1
C	电容器		600 V、5 A	1
EL	照明灯	JD3		1
X1	接插件	CY0－36		1
X2	接插件	CY0－36		1
XS	插座		250 V、5 A	1
附件	退磁器	TC1TH/H		1

任务实施

一、准备阶段

（1）M7130 型平面磨床原理图及相关技术资料，常用电工工具、仪器仪表、器材、劳保用品的准备。

（2）认真研读 M7130 型平面磨床电气原理图，明确电气元件种类、型号及数量，清楚各电气元件的连接顺序及控制关系。

（3）控制板选用 2.5～5 mm 厚的钢板或木板，选择适当的导线，并准备好编码管。控制板宜采用 BVR 塑铜线，电源开关接到控制板及接到电动机的连接线宜采用四芯电缆线，接到电磁吸盘的连线宜采用 BVR 塑铜线。

（4）根据 M7130 型平面磨床元器件清单表，准备好电气元件和导线等材料。对元器件进行常规核对和检测，包括外观、触点、动作、绝缘等。对电动机进行三相电阻平衡、绝缘电阻（绝缘电阻不低于 0.5 MΩ）等检测。对变压器一、二侧绝缘电阻、两侧电压进行检测，确保能正常工作。

二、操作过程

1. 电气控制板的制作

（1）元器件定位。将元器件进行合理排列定位，并进行标记。注意元器件之间、元器件与柜壁之间距离恰当均匀，不影响开关柜门操作。

（2）按标记进行打孔、攻螺纹、修磨、两面刷防锈漆，正面喷涂白漆，晾干后，将元器件对应的电器标牌固定在图样标示的位置。

（3）敷线。线路敷设一般有两种方法，一种采用硬线贴板敷设，另一种采用软线走线槽敷设。

（4）电路检测。根据 M7130 型平面磨床电气原理图，核对、检测线路连接，防止错接、漏接、编号错漏等。

2. M7130 型平面磨床的电气安装

安装要求：元器件与底板贴合紧密、固定牢固、横平竖直，同类元器件尽量集中安装。

导线端子的处理（包括剥线、除锈、镀锡、套编码管等），接线、导线整理绑扎。要求导线连接规范可靠，安装完毕注意清理场地，对照原理图和接线图进行核对检查，确保无错接、漏接等。

3. M7130 型平面磨床的调试

（1）调试前的检查。

1）电源检查。接通试运行电源，用万用表检测三相电源是否平衡，然后拔去控制电路熔芯切断控制电路，接通机床电源开关，观察有无异常现象、有无异味。测量变压器输出电压，若有异常现象，立即关断机床电源，再切断试运行电源，对异常现象进行分析处理。

2）熔断器检查。检查熔丝规格型号是否正确，若接线无误，用万用表检测熔丝是否良好。

3）短路检查。主电路检查：断开电源和变压器一次绕组，用 500 V 绝缘电阻表测量相相间、相地间电阻，避免短路或绝缘损坏现象。控制电路检查：断开变压器二次绕组，用万用表测量电源线与零线或保护线 PE 间是否短路。

（2）调试操作。

1）技术参数。M7130 型平面磨床的技术参数如表 1.3.3 所示。

表 1.3.3　M7130 型平面磨床的技术参数

型号	工件最大直径（厚度）/mm	磨削最大长度/mm	最小磨削直径/mm	主电动机功率/kW
M7130（平面磨床）	300	1 000	5	4.5

2）操作方法

① 合上电源开关 QS，接通电源。

② 将 QS2 扳至“退磁”位置，按下 SB1，使砂轮电动机 M1 转动一下，立即按下 SB2，观察砂轮旋转方向是否符合要求。

③ 按下 SB3，观察液压泵电动机 M3 带动工作台的运行情况，正常后，按下 SB4 停止。

④ 根据电动机的功率调整热继电器 FR1、FR2 的整定电流值。

⑤ 欠电流继电器 KA 吸合电流的调整。直流电流挡（5 A），串入 KA 线圈回路中，合上 QS1，将 QS2 扳到“吸合”位置。调节继电器调节螺母，使其吸合电流值为 1.5 A。

⑥ 合上 QS1，将 QS2 扳到“吸合”位置，检查电磁吸盘对工件的夹持是否牢固可靠。

⑦ 将 QS2 扳到“退磁”位置，调节限流电阻 R_2，使退磁电压值约为 10 V。

注意事项

（1）操作时，穿戴好劳动保护用品，规范操作。

（2）机床开动前，必须检查各开关手柄的位置是否正确，传动部位是否正常，周围是否有人和障碍物。

（3）不准超负荷使用机床。

（4）机床导轨面上，禁止放工具、量具、加工件等物品。

（5）发现机床有异常情况时，立即停车检查，必要时找维修人员处理。

（6）安装新砂轮前，先用木槌轻轻敲打，无杂音方可安装。装好后操作人侧立机旁，空转试车 30 min，无偏摆或振动后才能使用。

（7）砂轮在接近工件时，要观察工件有无凸起和凹陷，磨削过程要有足够的冷却液，缓慢进刀，防止挤碎砂轮伤人。

（8）机床运转中，不许从冷却液喷嘴接取冷却液。

（9）砂轮未完全停止转动前，不准清理冷却液或更换工件。

（10）磨削工件时，要加防护罩，以防砂轮碎裂飞出伤人。

任务 1.3.2　M7130 型平面磨床控制电路的检修

M7130 型平面磨床常见电气故障及处理

M7130 型平面磨床常见电气故障及处理方法如表 1.3.4 所示。

表 1.3.4　M7130 型平面磨床常见电气故障及处理

序号	故障现象	故障位置及原因	处理方法
1	砂轮电动机和液压泵都不能启动	先将 QS2 扳到“吸合”位置，合上电源 QS1，分别按启动按钮 SB1 和 SB3，观察 KM1 和 KM2 吸合情况及电动机转动情况	若 KM1 和 KM2 不能吸合，检测线圈是否得电，若线圈得电而触头无法吸合，检查触头情况，进行更换
2	液压泵电动机不能启动	（1）主电路：KM2 主触点问题或 FR2 问题； （2）控制电路：SB3、SB4 或 KM2 辅助触点问题	维修或更换 SB3、SB4、KM2、FR2，连接好接线
3	三台电动机都不能启动	欠电流继电器 KA 的常开触头和转换开关 QS2 的触头（3－4）接触不良、接线松脱或有油垢，使电动机的控制电路处于断电状态	分别检查欠电流继电器 KA 的常开触头和转换开关 QS2 的触头（3－4）的接触情况，不通则进行修理或更换
4	砂轮电动机的热继电器 FR1 经常动作	（1）M1 前轴承铜瓦磨损后易发生堵转现象，使电流增大，导致热继电器动作； （2）砂轮进刀量太大，电动机超负荷运行； （3）热继电器规格选得太小或整定电流过小	（1）修理或更换轴瓦； （2）选择合适的进刀量，防止电动机超载运行； （3）更换或重新整定热继电器
5	电磁吸盘退磁不好，使工件取下困难	（1）退磁电路断路，根本没有退磁； （2）退磁电压过高； （3）退磁时间太长或太短	（1）QS2 接触是否良好或退磁电阻 R_2 是否损坏； （2）应调整电阻 R_2，使退磁电压调至 5～10 V； （3）掌握好退磁时间
6	电磁吸盘吸力不足	（1）电磁吸盘损坏。吸盘密封不好，切削液流入，引起绝缘损坏，造成线圈短路； （2）整流器输出电压不正常。整流器发生元件短路或断路故障	（1）更换电磁吸盘线圈，处理好线圈绝缘，安装时要完全密封好； （2）用万用表测量整流器的输出及输入电压，查出故障元件，进行更换或修理
7	冷却泵电动机烧坏	（1）切削液进入电动机内，造成匝间或绕组间短路，使电流增大； （2）反复修理冷却泵电动机后，使电动机端盖轴隙增大，造成转子在定子内不同心，工作时电流增大，电动机长时间过载运行； （3）冷却泵被杂物塞住引起电动机堵转，电流急剧上升	给冷却泵电动机加装热继电器，就可以避免发生这种故障

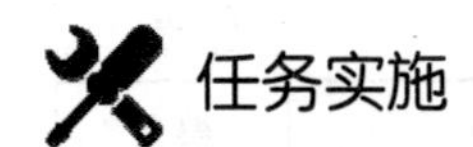

任务实施

一、准备阶段

实训车间 M7130 型平面磨床一台，M7130 型平面磨床说明书及相关技术资料，检修用仪器仪表及电工工具，安全用具。

（1）熟悉 M7130 型平面磨床的结构、操作方法及运行过程。该操作需要在实训教师指导下进行，注意安全操作。

（2）对照 M7130 型平面磨床实物，结合电路控制原理图，查找各元器件的实际位置及在设备中的作用。

（3）故障设置，在 M7130 型平面磨床的主电路和控制电路中，分别设置不同的故障一处，由教师进行示范操作演示故障检修的思路及方法。

二、操作过程

（1）对教师设置的故障点进行实训操作。由指导教师设置人为故障进行操作训练，从观察故障现象、分析故障原因、查找故障点到排除故障，逐一进行。

M7130 型平面磨床的故障检修将通过具体的故障案例来分析故障现象、故障原因及处理方法。M7130 型平面磨床常见电气故障及处理方法见表 1.3.4。

（2）故障检修过程中，要断电操作，做好检修记录，故障检修完毕，要在教师监护下通电试车，确保操作安全。

注意事项

（1）穿戴好劳保用品，遵循安全操作规程。

（2）检修前，检查仪器仪表及工具，正确使用，规范操作。

（3）电磁吸盘的工作环境恶劣，容易发生故障，检修时要特别注意电磁吸盘及线路。

（4）检修前要停电，停电要验电，严禁带电操作，检修完毕，要在教师监督下通电试车，做好维修记录。

项目评价

对项目实施的完成情况进行检查，并填写项目评价表，见表 1.3.5。

表 1.3.5　M7130 型平面磨床电气控制电路的装调与维修项目评价表

项目内容	配分	评价标准	扣分	得分
M7130 型平面磨床电气控制电路装调	40 分	（1）会根据电气元件明细表，配齐所用电气元件。 （2）会正确选配导线规格型号、数量、接线端子、控制板、紧固件等。	每错一处扣 2 分；试车失败一次扣 10 分，失败两次扣 20 分	

续表

项目内容	配分	评价标准	扣分	得分
M7130 型平面磨床电气控制电路装调	40 分	（3）会绘制 M7130 型平面磨床电气安装接线图。 （4）会在电气板上固定电气元件和走线槽。 （5）会按工艺要求，在控制板上进行板前线槽走线，并套上编码管编制线号。 （6）会进行控制板外的元件固定和布线。 （7）能进行自检，并纠错。 （8）能在教师监护下进行通电试车	每错一处扣 2 分；试车失败一次扣 10 分，失败两次扣 20 分	
M7130 型平面磨床控制电路故障检修	40 分	（1）会操作磨床运行，观察故障现象。 （2）会对照 M7130 型平面磨床电气控制电路图，在实物中查找电气元件实际位置，电气线路走线，明确各电气元件作用。 （3）能清楚准确地描述故障现象。 （4）会根据故障现象分析故障原因，确定故障范围和故障点。 （5）能用万用表等仪器仪表检测故障，判断故障点。 （6）会对故障点进行检修，排除故障。 （7）能在教师监护下进行通电试车	每错一处扣 2 分；试车失败一次扣 10 分，失败两次扣 20 分	
安全文明生产	20 分	（1）能穿戴整齐安全保护用具。 （2）能规范操作，符合安全文明生产要求	不穿戴安全保护用具扣 10 分；违反安全文明生产扣 10～20 分	
评分人				

拓展知识

机床电气故障检修及处理方法

检修前应将机床清理干净，将机床电源断开，不能转动，要从电动机有无通电，控制电动机是否吸合入手，绝不能立即拆修电动机。通电检查时，一定要先排除短路故障，在确认无短路故障后方可通电，否则，会造成更大的事故。当需要更换熔断器的熔体时，必须选择与原熔体型号相同，不得随意扩大，以免造成意外的事故或留下更大的后患。因为熔体的熔断，说明电路存在较大的冲击电流，如短路、严重过载、电压波动很大等。热继电器的动作、烧毁，也要求先查明过载原因，不然的话，故障还是会复发。并且修复后一定要按技术要求重新整定保护值，并要进行可靠性试验，以避免发生失控。用电阻挡测量触点、导线通断时，量程置于 $R\times100\ \Omega$ 挡。如果要检测电路的绝缘电阻，应断开被测支路与其他支路的联系，避免影响测量结果。在拆卸元件及端子连线时，特别是对不熟悉的机床，一定要仔细观察，理清控制电路，千万不能蛮干。要及时做好记录、标号，避免在安装时发生错误，方便复原。螺丝钉、垫片等放在盒子里，被拆下的线头要做好绝缘包扎，以免造成人为事故。试车前先检测电路是否存在短路现象。在正常的情况下进行试车，且应当注意人身及设备安全。机床故障排除后，一切要恢复到原来的样子。

1. 调查研究法

调查研究法主要是通过询问设备操作员和现场有关人员，询问故障发生前后的工作现象，这些故障是经常发生还是偶尔发生，持续多长时间了，是否改动过控制电路，或者更换过电气元件。闻闻是不是有线圈或导线绝缘烧毁的气味；看看有无明显烧毁的外观，导线、接线处有无烧过的痕迹；应以不损坏设备和扩大故障范围为前提下听设备电气元件在运行时的声音与正常运行时有无明显差异；在以确保人员和设备安全的情况下摸电气元件和容易发生触电事故的故障部位，该部位元件及线路的温度是否正常等。

2. 通电试验法

在常规的外部检查发现不了故障时，在不损伤电器和机械设备条件下，可通电进行试验。通电试验一般可先进行点动试验各控制环节，检查各支路的动作程序是否正常，若发现某一电器动作不符合要求，则说明故障有可能在与此电器相关的电路中，然后在这部分故障电路中进行检查，便可找出故障点；如果电路正常，则表明相应的支路无故障，这样逐步缩小检测范围，最终确定故障点。在采用试验法检查时，也可以采用先检查主电路，后检查控制电路；先检查辅助系统，后检查主传动系统。分清是电源的故障还是线路故障，线路中是主电路还是控制电路的问题，控制电路中是哪条电路、哪个元件的问题等，但必须注意不要随意用外力使接触器或继电器动作，以防引起事故发生。

3. 逻辑分析法

通过询问、观察故障现象，分析故障点的可能原因，尽量先进行逻辑分析后，再通过通电或者断电试验方法进行观察，避免逐一拆卸或拆线头，把问题复杂化。逻辑分析法的前提是检测方法快速准确。逻辑分析法是基于电气控制电路的原理来控制线路的环节、程序和故障现象之间的关系，进行具体分析，迅速缩小检测范围，进而确定故障位置。在利用逻辑分析法检查时，要充分使用原理图，具体分析故障现象，划出大致故障的范围，然后根据通电测试方法检查与之相关的支路，逐步缩小故障范围，最终确定故障点，使看似复杂的问题变得清晰，从而提高检查效率，尽快排除故障，使生产设备恢复运行。

4. 测量法

发生断路故障后，其电阻值变为无穷大；发生接触不良故障后，电阻值变大，或阻值不稳；发生短路故障后，电阻变为零。根据这一规律，可通过测量回路的电阻，来判断是否存在断路及接触不良。首先按照黄金分割法，将回路分成几个部分，然后分别测量每一段的电阻。如果所测电阻值比正常值大，或出现电阻值大小不稳，则说明有接触不良的现象。如果本来应该通，但实测电阻为无穷大，则说明有断路现象。不论何种故障，只要通过连续分段测量的方法，一般均可确定出故障点的位置。如果回路没有开路现象，则每一处对地电压均相等；如果有正常降压元件，则元件前和元件后对地电压不相等；如果接触不良，则所测对地电压可能大小不稳。根据这些特点，就可以通过测量回路电压，查找故障点。

项目四　10 t 单钩桥式起重机电气控制电路的故障检修

项目提出

桥式起重机是桥架型起重机的一种，主要依靠起升机构和在水平面内的两个相互垂直方向移动的运行机构，能在矩形场地及其上空作业，是工矿企业广泛使用的一种运输机械。外形像一个两端支撑在平行的两条架空轨道上平移运行的单跨平板桥。起升机构用来垂直升降物品，起重小车用来带着载荷做横向移动，以达到在跨度内和规定高度内组成三维空间里做搬运和装卸货物用。

随着工业技术的不断发展，桥式起重机的种类越来越多，根据使用吊具不同，可分为吊钩式起重机、抓斗式起重机和电磁吸盘式起重机，根据用途不同，可分为通用桥式起重机、冶金专用桥式水电站用桥式起重机、大起升高度桥式起重机等。按主梁结构形式可分为箱型结构桥式起重机、桁架结构桥式起重机、管型结构桥式起重机。还有型钢和钢板制成的简单截面梁的起重机，称为梁式起重机。常见桥式起重机如图 1.4.1 所示。

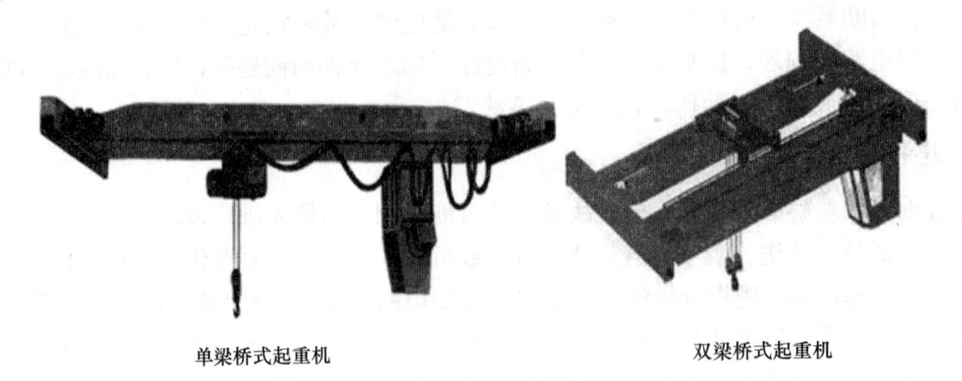

单梁桥式起重机　　双梁桥式起重机

图 1.4.1　常见桥式起重机

项目分析

本项目以 10 t 单钩桥式起重机为例，通过实践操作学会 10 t 单钩桥式起重机电气控制电路的测绘、装调、操作，学会处理 10 t 单钩桥式起重机的常见故障。

（1）通过观察 10 t 单钩桥式起重机实物了解其基本组成结构，通过通电试车操作，熟悉 10 t 单钩桥式起重机的运动过程及形式。

（2）根据 10 t 单钩桥式起重机的技术资料，正确查找各电气元件的实际位置和实际走线路径。

（3）通过研读 10 t 单钩桥式起重机电气原理图，明确电气元件种类、数目及型号。

（4）通过观察分析，学会判断 10 t 单钩桥式起重机故障类型和故障点，学会分析处理起重机电气故障和机械故障的方法和步骤，并做好检修记录。

（5）运用合适的评价手段进行自我评价和小组互评，正确地认识学习成果。

项目实施

任务　10 t 单钩桥式起重机电气控制电路的故障检修

知识导读

10 t 单钩桥式起重机分析

1. 10 t 单钩桥式起重机的主要结构

10 t 单钩桥式起重机主要由驾驶室、桥架、大车运行机构、提升机构、小车等部分组成，如图 1.4.2 所示。

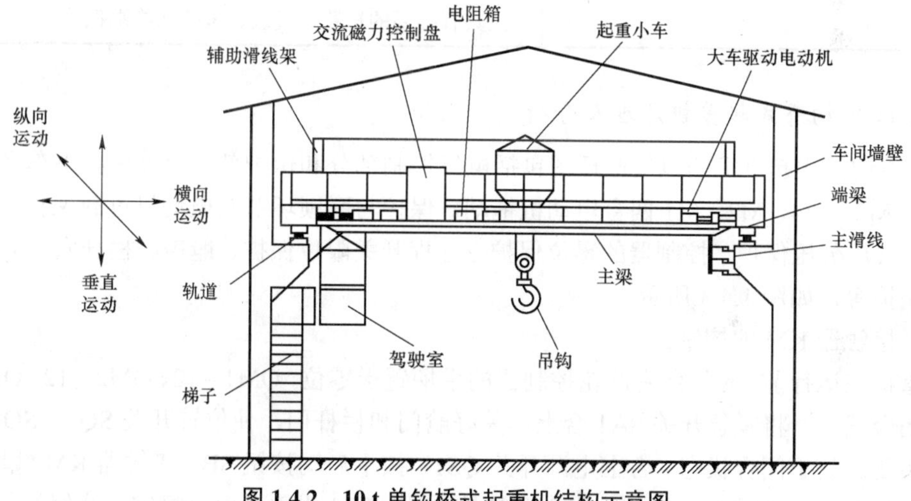

图 1.4.2　10 t 单钩桥式起重机结构示意图

（1）桥架——由主梁、端梁、行走台等部分组成的桥式起重机的基本构件。主梁跨架在车间的上空，其两端连有端梁，主梁外侧设有行走台，并附有安全栏杆，有箱型、桁架、腹板、圆管等结构形式。

（2）大车运行机构——由驱动电动机、传动轴、制动器、减速器、联轴节、车轮等构成。其驱动方式有集中驱动和分别驱动两种。

（3）吊运车——安放在桥架导轨上，可顺车间宽度方向移动。

（4）提升机构——由电动机、减速器、制动器、卷筒等组成，提升电动机经联轴节、制动轮与减速器连接，减速器的输出轴与卷筒相连。

（5）驾驶室——又称操纵室，是操纵起重机的吊舱，其内装有大、小车运行机构及提升机构的控制装置和起重机的保护装置等。驾驶室一般固定在主梁的一端，也有少数装在小车下方随小车移动。驾驶室上方开有通向行走台的舱口，供检修大车与小车机械及电气设备时人员上下用。

2. 10 t 单钩桥式起重机的运动形式分析

10 t 单钩桥式起重机的运动形式主要有三种，具体形式如表 1.4.1 所示。

表 1.4.1　10 t 单钩桥式起重机的运动形式和控制要求

运动种类	运动形式	控制要求
前后运动	起重机由大车电动机驱动，沿车间两边的轨道做纵向前后运动	电动机必须能频繁启动、制动、反转、变速，同时还要能承受较大的机械冲击，启动转矩的，一般采用转子异步电动机拖动。 要有合理的升降速度，空载、轻载时要求速度快，以减少辅助工时，重载时要求速度慢。 在提升之初或重物下降到指定位置附近时要低速运行，因此速度分为了几挡，便于灵活操作。 具有一定的调速范围，一般调速范围为 3:1。 由于起重机的负载力矩为未能性反抗力矩，因而电动机可运转在电动状态、再生发电状态和倒拉反接制动状态。 停车时必须采用安全可靠的制动方式。 应具有必要的短路、过载、零位和终端保护
左右运动	小车及提升机构由小车电动机驱动沿桥架上的轨道做横向左右运动	
升降运动	在升降重物时由起重电动机驱动做垂直上下运动	

3. 10 t 单钩桥式起重机原理及分析

10 t 单钩桥式起重机的电气原理图包括电气控制部分和保护部分。大车和小车及提升机构分别由 M3、M4、M2、M1 四台电动机拖动。保护与联锁环节有电动机过载保护、短路电流保护、失压欠压保护、控制器的零位保护、行程开关限位保护、舱盖、栏杆安全开关及紧急断电保护等，如图 1.4.3 所示。

（1）接触器 KM 的控制。

起重机在运行前，应将所有凸轮控制器的手柄置于零位，QM1－12、QM2－12、QM3－17 均处于闭合状态，将紧急开关 SA1 合上，关好舱门和栏杆门，使位置开关 SQ6、SQ7、SQ8 常开触头闭合处于闭合状态。合上电源开关 QS1，按下启动按钮 SB，接触器 KM 线圈得电，KM 主触头闭合，L21、L22 两相电引入凸轮控制器，L33 引入各电动机定子绕组接线端。由于各凸轮控制器手柄置于零位，因此电动机不会运转。同时，KM 两对常开触头闭合自锁，当松开启动按钮 SB 后，KM 线圈经自锁触头形成通路。

（2）凸轮控制器的控制。

下面以小车为例分析其控制过程和工作过程。

控制过程：小车凸轮控制器 QM2 共有 11 个位置，中间位置是零位，左右两边各 5 个位置，用来控制电动机 M2 的正反转，实现小车左右往返运动。QM2 共用了 12 对触头，其中 4 对常开主触头控制电动机 M2 定子绕组电源，并换接电源相序以实现电动机 M2 的正反转，5 对常开辅助触头控制 M2 转子电阻 R_2 的切换，3 对常闭联锁触头，其中 QM2－12 为零位联锁触头，QM2－11、QM2－10 为电动机 M2 的正反转联锁触头。

工作过程：合上电源开关 QS1，接触器 KM 线圈得电吸合，凸轮控制器 QM2 手轮向右置“1”位，QM2 的主触头 V12－2W、U12－2U 闭合，触头 QM2－11 闭合，QM2－10 和 QM2－12 断开，电动机 M2 接通三相电源正转（此时电磁抱闸 YB2 得电，制动器松开），由

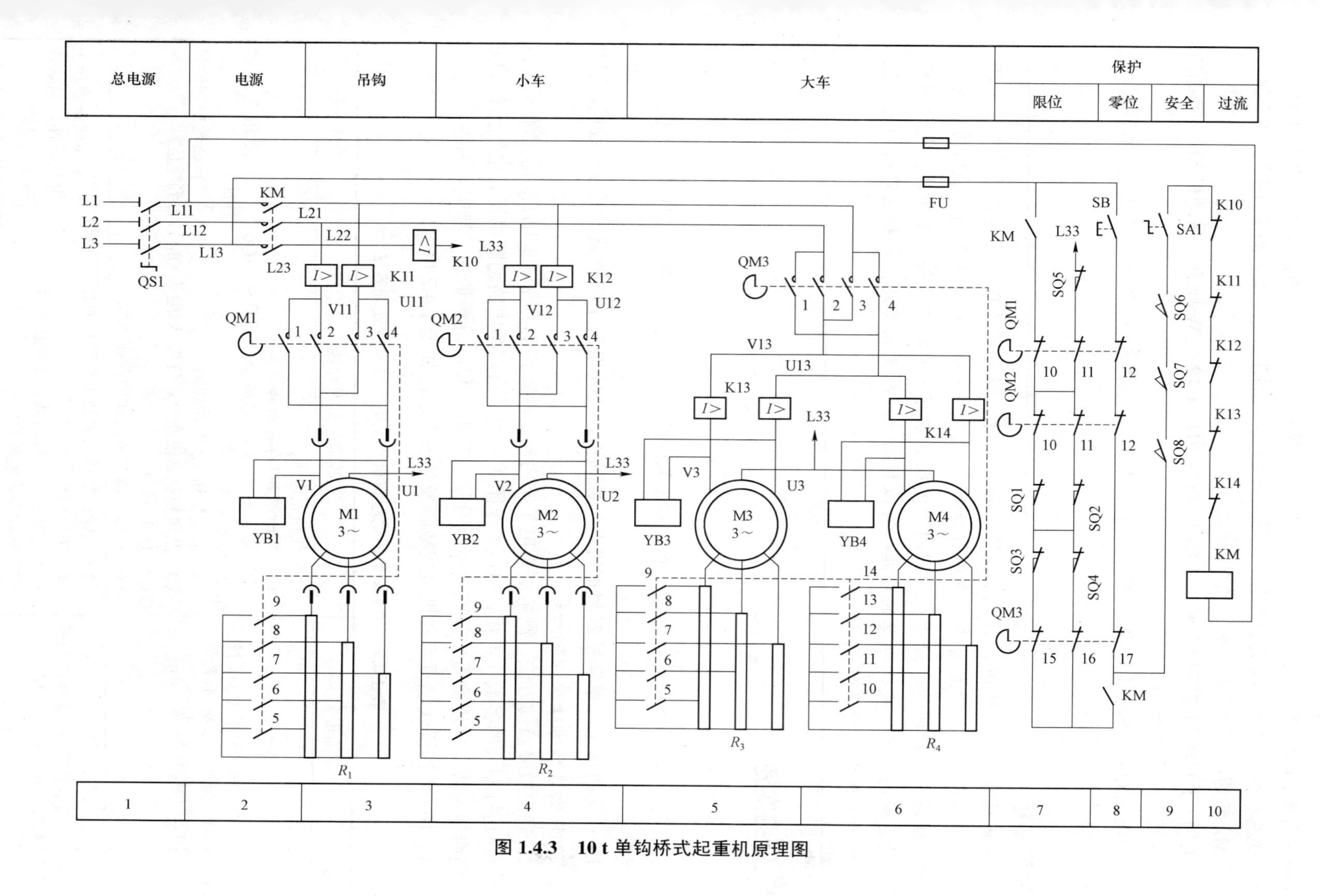

图 1.4.3　10 t 单钩桥式起重机原理图

于 5 对常开辅助触头都断开，电动机 M2 转子回路中串接 R_2 全部电阻启动，以最低转速拖动小车慢速右行。如果依次更换挡位，5 对常开触头依次闭合，短接电阻 R_2 的“5－9”部分，电动机 M2 转速会逐渐升高，达到最高速运行。

当 QM2 手轮转到向左挡位时，主触头 V12－2U、U12－2W 闭合，电动机 M2 电源相序改变，反转，拖动小车向左运行。

若断电或 QM2 手轮置于“0”挡，电动机 M2、电磁抱闸 YB2 线圈失电，抱闸抱紧，电动机 M2 迅速停车。

注意事项

在识读电气原理图时，首先看图名，确认是什么设备的原理图；其次是先看主电路部分。一般原理图上方或者下方有标有数字“1/2/3、……”，这是原理图区域编号，便于检索原理图，方便阅读和分析；在图的上方或下方有“电源总开关”等字样，是说明相对应的区域的元器件或者电路的功能，可以帮助快速确定相关元器件和电路的功能，便于理解和分析电路的工作原理。

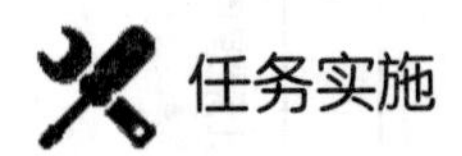

任务实施

一、准备阶段

实训车间 10 t 单钩桥式起重机一台，10 t 单钩桥式起重机说明书，工具及仪器仪表，安全保护用具。

（1）认真研读 10 t 单钩桥式起重机电气原理图，明确电气元件种类、型号及数量，清楚各电气元件的连接顺序及控制关系。

（2）确定故障点的方法。测量法是电工常用确定故障点的方法，借助常用仪器仪表，通过对电路进行相关的参数（电流、电压、电阻等）测量来判断电路通断情况、电气元件的好坏及绝缘情况等。常用测量方法有电压测量法（带电）和电阻测量法（断电）两种。

（3）10 t 单钩桥式起重机常见电气故障及处理方法，如表 1.4.2 所示。

表 1.4.2　10 t 单钩桥式起重机常见电气故障及处理方法

序号	故障现象	故障位置及原因	处理方法
1	合上电源开关 QS1，按下 SB，接触器 KM 不吸合，起重机不能启动	（1）线路无电压。 （2）熔断器 FU 存在故障。 （3）紧急开关 SA1 或安全行程开关 SQ6、SQ2、SQ8 存在故障。 （4）启动按钮 SB 存在故障。 （5）凸轮控制器没在“零位”，则触头 QM1、QM2、QM3 断开。 （6）主接触器 KM 的线圈存在故障	更换相关元器件； 将凸轮控制器打到零位
2	当电源接通，操作凸轮控制器后电动机不工作	（1）凸轮控制器的主触头与铜片间存在故障。 （2）集电刷存在故障。 （3）电动机定子绕组或转子绕组断路。 （4）制动器未能松开	更换或维修相关电气元件，确认连接导线良好

续表

序号	故障现象	故障位置及原因	处理方法
3	当电源接通，合上凸轮控制器后，电动机启动运转，但不能发出额定功率，且转速降低	（1）线路电压下降。 （2）制动器存在故障。 （3）转子电路中串接的启动电阻器不能完全切除。 （4）凸轮控制器机械卡阻	检查线路电压、制动器及凸轮控制器是否有问题
4	主接触器 KM 正常吸合后，过电流继电器立即动作，起到保护作用	（1）制动电磁铁线圈过载。 （2）电动机绕组匝间有短路或接地故障。 （3）凸轮控制器内部电路存在故障	检查电磁铁和凸轮控制器或更换
5	凸轮控制器在工作时接触指与铜片冒火甚至烧坏	（1）凸轮控制器的触头与铜片接触不良。 （2）凸轮控制器控制的电动机容量较大，产生过载	检查凸轮控制器装调情况
6	制动电磁铁响声较大	（1）制动电磁铁过载。 （2）制动电磁铁的铁芯表面有油污或杂物。 （3）制动电磁铁短路环断开。 （4）制动电磁铁铁芯端面不平整	检查电磁铁、清洁或更换
7	制动电磁铁线圈过热	（1）制动电磁铁线圈电压与线路电压不符。 （2）制动电磁铁过载。 （3）在工作位置上，制动电磁铁的可动部分与静止部分有较大的间隙。 （4）制动电磁铁的工作条件与线圈数据不符。 （5）制动电磁铁铁芯歪斜或机械卡阻	检查电磁铁电压及装调情况

二、操作过程

10 t 单钩桥式起重机的故障一般包含电气故障和机械故障两种，因此首先要能判断是电气故障还是机械故障。这就要求维修人员不仅要熟悉 10 t 单钩桥式起重机的电气组成及工作原理，还要熟悉相关机械系统组成及工作原理，并能正确操作 10 t 单钩桥式起重机。10 t 单钩桥式起重机的故障检修将通过具体的故障案例来分析故障现象、故障原因及处理方法。具体步骤如下：

（1）对 10 t 单钩桥式起重机进行实际操作，熟悉起重机的主要结构组成和运动形式，了解起重机的各种工作状态及各按钮的作用。

（2）熟悉 10 t 单钩桥式起重机电气元件的安装位置、走线路径，操作运行中起重机的状态及运动过程。

（3）在检修 10 t 单钩桥式起重机故障时，先观看教师示范检修操作，边观察故障现象边分析故障原因，查找故障点进而排除故障。

（4）由指导教师设置人为故障进行操作训练，从观察故障现象、分析故障原因、查找故障点到排除故障，逐一进行。

（5）故障检修完毕，要在教师监护下通电试车，确保操作安全。

注意事项

（1）穿戴好劳动保护用品，禁止穿凉鞋进入工作岗位。

（2）操作前，检查仪器仪表和工具，确保安全可靠，使用仪器仪表和工具要规范。

（3）检修前认真阅读电路图及说明书，熟悉各个控制环节的原理及作用，仔细观摩教师的示范操作。

（4）要正确使用电工常用仪器、仪表，规范操作。

（5）断电检修要验电后再进行检修，带电检修时，必须有指导教师在现场监护，以防触电事故，并做好检修记录。

（6）通电试运行时，要在师傅或教师的监护下进行，先合上电源开关，后启动按钮，停车时，先按停止按钮，后断开电源开关，严格遵守安全操作规程。

（7）工作结束时，关闭电源，整理场地清洁。

项目评价

对项目实施的完成情况进行检查，并填写项目评价表，见表 1.4.3。

表 1.4.3　10 t 单钩桥式起重机电气控制电路的故障检修项目评价表

项目内容	配分	评价标准	扣分	得分
10 t 单钩桥式起重机电气控制电路分析	30 分	（1）熟悉电气元件明细表，明确各元器件位置及作用。 （2）能正确识读 10 t 单钩桥式起重机电气原理图。 （3）能简述 10 t 单钩桥式起重机工作原理。 （4）能在教师监护下进行通电试车操作，熟悉运动过程	每错一处扣 2 分；试车失败一次扣 10 分，失败两次扣 20 分	
10 t 单钩桥式起重机控制电路故障检修	50 分	（1）会操作 10 t 单钩桥式起重机运行，观察故障现象。 （2）会对照 10 t 单钩桥式起重机电气控制电路图，在实物中查找电气元件实际位置，电气线路走线，明确各电气元件的作用。 （3）能清楚准确描述故障现象及故障位置。 （4）会根据故障现象分析故障原因，确定故障范围和故障点。 （5）能用万用表等仪器仪表检测故障，判断故障点。 （6）会对故障点进行检修，排除故障。 （7）能在教师监护下进行通电试车	每错一处扣 2 分；试车失败一次扣 10 分，失败两次扣 20 分	
安全文明生产	20 分	（1）能穿戴整齐安全保护用具； （2）能规范操作，符合安全文明生产要求	不穿戴安全保护用具扣 10 分；违反安全文明生产扣 10～20 分	
评分人				

拓展知识

起重机的日常维护保养知识

1. 目的和适用范围

目的：为加强起重机的维护保养工作，提高起重机的使用安全，降低设备故障率，特制定本规定。

适用范围：本规定适用于所有起重机的使用、维护保养和检查。

2. 使用与维护保养内容要求

各设备使用单位应以本标准内容为基础，结合现场，按《设备管理制度》要求编制出《设备日常操作基准表》《设备日常保养基准表》以及《设备点检表》，并下发设备操作者执行。

3. 起重机的使用

操作者必须熟悉起重机结构和性能，（空操）桥式起重机操作者必须取得“特殊工种操作证”。

公用地控桥式起重机、半门式起重机，使用单位应对使用者进行培训并通过考核合格。在新员工进厂三级教育时，增加地控起重机操作维护专项培训。

起重机的日常使用，应做好交接班记录，并按以下内容执行：

<table>
<tr><th>期间</th><th>责任人</th><th>检查内容</th><th>设备类型</th><th>备注</th></tr>
<tr><td>班前</td><td>操作者</td><td>双梁起重机每班开动前必须做好以下各项检查：
（1）吊钩钩头、滑轮有无缺陷；
（2）钢丝绳是否完好，有无跳槽现象；
（3）大车、小车及起升机构的制动器是否有效；
（4）每班第一次起吊重物时，应在重物吊离地面或支承物约 0.3 m 后，将重物放下以检查制动性能是否正常，确认可靠后继续起吊；
（5）各传动机构是否正常，各安全开关是否灵敏可靠，起升限位和大、小车限位是否正常</td><td rowspan="4">双梁起重机</td><td rowspan="4">/</td></tr>
<tr><td>启动后</td><td>操作者</td><td>启动后检查有无异常振动与噪声</td></tr>
<tr><td>开车前</td><td>操作者</td><td>开车前应将所有控制手柄扳至“零位”，鸣铃示警后方可开车</td></tr>
<tr><td>运行过程中</td><td>操作者</td><td>（1）起重机运行时，非特殊情况，禁止使用倒挡刹车。
（2）严禁超规范使用起重机，必须遵守起重机安全管理规程中的“十不吊”规定</td></tr>
</table>

续表

期间	责任人	检查内容	设备类型	备注
启动后	操作者	（1）手控制器上下、左右、前后动作是否灵敏可靠，电动葫芦空载运行有无异常响声； （2）制动器是否灵活可靠； （3）吊钩组的滑轮转动是否灵活，吊钩止动螺母防松是否有异常现象； （4）钢丝绳是否脱开滑轮槽，钢丝绳是否正确缠绕卷筒绳槽内； （5）吊具和限位装置是否正常、可靠	电动葫芦	公用设备由使用单位指定专人检查

4. 起重机的维护保养

起重机的日常保养，按以下内容实施：

期间	保养部位	责任人	保养内容	设备类别	备注
每周	钢丝绳	行车工	（1）一个捻距内钢丝绳断丝数量不得超过钢丝总数的 10%，磨损不超限，连接固定可靠； （2）检查润滑脂情况，必要时用合成石墨钙基润滑脂或其他钢丝绳润滑脂涂抹	双梁起重机	
	吊钩、滑轮		无卡滞，钢丝绳不出槽		
	联轴器		（1）无松动、裂损和其他异状； （2）涂抹或注入润滑脂		
	制动装置		（1）无破损、变形、卡滞现象，制动灵敏可靠； （2）各铰点在必要时注少量机油，并擦去表面溢油		
	减速箱		（1）运行平稳，无异声、异状，不漏油； （2）减速箱油液面应该在油标刻度线中间，不足时添加相应润滑油		
	安全装置		各安全限位动作灵敏可靠		
	电气部分		各电气开关、接触器、控制器完好，工作状态灵敏可靠		
	电缆及牵引绳		（1）电缆无带电裸露现象； （2）牵引绳牵引有效		
每周	钢丝绳	指定专人	（1）一个捻距内钢丝绳断丝数量不得超过钢丝总数的 10%，磨损不超限，连接固定可靠； （2）检查润滑脂情况，必要时用合成石墨钙基润滑脂或其他钢丝绳润滑脂涂抹	地控单梁、半门式起重机	公用地控单梁、半门式起重机的检查，由使用单位指定专人实施
	吊钩、滑轮		无卡滞，钢丝绳不出槽		
	制动装置		（1）无破损、变形、卡滞现象，制动灵敏可靠； （2）各铰点在必要时加注少量机油，并擦去表面溢油		

续表

期间	保养部位	责任人	保养内容	设备类别	备注
每周	安全装置		各安全限位动作灵敏可靠		
	电气部分		各电气开关、接触器、控制器完好，工作状态灵敏可靠		
	电缆及牵引绳		（1）电缆无带电裸露现象； （2）牵引绳牵引有效		

5. 起重机的专业保养

起重机的专业保养，按以下内容实施：

期间/天	责任人	部位		保养内容	设备类别	备注
30～60	维修人员	机械部分	吊钩滑轮组/卷筒组/钢丝绳绳端压紧螺栓及绳夹	检查应齐全，如有松动应紧固，吊钩横梁、滑轮轴应无裂纹	双梁起重机	或根据起重机的工作量和运转班次确定
			制动器/制动轮	（1）调整检查制动轮工作面应光滑； （2）制动带与制动轮接触面积应在70%以上，松闸后间隙适当（单侧≤1 mm）； （3）制动带磨损量不得超过原厚度的50%； （4）弹簧不得有永久变形或裂纹		
			联轴器	（1）检查轴线偏斜及轴向安装位置，不符合规定的应予以调整； （2）检查卷扬装置的联轴器内外齿磨损程度		
			大小车轮	检查运行情况，如有严重“啃”道现象应予以调整		
			减速器地脚连接	（1）检查连接紧固情况； （2）打开视孔盖，检查齿轮油质状况，齿轮应良好，油质清洁无杂质，箱体无裂纹		
			车轮及角型轴承	检查轴承座应无裂纹，螺栓齐全，不松动		
			性能	（1）各部运行平稳、无异响、异状； （2）制动可靠，轴承声音正常均匀		
		电气部分	电动机	（1）检查并擦拭机壳外表油污，吹扫通风槽，清除机内电刷粉末； （2）电刷和滑环表面不得有明显凹凸不平或灼伤；		

续表

期间/天	责任人	部位		保养内容	设备类别	备注
30～60	维修人员	电气部分	电动机	（3）电刷应能自由装入刷框内，其磨损量不得超过原高度的 1/3； （4）电刷与滑环接触面积应达到其截面的 75%以上，以保证接触良好； （5）弹簧应无断裂及永久变形； （6）引出线包扎完好，连接可靠； （7）各连接螺栓齐全，无松动脱落； （8）运转平稳，无异常振动及异响，电刷火花正常，电动机温升正常	双梁起重机	或根据起重机的工作量和运转班次确定
			主令控制器/凸轮控制器	（1）检查、清洁内部灰尘和杂物，在所有转轴处加注少量润滑油； （2）动静触头应接触良好，在宽度方向结合长度应大于 3/4； （3）各弹簧无裂纹及永久变形，其压力应适中； （4）操作时，各挡定位明确、轻便		
			接触器/继电器/限位器	（1）检查打磨触头，消除烧蚀斑点，更换灼损严重的触头，触头应接触良好，压力适中； （2）灭弧罩应齐全良好，轴销无松动现象； （3）工作时，吸合、分断准确，复位良好，无异常噪声		
			电阻器	（1）检查表面应无脏物、无积灰、无锈蚀，螺栓连接无松动，引线连接良好； （2）电阻片、电阻丝无断裂现象		
			熔断器	检查熔体容量应选择正确，不得以铜丝或其他金属任意代替		
			照明/电铃装置/导电器/集电器	（1）装置应完好； （2）导电器引线应连接良好、无异状； （3）集电器应接触良好，接触面积应大于 75%，运行时无严重火花； （4）橡套电缆和导线应无金属外露和破损		
			记录	将已解决和未解决的问题做好记录，作为修后的使用跟踪或下次维修的重点检查项		
30～60	维修人员	机械部件	大、小车行走装置	检查装置的连接紧固情况	单梁、半门式起重机	或根据起重机的工作量和运转班次确定
			传动件及支承件	检查应无裂损、开焊及显著变形		

续表

期间/天	责任人	部位	保养内容	设备类别	备注
15～30	维修人员	悬挂电缆	（1）上下端固定要牢固可靠； （2）上下、前后、左右各组按钮可靠	电动葫芦	或视使用频度和运转班次确定
		控制箱交流接触器触点	触、开动作灵敏，无严重损伤		
		高度限位器	（1）动作应灵敏可靠； （2）重锤式应调节到吊钩装置的上极限位置距卷筒外壳≥500 mm		
		拖动电缆	无破损，无脱离滑道，连接可靠，滑线张紧，无明显下挠度		
		卷扬锥形制动环	磨损量不得使轴向移动量超过 3～5 mm，圆盘制动片磨损量不得超过原厚度的 50%		
		钢丝绳	（1）一个捻距内钢丝绳断丝数量不得超过钢丝总数的 10%； （2）磨损后的直径减小量不得超过公称直径的 7%； （3）绳端固定牢靠		
		吊钩	检查是否平顺回转，锁紧安全可靠，滑轮外壳应无明显损伤		
		运行小车	墙板连接螺栓连接紧固、车轮踏面轮缘无明显磨损、缺蚀		
		卷扬的齿轮油	油面到位，润滑良好		

6. 起重机的轨道检测

起重机的轨道检测，按《起重轨道管理（试行）》要求实施。

项目五　临时供用电设备设施的安装与维护

项目提出

临时用电工作属于危险性较高的电工作业，故相关规程规范对临时用电都有很高的安全技术方面的要求。尤其是雨水肆虐的季节，临时用电接线若不遵守规范，将对作业电工或作业区域人员造成触电的伤害。

项目分析

本项目以施工现场临时供用电为例，学习临时供电用电设备设施及相关安全技术规范，熟悉识读临时供用电方案，并组织实施。

（1）了解临时供用电设备设施，了解临时用电负荷计算，了解接地装置施工、验收规范及施工现场临时用电安全技术规范（《建设工程施工现场供用电安全规范》为国家标准，编号为 GB 50194—2014）。

（2）能确认临时用电方案，并组织实施。

（3）能组织安装临时用电配电室、配电变压器、配电线路。

（4）能安装、维护临时用自备发电机，能安装、维护、拆除塔吊等建筑机械的电气部分。

（5）有团队协作能力及工程规范意识和创新能力，养成良好的职业素养。

（6）运用合适的评价手段进行自我评价和小组互评，正确地认识学习成果。

项目实施

任务 1.5.1　临时供电设备设施的安装与维护

知识导读

一、施工现场常用临时供电方案

（1）利用永久性的供电设施。对较大工程，在全面开工前，应完成永久性供电设施，包括送电线路、变电所和配电所等，使能由永久性配电室引出临时电源。如永久性供电能力远大于施工用电量，可部分完工，满足施工用电即可。

（2）借用就近的供电设施。若施工现场用电量较小或附近的供电设施容量较大并有余量，能满足临时用电要求时，施工现场可完全由附近的设施供电，但应采取必要的安全措施以保证原供电设备正常运行。

（3）安装临时变压器。对于用电量大、附近供电设施无力承担的供电设施，利用附近的高压电力网，向供电部门申请安装临时变压器。

二、临时供用电设备设施

临时供用电设备设施一般包括设备和线路。

1. 施工现场临时用电源的选择

正确地统计施工现场用电负荷是选择变压器的前提。容量应满足负载取用的视在功率的需要。施工现场的用电设备中动力设备是主要设备，照明用电量很小，一般按 10%的动力用电量考虑，因此施工现场用电负荷可用下式计算：

$$S=K\times\sum P/\cos\phi$$

式中　S——动力设备需要的总容量（kVA）；

$\sum P$——电动机功率的总和（kW）；

$\cos\phi$——各用电设备的平均功率因数；

K——需用系数。

2. 施工现场低压配电线路的敷设和要求

（1）为保证对用电设备可靠和不间断供电，线路应尽量架设在道路的一侧，不得妨碍交通，同时应考虑塔式起重机的装拆、进出和运行（架空线路应在臂杆回转半径及被吊物 1.5 m 以外，否则应采取有效保护措施）。

（2）电杆应完好无损，电杆不得倾斜、下沉及杆基积水现象。电杆间距为 25～60 m，在条件允许时尽量放在档距处。

（3）分支线和进户线必须由电杆处接出，不得由两杆间接出。终点杆和分杆的零线应采取重复接地，以减小接地电阻和防止零线断线而引起的触电事故。

（4）各种绝缘导线均不得成束架空敷设。无条件做架空线路的工程地段，应采取用护套缆线。缆线易受损伤的线段应采取防护措施。

（5）架空线路与施工建筑物的水平距离一般不得小于 10 m，与地面的垂直距离不得小于 6 m，跨越建筑物时与其顶部的垂直距离不得小于 2.5 m。

（6）所有固定设备的配电线不得沿地面明敷，低埋敷设必须穿管（直埋电缆除外），各种配电线禁止敷设在树上。

（7）施工用电气设备的配电箱要设置在便于操作的地方，并做到单机单闸。露天配电箱应有防雨措施。

（8）高层建筑施工用的动力和照明干线垂直敷设时，应采用护套缆线。但每层没有配电箱时，缆线的固定间距每层应不少于两处。直接引至最高层时，每层不应少于一处。

（9）暂时停用的线路及时切断电源。工程竣工后，配电线路应随即拆除。

任务实施

一、准备阶段

×××工程现场临时用电方案案例，相关国家标准资料，常用仪器仪表、电工工具及专用工具、安全用具。

二、操作过程

（1）查看，了解临时供用电国家标准及规范。

（2）识读施工现场临时用电方案案例。

（3）根据施工现场临时供用电方案实施安装临时用电配电室、配电变压器及配电线路。

临时用电施工方案案例

一、概况

本工程由×××公司投资开发，×××设计有限公司设计。×××商品住宅工程由 9 幢号房及一地下车库组成，结构为砖混结构，层数均为六层，总建筑面积为 28 008.23 m^2。为了保证施工现场的安全用电，防止触电事故的发生，根据《建设工程施工现场供用电安全规范》编制了本工程的安全用电技术措施和电气防火措施，以确保本工程的安全用电。

1. 现场环境

根据业主提供的资料及现场的地理位置，工地的西侧由业主提供一个 300 kW 的临时变电站，其余现场均无电源进线。

2. 施工现场分配电箱位置及导线分布

（1）本工程导线采用 TN—S 系统保护。

（2）电源线标色：黄、绿、红、黑、黄绿双色线，黑线为工作零线，其黄绿双色线为接地线，统一装置，便于维修。

（3）业主总配电箱分配至施工现场配电箱的位置及导线走向：施工现场设总分配电箱 2 只，其中生活区食堂门口一侧 1 只 1#电箱，施工办公室东侧 1 只 2#电箱。

（4）分配电箱：钢筋间对焊机专用 3#电箱 1 只，井架专用 4#电箱 1 只，钢筋切断机、弯曲机 5#、6#电箱各一只，木工棚 7#电箱 1 只，木工棚东南侧 8#电箱 1 只，搅拌机 9#电箱一只，楼层配电箱每层 1 只。

（5）现场导线布置：根据施工现场平面图及电箱位置，分二路供电方式。采用 RVV－70×4＋PE50 电缆导线从业主配电箱引出，埋地 90 cm，上盖水泥板，接至施工现场 1#、2#配电总箱。再由 1#电箱采用 RVV－50×4＋PE25 电缆导线沿围墙接至 4#、5#、6#、7#电箱（型号：BD—100G 380 V）。由 2#电箱采用 RVV－50×4＋PE25 电缆导线沿围墙、架空接至 8#、9#、10#配电箱（型号：BD—100G 380 V）。

3. 施工现场单个机械设备用电负荷计算

编号	设备名称	数量/台	功率/kW	功率计算/kW	备注
1	井架卷扬机	9	7.5	67.5	
2	钢筋对焊机	1	60	60	
3	钢筋切断机	1	5	5	
4	钢筋弯曲机	1	3.5	3.5	
5	电焊机	2	4	8	
6	振动机	15	1.1	16.5	
7	砂浆机	3	4	12	
8	圆盘锯	2	3	6	
9	生活用电	1	5	5	
	合计			183.5	

由于业主提供的配电总功率为 300 kW，大于施工现场用电设备的总功率 183.5 kW，故满足要求。

二、导线的截面选择

导线截面按 $I_{线}=K\Sigma P/U_{线}\cos\phi$ 得出 $K=0.6$，$U_{线}=380\ \text{V}$，$\cos\phi=0.75$。

（1）控制对焊机、弯曲机、切断机、圆盘锯，总功率为 49.5 kW，采用 RVV－50×4＋PE35 电缆。

（2）控制井架卷扬机，总功率为 50 kW，采用 RVV－50×4＋PE35 电缆。

（3）控制砂浆机、电焊机、振动机、生活用电，总功率为 27.8 kW，采用 RVV－50×4＋PE35 电缆。

（4）楼层用电导线为 yc 16 mm 橡皮绝缘电缆。

（5）办公室、库房、生活用电导线为 yc 25 mm 橡皮绝缘电缆。

三、电气的类型、规格

（1）1#、2#总电箱型号为 JA—1—2DB31/167，内设 RTO 熔断丝、RCIA200 A 熔断丝、RCIA100 A 熔断丝，零排地排各一块，以及 DIy400 A 和 DI10－200 A、DI10－100 A 空气开关。

（2）地面和楼面分配电箱型号为 BD—100G 380 V，内设 RCIA 熔断丝 100 A、30 A、15 A，DZ10—100 A 自动空气开关，DZ15L—40/3902 漏电保护开关 4 个，DZL18—20B/1 单向漏电开关 2 个，零排一块，20 A 三相四线四眼插座 4 个，15 A 单相三眼插座 2 个。

（3）动力移动电箱型号为 GBL—XLYH—20—15，内设熔断丝 30 A 3 只，AB62—40/3 漏电保护开关 1 只，20 A 三相四线四眼插座 1 只。

（4）移动照明配电箱型号为GBL—XLYH—20—15，内设RCIA 15 A熔断丝，DZL18—20B/1 单向漏电开关 1 只，单相三眼插座 1 只。

（5）随机开关箱型号为 XLYH—20—15，内设 RCIA 30 A 熔断丝，AB62—30 A 漏电开关 1 只，四眼插座 1 只。

四、现场电缆导线架设

（1）现场敷设供电线路，必须严格按照《××地区低用电装置规程》进行，必须做到规范化、条理化，严禁乱拉乱拖。

（2）电缆埋地敷设电缆的接头必须在地面上的接线盒内，接线盒内应有防水防尘措施。

（3）埋地电缆的深度不小于 0.6 m，电缆沟用细砂铺垫。

（4）架空线离地不低于 6 m，导线采用三相五线制。

（5）穿越楼层电缆靠近负荷中心，固定点每层不少于一点，并用绝缘子固定。

（6）电缆接头应牢固可靠，并做绝缘包扎，保持绝缘强度。

五、安全用电措施

1. 人员安排

为强化施工现场的电气管理，保障职工的人身安全和电气设备安全，安装维修或拆除必须由电工完成。

2. 现场电缆导线架设

（1）现场拉设供电线路安装架空，必须严格按照《××地区低压用电装置规程》进行，必须做到规范化、条理化，严禁乱拉乱拖。

（2）电线杆埋深为电杆 1/10 加 0.6 m，对松土质应适当增加埋设深度。

（3）横杆用 7×7 镀锌角钢，线间距为 0.3 mm，并用瓷瓶固定。

（4）拉线宜用镀锌铁丝，其截面不小于 3×ϕ4.0。拉线与电杆的夹角应在 30°～45° 之间，埋深不得小于 1 m。

（5）所有导线必须采用绝缘 BV 铜芯线。

（6）架空线导线截面选择应满足机械强度。

（7）单相零线截面与相线相同，三相五线制的工作零线与接地线截面不小于相线 50%。

（8）每个架空线档距内一根导线只允许一个接头，跨越施工临时道路档内不得有接头，对地垂直距离离地高度不低于 6 m。

（9）导线相序排列是面向负荷从左侧起为 L1、N、L2、L3、PE。

（10）架空线档距为 30 m，所有电源线必须用绝缘子固定，并用绝缘线绑扎。

（11）对固定机器的电源线应有套管保护。

（12）镝灯、碘钨灯应用绝缘材料固定，外壳应接地保护。

（13）使用坚韧橡皮电缆，应合理敷设，不准在地面或路面上乱拖乱拉。

（14）移动电具必须使用有接地接零三芯线，坚韧橡皮软线作电源线。

3. 保护接地、接零

（1）本工程电网属于共有电网，故本工程不再作接零保护，但所有电器都必须有接地措施。

（2）所有电源线必须采用三相五线制，电缆采用五芯线，接地线采用 35 mm^2 线与电箱连接重复接地。

（3）接地材料必须采用 5×5 镀锌角钢或 ϕ48 钢管作接地材料，严禁使用钢筋。

（4）接地深度不小于 2.5 m，跨度不小于 2.5 m，用铜接头与接地桩压接或用镀锌扁铁焊接。

（5）接地电阻不大于 4 Ω，脚手架、井架、塔吊架底电阻不大于 10 Ω。井架、脚手架必须有防雷接地措施。

4. 照明布线

从 2#分配电箱接出 BV－3×4 电源线至办公室、库房 PZ－30 照明配电箱，所有电管沿墙面吊顶明配，支线截面为 BV－2.5。

5. 电气设备

（1）施工现场各类机械电气设备必须由专人安装。

（2）低压电气设备和器材的绝缘电阻不得低于 0.5 MΩ。

（3）所有电气设备金属外壳必须有可靠接地，电气设备离开开关箱 5 m 的必须装置随机开关。

（4）手持电动工具严格按国家标准 GB 3787—1983、GB 3883—1—2—1983 的要求。

（5）施工现场的手持电动工具，必须选用Ⅱ类工具，必须有额定漏电电流不大于 30 mA，动作时间不大于 0.1 s 的漏电开关保护，潮湿场所和金属构架上工作时，采用Ⅲ类工具。

6. 配电箱

（1）各类配电箱装置的容量应与实际负荷相匹配，内箱布置和系统接线，必须做到规范化。

（2）配电箱门锁齐全，箱内设施齐全完好，金属箱体有接地保护，统一编号。

（3）配电箱内设施排列整齐、压接牢固，操作面无带电体外露。

（4）动力照明分开控制，单独设置。

（5）配电箱、开关箱周围不应放置有碍操作、维修的物条。

（6）开关箱与电气设备之间实行一机一闸。

（7）配电箱、开关箱内设的漏电保护器，其额定漏电工作电流小于或等于 30 mA，额定漏电工作时间小于 0.1 s。

（8）配电箱、开关箱的导线进出口加强绝缘，并设卡固定，电源线必须下进下出，不得采用电箱侧面上及背面。

（9）配电箱、开关箱导线进出必须保证绝缘良好，进出线要有雨水管 PVC 管保护，统一回路，统一接地保护。

（10）移动电箱电源线不得大于 30 m，并不得有接头。

（11）电箱内的漏电保护器必须有专人定期或不定期检测。

六、安全用电使用维护

（1）本工程临时用电配备 2 名专职电工来负责用电的安装维修保养等工作，并持有效证件上岗。

（2）各类用电人员必须掌握安全用电基本知识和熟悉用电设备性能，杜绝不懂电气设备人员操作和使用。

（3）停用电气设备必须拉闸断电，锁好电箱。

（4）使用电气设备前必须按规定配备好相应的防护用品，并检查电器装置和防护装置是否完好，严禁带病运转。

（5）搬迁移动电气设备，必须由电工切断电源后进行。

（6）加强对施工现场的电器安全管理，保障职工的人身安全和电气设备的安全。

（7）施工现场的电气设备必须有有效的安全技术措施，严格按设计要求安装。

（8）施工现场的电气设备必须有醒目的用电安全标志。

（9）所有电气设备电力线路安装后必须进行验收，合格后方可投入使用。

（10）对施工现场的电气设备及线路必须进行定期检查，电器绝缘、接地电阻、漏电保护器等必须完好，对查出的问题及时解决。

（11）电器防火：

① 加强对电气设备的防火措施，不使用陈旧老化的电缆和电线，合理安装、配置电气设备，严禁过载；

② 加强电气设备的保养管理，防止设备日晒雨淋；

③ 在电器装置和线路周围不准堆放易燃易爆和加腐蚀介质，不得使用火源，以防损坏；

④ 在电气设备相应集中的电器、配备室等处，应配备绝缘灭火器，并挂“禁止烟火”牌；

⑤ 不准乱接、拉电线和超负荷用电，严禁烧电炉和大容量超额使用，合理设置避雷装置；

⑥ 组织义务消防队经常性进行电器防火知识教育；

⑦ 发现火情立即将总电源切断；

⑧ 实行夜间值班制度，轮流值日，确保安全。

七、安全用电管理

项目部根据《建设工程施工现场供用电安全规范》有关规定，结合工程实际情况，为进一步加强对施工现场的用电安全管理，确保电气设备及人身的安全，制定用电管理制度。

1. 建立健全电气安全管理和责任制度

（1）各类电气设备、设施的安全技术操作规程制度。

（2）电气安全值班负责制和交接班制度。

（3）电气设备、电气线路的检查、维修、保养制度。

（4）电气设备防火制度。

（5）电气事故处理规定制度。

（6）电气设备考核奖惩制度。

2. 施工现场电气设备防护

（1）凡是触及或接近带电体的地方，均应采取绝缘。

（2）电力线路和设备的采购必须按国家标准限定安全载流量。

（3）所有电气设备的金属外壳必须有接地措施，不得部分接地，部分接零。

（4）所有的临时电源和移动电具必须有二级漏电保护措施。

（5）在十分潮湿的场所和金属构架等导体性能良好的作业环境，必须使用安全电压。

（6）用电设备必须有醒目的电气标志。

（7）特别对电气防火设施，必须按规定设置，重点是要害部位加强专人管理。

3. 电气设备检查验收制度

（1）所有电气线路和设备安装完工后，由项目部技术部门和安全部门共同进行验收，合格后方可使用。

（2）对不合格设备设施，严禁使用。

（3）定期十天组织专业人员对电气线路和设备进行安全检查，对电气绝缘、接地接零电阻、漏电保护器等，必须指定专人定期测试，台汛季节要强化管理，对查出的问题必须立即整改，做好三定：定人、定时、定措施。

4. 教育培训

（1）加强对电气专业人员和职工进行电气安全技术教育和电气安全常识教育和职工道德规章制度教育及新工人二级安全教育，所有施工人员必须懂得触电急救知识。

（2）加强对专业电工和机操人员的培训和复训工作，未经培训和考核不合格电工和电气设备操作人员，严禁从事电气安装维修和操作。

任务 1.5.2　临时用自备发电机的安装与维护

知识导读

1. 临时用电线路的一般要求

（1）室外临时架空线长度不超过 500 m，距地高度不低于 3.5 m，与建筑物、树木或其他导线距离不得小于 2 m。跨越公路时不得低于 6 m。导线载面积应满足强度和负荷的要求。架设临时线必须用专用电杆、专用绝缘子固定，若选用木杆、木横担，电杆直径不得小于 100 mm，档距不得超过 25 m。

（2）室内临时线宜采用三相四线芯或单相三芯的橡套软线，布线应整齐，长度一般不宜超过 10 m。距地面高度不得低于 2.5 m。对必须搁置在地面的线路，跨越人行道部分要穿管保护。

（3）临时电气设备的裸露控制及保护设备等，应装设在箱内屏护起来。在室外使用时，应装防雨装置。临时用电地点应装有负荷开关和熔断器，电器金属外壳必须接地。

（4）临时照明的容量超过 50 A 时，必须用三相四线制供电，分别装设开关和熔断器。

（5）临时线路应有单独开关控制，不得从线路上直接引出，也不能用插销代替开关来分合电路。若有条件，可考虑装设漏电保护装置。

2. 施工现场照明设备的安装要求

（1）施工现场及临时设备的照明线路的敷设，除护套缆线外，应分开设置或穿管敷设。携带式局部照明灯具用的导线，宜采用橡套软线，接地线或接零线应在同一护套内。

（2）100 V 及以下的灯具只可作固定照明用，其悬挂高度一般不低于 2 m。若低于 2 m 应设保护罩，灯头与易燃物的净距一般不小于 300 mm。投光灯、碘钨灯等高温灯具与易燃物应保持安全距离。

（3）双灯座的碘钨灯支座应稳固，使用时必须水平安装，其倾斜度不得超过±5°，并采取接地接零保护。

（4）使用螺口灯头时，零线应接在螺纹的端子上，相线应接在螺口灯头中心触点的端子上。每个照明回路的灯头和插座数不宜超过 25 个，并应有 15 A 及以下的熔体保护。

（5）使用大型电源时要注意三相电源负荷尽量对称。

（6）不同电压的插头与插座应选用不同结构，并有明显区别，严禁用单相三孔插座代替三相插座；电线不得直接插入插座内。

（7）行灯应有保护罩，行灯变压器低压侧应有一端接地。

（8）钠、铟、铊等金属卤化物灯具的安装高度宜在 5 m 以上；灯线应在接线柱上固定，不得靠近灯具表面。

（9）照明灯具的金属外壳必须作保护接零。单相回路的照明开关箱（板）内必须装设漏电保护器。

3. 动力及其他电气设备的安装和使用要求

（1）露天使用的电气设备元件，都应选用防水型或采取防水措施。浸湿或受潮的电气设备要进行必要的干燥处理，绝缘电阻符合要求后才能使用。

（2）每台电动机都应装设控制和保护设备，不得用一个开关同时控制两台及以上的设备。

（3）电焊机一次电源线宜采用橡套缆线，其长度一般不应大于 3 m，当采用一般绝缘导线时应穿塑料管或橡胶管保护。电焊机集中使用的场所，必须拆除其中某台电焊机时，断电后应在其一次侧验电，确定无电后才能进行拆除。

（4）移动式设备及手持电动工具，必须装设漏电保护装置，并要定期检查。其电源线必须使用三芯（单相）或四芯三相橡套缆线。接线时，缆线护套应进设备的接线盒固定。

（5）施工现场消防电源必须引自电源变压器二次总闸的外侧，其电源线宜采用暗敷设。

（6）机械化顶管或长距离顶管的施工，应采用周密的防触电安全措施。顶管电气设备必须装设漏电保护装置。

（7）起重机的所有电气保护装置，安装前应逐项进行检查，确认其完好无损才能安装。安装后应对地线进行严格检查，使起重机轨道和起重机机身的绝缘电阻不得大于 4 Ω。

注意事项

按照 JGJ 46—2019《施工现场临时用电安全技术规范》的规定：临时用电设备在 5 台及 5 台以上或设备总容量在 50 kW 及以上的，应编制临时用电施工方案。施工现场临时用电的确定原则如下：

（1）低压供电能满足要求时，尽量不再另设供电变压器。

（2）当施工用电能进行负荷调度时，应尽量减小申报的需用电源容量。

（3）工期较长的工程，应做分期增设与拆除电源设施的规划方案，力求结合施工总进度合理配置。

任务实施

一、准备阶段

×××施工现场临时用发电机施工方案案例，相关国家标准资料，常用仪器仪表、电工工具及专用工具、安全用具。

柴油发电机启动前的准备工作：

（1）操作人员应分工明确，穿戴好劳保用品，在教师监护下操作。

（2）作业前检查内燃机与发动机传动部分，应连接可靠，有良好的绝缘，仪表工作正常。

（3）启动前应先将励磁变阻器的电阻值放到最大位置上，然后切断供电输出开关，接合中性点接地开关。有离合器的机组，应先启动内燃机空载运转，待正常后再接合发电机。

（4）检查各系统管路闸门是否置“工作”位置。

（5）检查储气瓶压力是否正常，超速保险装置是否定位。

（6）置离合器手柄于“启动”位置，并打开扫气泵的排污阀。

（7）启动外循环水泵、滑油泵、燃油泵，待循环水及油压符合要求时，一人操作，一人协助进行启动。

（8）向电气室工作人员发出“准备”开车的信号后，开始进行启动。

二、操作过程

1. 查阅相关标准及规范

查看并了解临时供用电国家标准及规范。

2. 了解发动机操作规程

识读施工现场临时用发电机施工方案。以柴油发电机为例，了解柴油发电机安全操作规程。

3. 柴油发电机的启动和运行

（1）启动燃油泵，放出管路中的空气，其油压应在规定范围内，进行正式启动。

（2）检查电源正常后，按下“启动”按钮待柴油机着火后即松开。润滑油压力升到规定值以上时，停止启动滑油泵，并关闭扫气泵排污阀，穿好前离合器钉销。

（3）启动后检查发电机在升速中应无异响，滑环及整流子上电刷接触良好，无跳动及冒火花现象。待运转稳定，频率、电压达到额定值后，方可向外供电。载荷应逐步增大，三相应保持稳定。

（4）发电机运行中要经常检查并确认各仪表指示及各运转部分正常，并应随时调整发电机的荷载。定子、转子电流不得超过允许值。

（5）在调整柴油机转速时，应注意发电机运转是否正常，滑环及整流子上的碳刷应无跳动，无冒火花现场，无异常声响，此外还要与电工人员配合。调整频率和电压，使之接近额定值。

4. 柴油发电机的维护保养

（1）若发电机电压太低，将对负荷（如电动设备）的运行产生不良影响，对发电机本身运行也不利；若电压太高，除影响用电设备的安全运行外，还会影响发电机的使用寿命。因此，发电机连续运行的最高和最低允许电压值不得超过规定值的±10%。其正常运行的电压变动范围应在额定值的±5%以内，超出这个规定值时应进行调整。

（2）当发电机组高频率运行时，容易损坏部件，甚至发生事故；当发电机过低频率运转时，不但对用电设备的安全和效率产生不良影响，而且能使发电机转速降低，定子和转子线圈温度升高。所以发电机在额定频率值运行时，其变动范围不得超过±0.5 Hz。

（3）发电机功率因数不得超过迟相（滞后）0.95。有自动励磁调节装置的，可在功率因数为 1 的条件下运行，必要时可允许短时间在迟相 0.95～1 的范围内运行。

（4）若停车超过 24 h，要打开试动阀，并启动润滑油泵。长久停用（一般为 7 天）的发电机，对励磁机应测量电机及操作回路的绝缘电阻，确保符合要求。手动盘车转 1～2 圈，自由启动电动机拖动柴油机空转数圈，以排出缸内的油和水，然后关闭试动阀，合好前离合器。

（5）对于用压缩空气启动的气罐，应检查试验压力表和安全阀，是否保持灵活可靠。

（6）正常停车后关闭燃料泵（特殊情况可使用故障停车或紧急停车），关闭外循环水泵，停车超过 1 h 以上时须进行甩车，根据运行情况，进行维护保养，保持设备良好和清洁卫生。每周至少一次对柴油机各运转部位进行一次全面检查，发现问题应及时处理。

任务 1.5.3　塔吊的安装、维护和拆除

知识导读

一、塔吊的组成结构

1. 结构

塔吊由底架、塔身、回转支座、塔顶、平衡臂、吊臂、司机室、梯子与平台、顶升套架和横梁等部分组成。

2. 机构

其机构由起升机构、回转机构、变幅机构、液压机构等部分组成。

3. 电气

其电气部分由电源、电线与电缆、控制与保护、电动机等部分组成。

4. 安全装置

其安全装置由超载限制器、行程限位器、安全止挡和缓冲器、应急装置、非工作状态安全装置、环境危害预防装置等部分组成。

二、塔吊的金属结构

1. 底架

底架是塔式起重机中承受全部载荷的最底部结构件。

2. 塔身

大多数塔式起重机的塔身都是空间桁架结构，塔身节的连接主要有高强度螺栓、抗剪螺栓、横向销轴、瓦套连接等。

3. 回转支座

一般由回转平台、回转支承、固定支座（或为底架）组成。

4. 平衡臂

平衡臂的作用：① 放置配重，产生后倾力矩以便在工作状态减少由吊重引起的前倾力矩，在非工作状态减少强风引起的前倾力矩时，保证其抗倾翻稳定性；② 在采用可摆动塔顶撑杆时，平衡臂还要对塔顶撑杆起支持作用；在采用固定塔顶时，平衡臂则是靠塔顶来支持的。

5. 吊臂

吊臂可分为两类：动臂变幅式和小车水平变幅式。

小车水平变幅臂架，为了减轻自重，截面大部分为三角形，极少数者用矩形截面，而且

又多采用正三角形断面，用方钢管或槽钢制成的下弦杆做运动小车的轨道，上弦杆用钢管或圆钢等制成。

6. 司机室

为了便于司机操作，塔式起重机的司机室必须与回转部分一同回转。

7. 通道与平台

（1）塔身中的通道，一般都要设直立梯或斜梯，设置在塔身内部。最顶部的塔身节或回转固定支座上设平台。

（2）凡需安装、检修操作的处所，都应设可靠的通道和平台。

8. 塔机的液压系统

塔机液压系统中的主要元器件是液压泵、液压油缸、控制元件、油管和管接头、油箱和液压油滤清器等。液压泵和液压马达是液压系统中最为复杂的部分，液压泵把油吸入并通过管道输送给液压缸或液压马达，从而使液压缸或马达得以进行正常运作。液压泵可以看成是液压的心脏，是液压的能量来源。

任务实施

一、准备阶段

1. 人员安排

装拆起重工：7 名，负责塔机组装，机械结构调整。
操作起重工：1～2 名，负责操作塔吊。
吊车司机：2 名，负责吊装机械部件。
专业电工：2 名，负责施工现场电气部分的组装与调整。
焊接：1 名专业焊工和 2～4 名普工辅助作业。

2. 供电要求

塔机总耗电为 380×（1±5%）V，50 Hz 三相五线交流电，塔机电源线采用电缆 5×10（铜芯线）与专用配电箱，该机应单设重复接地，接地电阻不大于 10 Ω。

3. 所需工具准备

汽车吊 Cr25 汽车式起重机一台，榔头、撬棍、棕绳葫芦千斤顶钢丝绳、安全带等。

二、操作过程

1. 塔机的安装

该塔机采用独立的 C20 混凝土基础，基础图纸由安装单位按说明书要求提供，×××有限公司×××项目部负责按图施工，双方共同验收。

（1）安装底架和基础节；
（2）安装套架；
（3）安装塔帽和回转支承；

（4）安装平衡臂；

（5）安装起重臂；

（6）接电、穿绳；

（7）顶升；

（8）塔机加节完毕，应使套架上所有导轮压紧塔身主弦杆外表面并检查塔身标准节各接头间高强度螺栓拧紧情况。

2. 塔机的调试

塔机安装后，应对塔机的各安全机构及参数进行调整测试，主要内容有：

（1）对于力矩限制器，超高限位，幅度限位，回转限位必须灵敏、有效。

（2）对于吊钩保险卷筒，保险必须齐全可靠。

（3）塔机接地电阻必须小于 4 Ω。

（4）塔身垂直度必须小于塔身高度的 3/1 000。

3. 塔机验收交付使用

塔机经过调试后，应交付公司设备，安全部门会同安装使用单位共同进行验收，合格后方可投入使用。

4. 安全技术交底

（1）所有作业人员必须持证上岗，严禁酒后或身体不适时作业。

（2）拆装作业前所有企业人员必须熟悉塔式起重机拆装安全操作规程。

（3）安装前认真研究拆装方案，经全体拆装人员讨论无异后，进行人员分工，各作业人员作业前应明确自己的岗位责任。

（4）作业中所有人员必须执行操作工艺规程和塔吊拆装方案，严禁对拆装程序做任何改动。

（5）全体作业人员必须协同作业，服从指挥，高空人员要系好安全带，戴好安全帽，穿好防滑鞋，地面人员须戴好安全帽，以确保拆装工作安全顺利进行。

（6）地面作业人员应在安装前对塔吊的结构（焊接缝变形）安全装置、机构、电器液压等零部件进行检查，合格后方能进行吊装作业，以确保安装的安全与质量。

（7）高空作业人员如在安装过程中发现不符合技术要求的零部件，不得安装。

（8）起重拆装的指挥信号必须一致，指挥以一人为主，零件在地面时，应以地面指挥为主，零件在高空时应以高空指挥为主，如出现指挥信号不明或错误时，作业人员应暂时停止动作，待确认正确无误后再动作。作业人员对来自任何方向的危险信号均应采用果断措施，以防事故发生。

（9）吊装指挥人员、作业人员和吊钩三者之间，必须保持良好的范围，如因条件限制，作业人员不能直接看见吊钩，指挥人员应采取措施使作业人员明确每一动作的具体要求，以确保安全。

5. 塔机的拆除

（1）工地使用完毕后，确认不需用时，必须经项目经理、工程技术负责人及安全员的签字同意方准拆除。

（2）塔吊的塔身下降作业。

① 调整好爬升架导轮与塔之间的间隙，以 3～5 mm 为宜，移动小车的位置（大约在大臂的 25 m 处），使塔吊的上部重心落在顶升油缸上的铰点位置上，然后拆下底座与塔身连接的八个高强螺栓，并检查爬爪是否影响塔吊的正常下降作业。

② 开动液压系统，活页纸杆全部伸出后，将顶升横梁挂在塔身并脱离，推出标准节至引进横梁顶端，接着缩回全部杆，使爬爪近搁在塔身的踏步上，再次伸出全部活杆，重新使顶升横梁挂在塔身的上一级踏步上，缩回全部活杆，使上下支座活杆与上下支座塔连接，并上好高强度螺栓。

③ 以上为一次塔下降过程，连续下降塔身时，重复以上过程。

④ 拆除时必须按照先降后拆附墙的原则进行拆除，设专人到场安全监护，严禁操作场内人流通行。

⑤ 拆至基本高度时，用汽车吊辅助拆除，必须按拆除顺序进行拆除。

6. 塔机的维护和保养

（1）对于机械的制动器，应经常进行检查和调整制瓦和制动轮的间隙，保证制动灵活可靠，其间隙应在 0.5～1 mm，在摩擦面上不应有污物存在。摩擦面上若有污物存在，应用汽油洗净。

（2）减速箱、变速箱、齿轮等部分润滑按照润滑指标进行更换。

（3）要注意检查各部位钢绳有无松股现象，如超过有关规定，必须立即更换。

（4）经常检查各部位的连接情况，如有松动，应予系紧，塔身连接螺栓应在塔身受压时检查松紧度，所有连接销轴必带有口销，并需张开。

（5）安装、拆除和调回转机械时，要注意保证回转机械和行程减速的中线与回转大齿圈的中心线平行，回转小齿轮与大齿圈的啮合面不应小于 70%，齿合间隙要合适。

（6）在运输中尽量设法防止构件变形及碰撞损坏，必须定期检修和保养，经常检查结构连接螺栓、焊缝以及构件是否损坏、变形和松动。

注意事项

（1）上岗前必须对上岗人员进行安全教育，必须戴好安全帽，系好安全带，严禁酒后操作，塔吊安装必须在施工前进行技术交底并做书面记录。

（2）塔吊的安排工作严禁在台风来临或雨天进行。

（3）严禁非专业人员上场操作，违者立即责令退出施工现场。

（4）未经检验合格，塔吊司机不准上台操作，工地现场不得随意自升塔吊、拆除塔吊及其他附属设备。

（5）严禁违章指挥，严禁在超载和风力较大的情况下起吊，塔吊司机必须坚持十个不准吊。

（6）夜间施工时必须有足够的照明，如不能满足要求，司机有权停止操作。

（7）塔吊应按规定避雷接地，确保避雷安全。

项目评价

对项目实施的完成情况进行检查，并填写项目评价表，见表 1.5.1。

表 1.5.1　临时供用电设备设施的安装与维护项目评价表

项目内容	配分	评价标准	扣分	得分
临时用电施工方案识读	15 分	（1）读懂临时用电施工方案的内容并组织实施； （2）施工现场用电设备用电负荷的计算； （3）临时供用电线路电缆、导线的选择； （4）临时供用电设备的选择，电气元件类型、规格的选择； （5）临时供用电场所标志牌的选择	每错一处扣 2 分	
临时用电施工方案实施	30 分	（1）配电室的布局、安装与调试； （2）供用电线路电缆的敷设，规范化、条理化； （3）用电设备设施的安装与调试； （4）安装完毕能进行自检，并纠错； （5）能在教师监护下进行通电试车； （6）能分析处理实施过程中遇到的问题	每错一处扣 2 分；试车失败一次扣 10 分，失败两次扣 20 分	
临时用自备发电机的安装与维护	15 分	（1）会安装临时用柴油发电机，在教师监护下会通电试车； （2）会操作临时用柴油发电机并做好停车处理； （3）会进行日常维护柴油发电机	每错一处扣 2 分；试车失败一次扣 10 分，失败两次扣 20 分	
塔机的安装、维护和拆除	20 分	（1）会根据相关技术资料安装塔机电气部分； （2）塔机安装后，会对塔机的各安全机构及参数进行调整测试； （3）会进行塔机的维护保养； （4）会按顺序进行塔机拆除	每错一处扣 2 分；试车失败一次扣 10 分，失败两次扣 20 分	
安全文明生产	20 分	（1）能穿戴整齐安全保护用具； （2）能正确使用仪器仪表及电工工具进行操作； （3）能与他人相互配合，规范操作，符合安全文明生产要求	不穿戴安全保护用具扣 10 分；违反安全文明生产扣 10～20 分	
评分人				

拓展知识

一、塔机顶升加节安装

（1）将起重臂旋转至引入塔身标准节的方向，即将起重臂位于起升横梁的正上方，使回转机构制动，吊臂不能回转。如要加几个标准节，就把要加的几个标准节一个个依次排列在起重臂下。

（2）调整好套架导轮和塔身之间的间隙，以 3～5 mm 为宜，放松电缆的长度，使之略大于总的顶升高度。用吊钩吊起一个标准节，放到安装在下转台下部的引进梁中的引进小车上。吊钩再吊起一个标准节上升至最高处，移动小车位置（小车约在回转中心 10 m 处），使得塔机套架以上部分的重心落在顶升油缸上铰点的位置上。实际操作时，观察套架四角的导向轮基本上与塔吊标准节、主顶杆脱开时，即为理想位置。然后卸下转台与标准节相连的八个高强度连接螺栓，并检查爬爪是否影响爬升。

（3）将顶升横梁放在塔吊的踏步上，开动液压系统，使活塞杆全部伸出后，稍微缩回活塞杆，使爬爪搁在塔身的踏步上。接着活塞杆全部缩回，重新使顶升横梁放到塔吊上一级踏步上，再次全部伸出活塞杆，此时塔吊上方恰好是一个能装好标准节的空间。

（4）拉动引进小车，把标准节引至塔身的正上方，对准标准节的螺栓连接孔，缩回活塞杆至上下标准节时，用高强度螺栓把上下标准节连接起来。

（5）调整活塞杆的伸缩长度，用高强度螺栓将下转台与标准节连接起来。

（6）以上为一次标准节的加节过程，若需要连续加节，可重复上述过程，在安装完 3 节标准节后，必须安装下部的四根斜撑，并调整使之均匀受力，这样塔机才能吊装作业。

二、顶升加节过程中的注意事项

（1）自顶升横梁放在塔身的踏步上至油缸的活塞杆全部伸出，套架上的爬爪搁在踏步上这段过程中，必须认真观察套架相对顶升横梁和塔身的运动情况，若有异常情况应立即停止顶升。

（2）自准备加节，拆除下转台与标准节之间的高强度连接螺栓，到加节完毕，连接好下转台与标准节之间的高强度螺栓，在这整个过程中，严禁回转起重臂。

（3）若要连续升几个标准节，则每加一个标准节后，在用塔机起吊一个标准节之前，应把塔机下转台与标准节之间的高强度螺栓连接上，可不完全拧紧。

（4）所加标准节有踏步板的一面应对准。

（5）塔机加节完毕，应使套架上所有导轮压紧塔身主弦杆外表面，并检查塔身与标准节各接头间高强度螺栓的拧紧情况。在塔机加节完毕后，空载时，回转塔机，使塔机主横杆位于平衡臂的正下方，从上至下把这根主横杆上的所有连接螺栓拧紧，用同样的办法拧紧其他螺栓。

三、安全纪律

（1）严禁违章作业，无证上岗。

（2）本次作业由专人负责，总体安排整个顶升加节过程。

（3）作业人员必须戴好安全帽，穿防滑胶鞋，高空作业必须系好安全带。

（4）严禁酒后及带病作业。

（5）严格遵守施工现场纪律。

（6）风力达到 6 级以上时，严禁作业。

（7）升降时必须注意前后保持平衡，4 级风以上严禁升降节。

（8）作业区严禁其他作业人员同时作业。

（9）安装过程中，所有螺栓必须拧紧，所有销轴必须用开口销锁定。

模块二　PLC 控制系统的安装、调试与维修

项目一　交通信号灯的 PLC 控制电路设计

项目提出

随着社会的发展和进步，城市交通问题越来越引起人们的关注，人、车、路三者的协调，已成为交通管理部门需要解决的重要问题之一。十字路口的交通信号灯指挥着行人和车辆的安全运行，实现交通信号灯的自动指挥能使交通管理工作得到改善，也是城市交通管理工作自动化的重要标志之一。现今，十字路口交通控制器系统的发展方向所需要的控制系统的优点是体积小、功耗小、可靠性高、调节灵活、多功能、实现简单、使用灵活方便。现代基于 PLC 的交通灯控制系统的设计成功对于实现我国交通管理的现代化、自动化、智能化具有重要意义。

项目分析

十字路口交通灯控制的控制要求如下：

某交通信号灯采用 PLC 控制。信号灯分东西、南北两组，分别有红、黄、绿三种颜色，按下启动按钮，信号灯开始工作，按下停止按钮，信号灯停止工作。其控制要求按照表 2.1.1 所示，按下启动按钮开始工作，按下停止按钮停止工作，“白天/黑夜”选择开关闭合时为黑夜工作状态，这时只有黄灯闪烁，断开时按时序控制图工作。

表 2.1.1　交通信号灯的工作规律

<table>
<tr><td rowspan="3">东西
方向</td><td colspan="7">白天</td><td>夜间</td></tr>
<tr><td></td><td>绿灯</td><td>绿灯闪烁</td><td>黄灯</td><td colspan="3">红灯</td><td>黄灯闪烁</td></tr>
<tr><td>时间/s</td><td>25</td><td>3</td><td>2</td><td colspan="3">30</td><td>亮 0.5
灭 0.5</td></tr>
<tr><td rowspan="2">南北
方向</td><td></td><td colspan="3">红灯</td><td>绿灯</td><td>绿灯闪烁</td><td>黄灯</td><td>黄灯闪烁</td></tr>
<tr><td>时间/s</td><td colspan="3">30</td><td>25</td><td>3</td><td>2</td><td>亮 0.5
灭 0.5</td></tr>
</table>

通过本项目的学习，达成以下学习目标：

（1）掌握 PLC 的编程技巧和规则。

（2）掌握 PLC 系统设计的步骤和方法。

（3）能根据控制要求设计系统软件和硬件电路，绘制 PLC 控制系统的电路原理图。

（4）能安装调试 PLC 系统电路，判断、处理电路故障。

（5）培养学生的探究精神，以及学习、交流沟通和团队协作能力，养成实训室 5S 管理的职业素养和工作责任感。

项目实施

任务　交通信号灯的 PLC 控制电路设计

知识导读

（一）绘制梯形图的原则

绘制梯形图时，一般应遵循以下几条原则：

（1）梯形图的编写始于左母线，终于右母线，从上至下、从左到右进行；触点元件不得与右母线直接相连，线圈不得与左母线直接相连。

（2）串联或并联触点的数目无限制，每个触点的使用次数也不限制，但不允许两行之间有垂直连接触点。

（3）逻辑关系复杂的程序段，应按照先复杂后简单的原则编程。

多触点并联支路，放在梯形图上边，即采用“上重下轻”的原则；多触点串联的电路，放在梯形图左边，采用“左重右轻”的原则。

（4）注意避免出现双线圈输出。同一个程序中，同一元件的线圈使用了两次或多次，称为双线圈输出。

（5）两个或两个以上的线圈可以并联，但不能串联。

（二）PLC 程序设计方法

PLC 程序设计常用的方法主要有经验设计法、继电器控制电路转换为梯形图法、逻辑设计法、步进控制设计法等。

1. 经验设计法

经验设计法是在典型的控制电路（如启－保－停电路、脉冲发生电路）等程序的基础上，根据被控制对象的具体要求，进行选择组合，并多次反复调试和修改梯形图，有时需增加一些辅助触点和中间编程环节，才能达到控制要求。这种方法没有规律可遵循，一般用于较简单的梯形图设计。

2. 继电器控制电路转换为梯形图法

继电－接触器控制系统经过长期的使用，已有一套能完成系统要求的控制功能并经过验证的控制电路图，而 PLC 控制的梯形图和继电－接触器控制电路图很相似，因此可以直接将经过验证的继电–接触器控制电路图转换成梯形图。

3. 逻辑设计法

逻辑设计法是以布尔代数为理论基础，根据生产过程中各工步之间的各个检测元件（如行程开关、传感器等）状态的变化，列出检测元件的状态表，确定所需的中间记忆元件，再列出各执行元件的工序表，然后写出检测元件、中间记忆元件和执行元件的逻辑表达式，再转换成梯形图。该方法适用于单一的条件控制系统中，相当于组合逻辑电路。

4. 步进控制设计法

根据功能流程图，以步为核心，从起始步开始一步一步地设计下去，直至完成。此法的关键是画出功能流程图。首先将被控制对象的工作过程按输出状态的变化分为若干步，并列出工步之间的转换条件和每个工步的控制对象。这种工艺流程图集中了工作的全部信息。

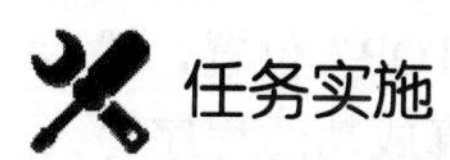

任务实施

一、准备阶段

PLC 实训室，FX2N 系列 PLC（或 FX3U 系列 PLC）及模拟实物控制板，测绘工具，电工工具，安全用具。

二、操作过程

1. 分配输入点和输出点，列出 I/O 地址分配表

根据交通灯控制要求分析可知，系统需要输入信号 3 个、输出信号 6 个，表 2.1.2 为 PLC 控制十字路口交通灯控制系统 I/O 地址分配的输入/输出分配表。

表 2.1.2　PLC 控制十字路口交通灯的输入/输出分配表

类别	电气元件	PLC 软元件	功能
输入（I）	SB1	X0	启动按钮
	SB2	X1	停止按钮
	S	X2	白天/黑夜
输出（O）	线圈 KM1	Y0	东西方向红灯
	线圈 KM2	Y1	东西方向黄灯
	线圈 KM3	Y2	东西方向绿灯
	线圈 KM4	Y3	南北方向红灯
	线圈 KM5	Y4	南北方向黄灯
	线圈 KM6	Y5	南北方向绿灯

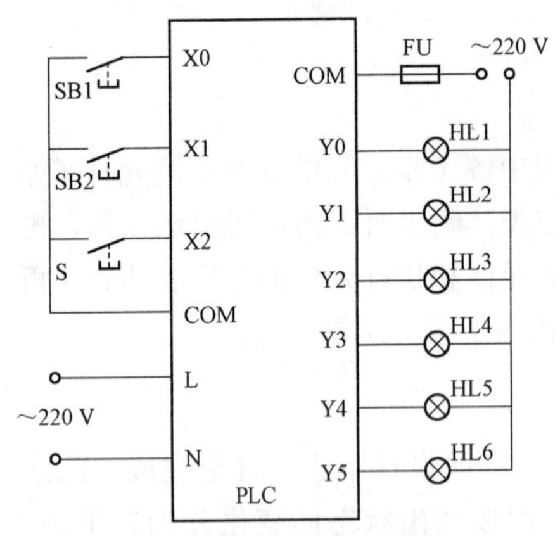

图 2.1.1 PLC 控制交通灯电路接线图

2. 画出 PLC 控制交通信号灯外部接线图

根据交通灯的控制要求，系统需要 3 个输入端子和 6 个输出端子，I/O 外部接线图如图 2.1.1 所示。

3. 程序设计与仿真

（1）根据梯形图设计原则，经过整理改进，得出梯形图程序如图 2.1.2 所示。

（2）程序输入。将图 2.1.2 PLC 控制交通灯梯形图程序输入到计算机中。

（3）PLC 与计算机连接，使用专用通信电缆 RS－232/RS－422 转换器将 PLC 的编程口与计算机的 COM 串口连接（注意选择设置对应端口）。

（4）程序下载。先接通系统电源，将 PLC 的 RUN/STOP 开关拨到“STOP”位置，然后通过 GX 软件的“PLC”菜单中“在线”栏的“PLC 写入”，就可以把仿真成功的程序写入到 PLC 中。

4. 电路安装与调试

（1）在线监视进行仿真调试，检查程序运行的状况，排除故障并进一步优化程序。

（2）根据自己所画电路图，在模拟实物控制板上进行电路的安装，检查并排除电路。

（3）脱机运行，查看程序的运行情况，观察交通灯的工作过程。

将 S 闭合，进入白天模式，按下启动按钮 SB1，观察 HL1～HL6 的指示状态。东西绿灯亮 25 s，闪烁 3 次（亮 0.5 s、灭 0.5 s），黄灯亮 2 s，同时南北红灯亮 30 s，然后转换为南北绿灯亮 25 s，闪烁 3 次（亮 0.5 s、灭 0.5 s），黄灯亮 2 s，同时东西红灯亮 30 s，循环。

将 S 打开，进入夜间模式，按下启动按钮 SB1，观察 HL1～HL6 的指示状态。东西、南北黄灯一直闪烁（亮 0.5 s、灭 0.5 s）。

按下停止按钮，再观察 HL1～HL6 的指示状态。四个路口灯全部熄灭。

（4）监视运行。当 PLC 运行时，可以使用 GX 软件中的监视功能监控整个程序的运行过程，以方便调试程序。在 GX 软件上，单击“在线”→“监视”→“监视开始”命令，可以全画面监控 PLC 的运行，这时可以观察到定时器的定时值会随着程序的运行而变化，通电闭合的触点和线圈会变绿。借助 GX 软件的监控功能可以检查出哪些线圈和触点该通电时没通电，从而为程序的进一步修改和故障检修提供帮助。

5. 故障检修

（1）输入回路检修。在通电情况下，判断按钮、限位开关、传感器信号或线路的好坏，按下对应的按钮或其他输入点，所对应的 PLC 输入端子指示灯亮，说明正常，有信号输入，若灯不亮，说明没有信号输入，可能按钮坏或线路有问题，需进一步地查找判断故障点。可以用万用表的表笔，一支接 PLC 的公共端，一支接对应的 PLC 输入点，此时指示灯亮，说明线路存在故障，如果指示灯不亮，说明 PLC 输入点损坏。

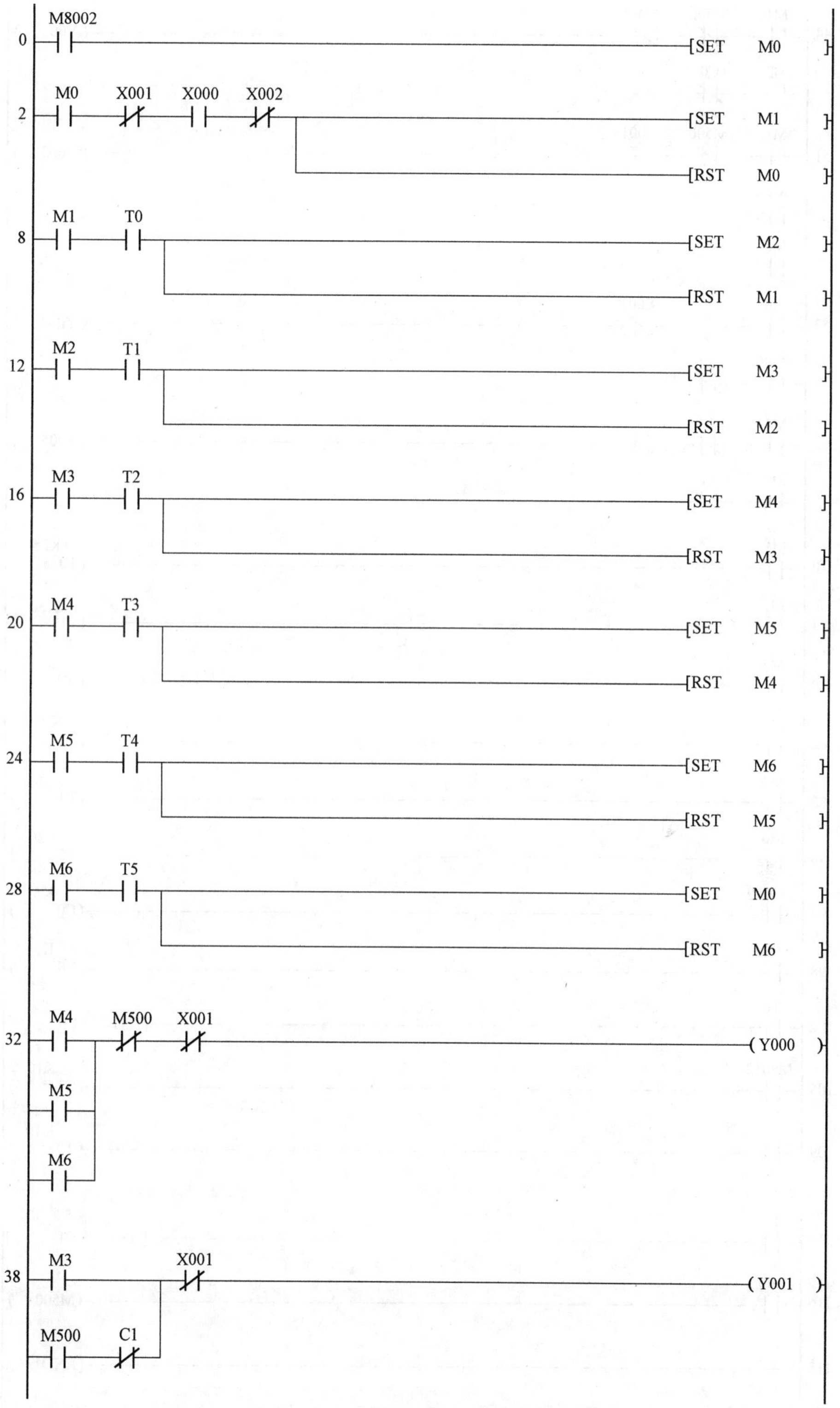

0 M8002 [SET M0]
2 M0 X001 X000 X002 [SET M1] [RST M0]
8 M1 T0 [SET M2] [RST M1]
12 M2 T1 [SET M3] [RST M2]
16 M3 T2 [SET M4] [RST M3]
20 M4 T3 [SET M5] [RST M4]
24 M5 T4 [SET M6] [RST M5]
28 M6 T5 [SET M0] [RST M6]
32 M4 M500 X001 (Y000) M5 M6
38 M3 X001 (Y001) M500 C1

图 2.1.2　PLC 控制交通灯梯形图

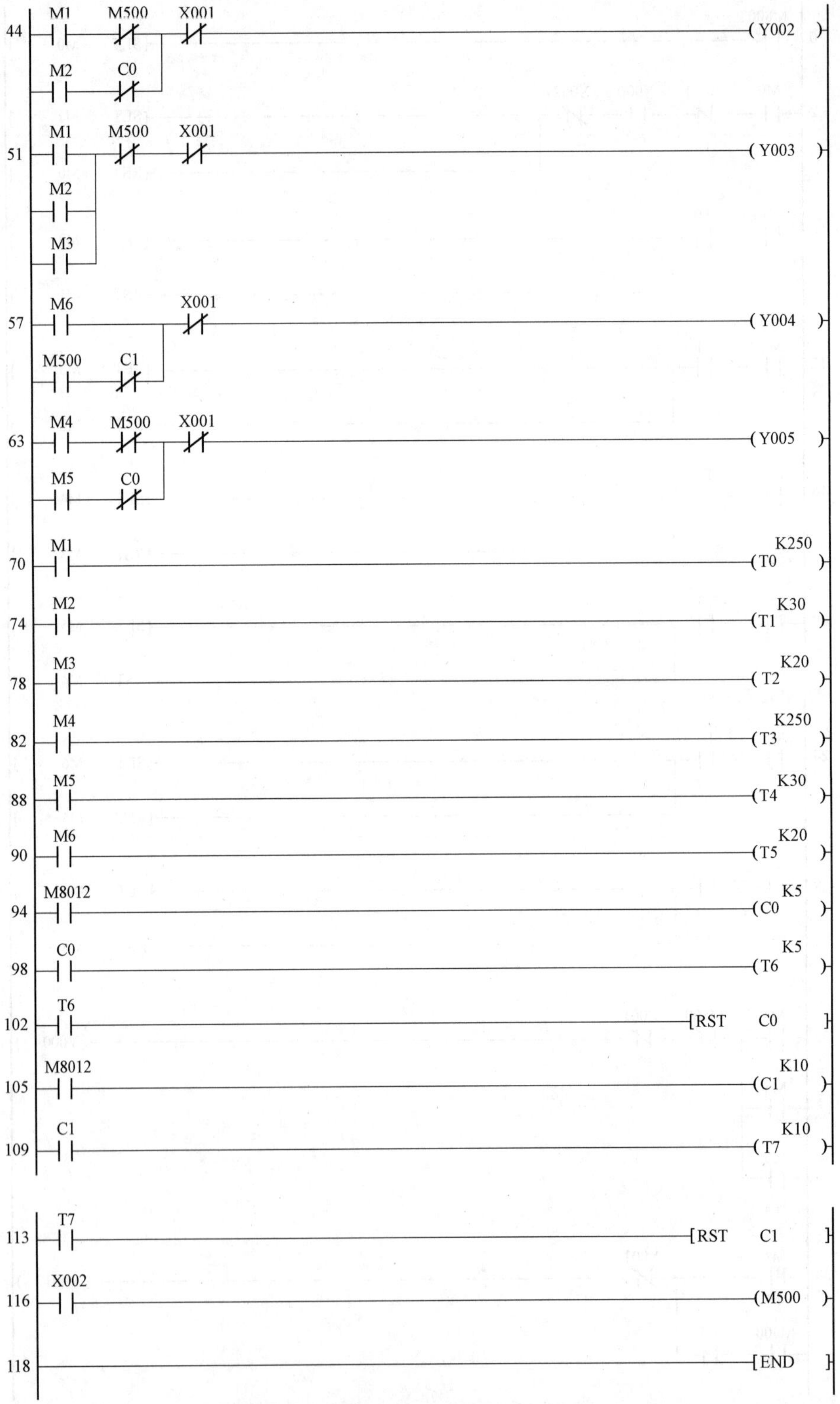

44 M1 M500 X001 (Y002)
M2 C0

51 M1 M500 X001 (Y003)
M2
M3

57 M6 X001 (Y004)
M500 C1

63 M4 M500 X001 (Y005)
M5 C0

70 M1 (T0 K250)

74 M2 (T1 K30)

78 M3 (T2 K20)

82 M4 (T3 K250)

88 M5 (T4 K30)

90 M6 (T5 K20)

94 M8012 (C0 K5)

98 C0 (T6 K5)

102 T6 [RST C0]

105 M8012 (C1 K10)

109 C1 (T7 K10)

113 T7 [RST C1]

116 X002 (M500)

118 [END]

图 2.1.2 **PLC** 控制交通灯梯形图（续）

（2）输出回路检修。对于 PLC 的输出点（继电器输出型），在 PLC 运行状态下，如果执行对象所对应的 PLC 输出点指示灯不亮，说明逻辑功能存在问题而导致没有输出信号输出，按照输入回路的检查方法进行检查。若对应的指示灯亮，而接触器、电磁阀等没有执行对应的动作，则可能是执行元件或电路存在故障。进一步检查电磁阀或线路是否存在问题。如果确定电磁阀没有问题，则问题出在 PLC 的输出点上，此时用万用表电压挡测量 PLC 输出点与公共端的电压，若电压为零或接近于零，说明输出点正常，若电压较高，可能已损坏。

当输出指示灯不亮但接触器或电磁阀仍能动作，可能是指示灯出现故障。

（3）程序逻辑判断。程序逻辑判断一般采用反查法或反推法，即根据输入/输出对应表，从故障点找到对应 PLC 的输出继电器，进行反查是否满足其动作的逻辑关系。

（4）PLC 自身故障检修。一般 PLC 自身故障率很低，但由于外部原因，如短路或电压高于 220 V 时也可能导致 PLC 损坏。

项目评价

对项目实施的完成情况进行检查，并填写项目评价表，见表 2.1.3。

表 2.1.3　交通信号灯的 PLC 控制项目评价表

评价内容	评价要点	评分标准	配分	得分
绘图	（1）正确绘图，理解电气工作原理； （2）正确绘制 PLC 接线图； （3）列出 PLC 控制 I/O 口元件地址分配表； （4）根据控制要求设计梯形图	（1）电气图形文字符号错误或遗漏，每处均扣 2 分； （2）绘制电路图错误一处扣 2 分； （3）电路原理错误扣 5 分； （4）缺少 PLC 接线图扣 5 分； （5）梯形图画法不规范扣 2 分	30	
工具的使用	正确使用工具	工具使用不正确每次扣 2 分	5	
仪表的使用	正确使用仪表	仪表使用不正确每次扣 2 分	5	
安装布线	按照电气安装规范，依据电路图正确完成本次考核线路的安装和接线	（1）不按图接线每处扣 1 分； （2）电源线和负载不经接线端子排接线每根导线扣 1 分； （3）电器安装不牢固、不平正，不符合设计及产品技术文件的要求，每项扣 1 分； （4）导线裸露部分没有加套绝缘，每处扣 1 分	40	
故障检修	观察电路故障现象，判断故障点，排除故障	（1）会描述故障现象； （2）会预测故障点； （3）会检测、判断并排除故障	10	

续表

评价内容	评价要点	评分标准	配分	得分
安全文明生产	（1）明确安全用电的主要内容； （2）操作过程符合文明生产要求	（1）损坏设备扣 2 分； （2）损坏工具仪表扣 1 分； （3）发生轻微触电事故扣 3 分	10	
合 计				

拓展知识

一、项目要求

某控制系统有三台电动机 M1～M3，其控制要求是：

按下启动按钮，电动机 M1 启动；5 s 后，保证 M1 正处于运行状态，电动机 M2 启动运行；5 s 后，M1、M2 均停止运行，电动机 M3 启动运行，M3 在 M1、M2 都启动时停止。要求连续运行，运行中按下停止按钮，三电动机均停止运行。

二、项目分析与实施

根据要求，可进行 PLC 梯形图设计，从要求中分析出电动机 M1（Y000）、M2（Y001）、M3（Y002）的启停均与时间有关系，因此需要进行时序图分析。

1. 时序图

当输入与输出间有对应的时间顺序关系、各自的变化是按时间顺序展开时，可用时序图设计法进行设计，其设计步骤如下。

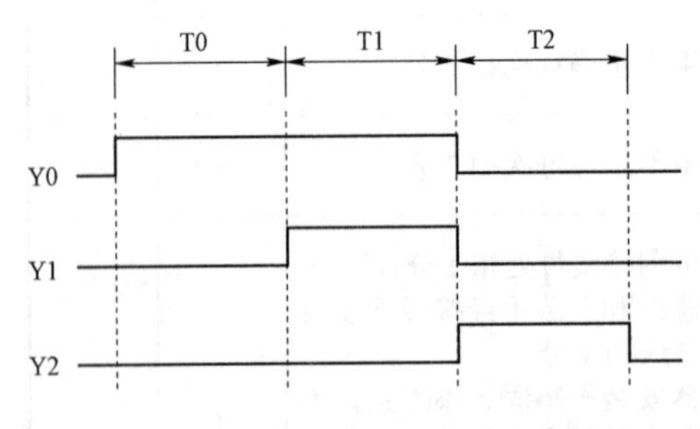

图 2.1.3 PLC 控制三电路时序分析图

步骤 1：画时序图，根据要求画输入、输出信号的时序图，建立时间对应关系，如图 2.1.3 所示。

步骤 2：确定时间区域，找出时间变化的临界点，把时间段划分为若干时间区间。常用的区间划分方法有等间隔划分和不等间隔划分。

步骤 3：设定时间逻辑，利用多个定时器建立各时间区间。

步骤 4：确定动作关系，根据各动作与时间区间的对应关系，建立相应的动作逻辑，列出各输出变量的逻辑表达式。

步骤 5：画梯形图，依据各个定时逻辑和输出逻辑的表达式绘制梯形图。

2. 三电机 PLC 控制梯形图

三电机 PLC 控制梯形图如图 2.1.4 所示。

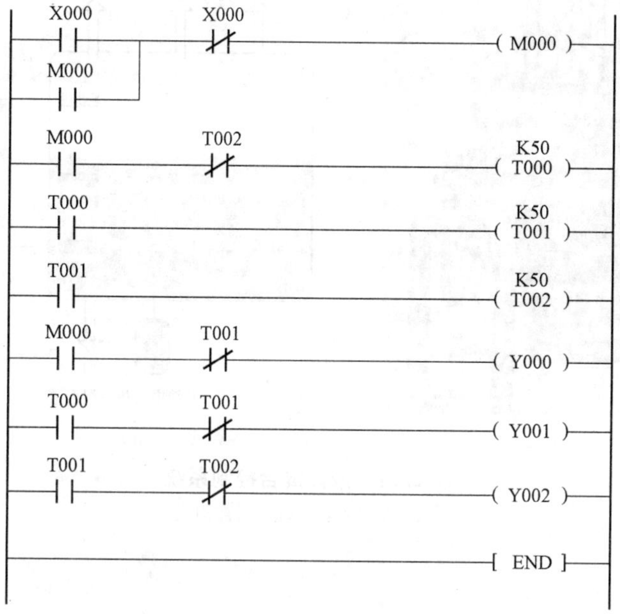

图 2.1.4　三电机 PLC 控制梯形图

项目二　三种液体混合装置的 PLC 控制设计

项目提出

液体自动混合装置是独立于生产线的一个重要环节。如图 2.2.1（a）所示为液体混合控制系统的外观结构，其中原液输入管道分别与各个原液罐连接，原液缸内使用外部加压使原液能够压进装置中，混合液输出管道则连至生产线下一个工位，将已混合的成品送至再加工工位进行再加工或送至包装工位进行包装下线。

如图 2.2.1（b）所示，当启动电源后，液体 1 的阀门 YV1 开启，开始向缸内注入液体 1，当液面高度达到液位传感器 SQ1 的高度后，电磁阀 YV1 断开；液体 2 的阀门 YV2 开启，注入液体 2，当液面高度到达液位传感器 SQ2 的高度后，阀门 YV2 关闭；液体 3 的阀门 YV3 开启，向缸内注入液体 3，当液面高度达到液位传感器 SQ3 的高度后，阀门 YV3 关闭；随后搅拌电动机 M 启动，开始对混合液进行搅拌，30 s 后停止搅动，打开混合液输出阀门 YV4 输出混合液。60 s 后，总阀关闭，混合液停止流出。自动开始新的工作周期。按下停止按钮后，要完成当前循环周期工作任务才停止工作，处于初始状态。

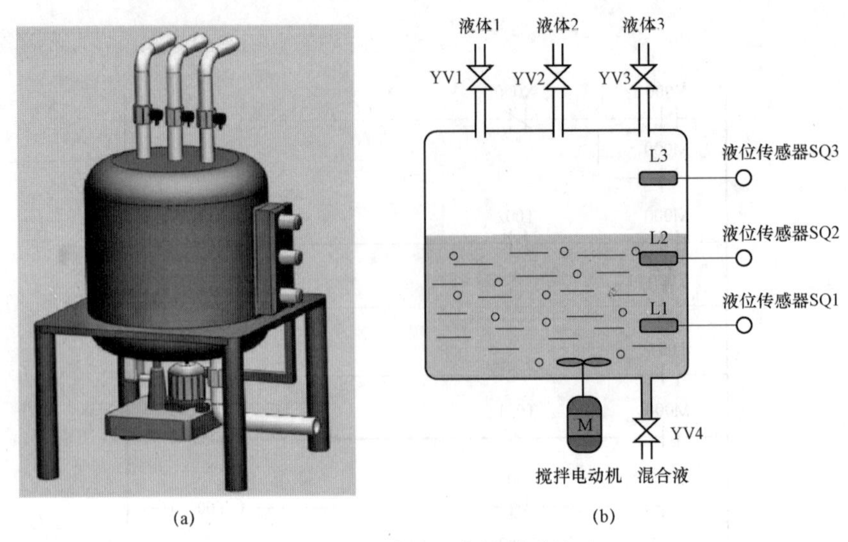

图 2.2.1　液体混合控制系统

（a）外观结构；（b）内部构成

项目分析

通过对项目要求分析可知，系统的控制要求是按照动作的先后顺序来进行的，具有一步一步顺序执行的特点。因此可采用三菱 PLC 中的步进程序来实现控制。

图 2.2.2 所示为液体混合控制的流程分析图。

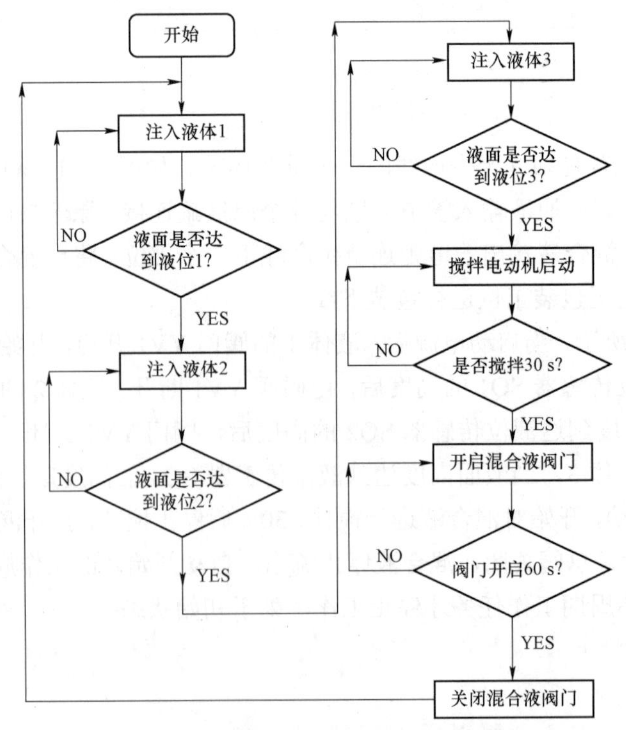

图 2.2.2　液体混合控制的流程分析图

通过本项目的学习达成以下目标：

（1）掌握 PLC 步进顺控程序的编程技巧和规则。

（2）掌握状态转移图（SFC）的画法。

（3）能根据控制要求设计系统软件和硬件电路，绘制 PLC 控制系统的电路原理图。

（4）能安装调试 PLC 系统电路。

（5）能根据可编程控制器面板指示灯，借助编程软件、仪器仪表分析可编程控制系统的故障范围。

（6）能排除可编程控制系统中开关、传感器、执行机构等外围设备电气故障。

（7）培养学生的探究精神，以及学习、交流沟通和团队协作能力，养成实训室 5S 管理的职业素养和工作责任感。

项目实施

任务　三种液体混合装置的 PLC 控制设计

知识导读

梯形图由于其编程简单、使用方便等优点，受到了很多技术人员的青睐，但在一些工艺流程控制方面，还存在以下缺点：

（1）自锁、互锁等联锁关系设计复杂、易出错、检查麻烦。

（2）难以直接看出具体工艺控制流程及任务。

为此，人们经过不懈努力，开发了状态转移图，也称顺序功能图，它不仅具有流程图直观的特点，而且能够方便处理复杂控制中的逻辑关系。

状态编程法是指，将一个复杂的控制过程分解为若干个工作状态，然后分步骤实施。当各个工作状态均按顺序完成时，逐步达到整个系统的控制要求。类似于某生产车间有一自动流水线装置，每条流水线都分为若干个工位，每个工位都需要完成产品的一个加工步骤，到流水线的结束工位时，整个产品也就成型了。

用状态编程法编写程序时，需要明确各个状态本身所需完成的功能、状态与状态之间的转移条件以及状态的转移方向这三个基本的要素，然后依据系统控制要求，正确地建立各个状态之间的联系，形成步进顺控程序。用状态编程法来编写 PLC 程序，可使编程工作程式化、规范化，而且思路清晰。下面就具体来学习状态编程的基本方法。

FX2N 系列 PLC 中，状态器 S 共有 1 000 点，其分配及用途如下：

（1）S0～S9，状态转移图的初始状态。

（2）S10～S19，多运行模式控制中用作原点返回状态。

（3）S20～S499，状态转移图的中间状态。

（4）S500～S899，停电保持作用。

（5）S900～S999，报警元件作用。

在状态转移图中，初始状态 S0～S9 用双线框表示，其他状态用单线框表示，状态转移条件以短横线“十”表示；状态转移条件均为常开触点“X”，也可采用常闭触点，用逻辑非“$\overline{X}$”表示；此外，状态转移条件还可以是多个触点的不同逻辑组。

每个状态的控制要求所起的作用以及整个控制流程都需要表达得通俗易懂、逻辑清晰、易于扩展。因此状态转移图十分有利于PLC程序的维护、规格修改、故障排除等。

状态编程法是步进顺控程序设计的主要方法，而状态转移图是状态编程的重要工具。状态转移图首先将整个系统的控制过程分成若干个工作状态（S*n*），然后确定各个工作状态的三个要素，如图2.2.3所示，即转移条件、驱动负载和转移目标，再按系统控制要求的顺序连成一个整体，以实现对系统的正确控制。

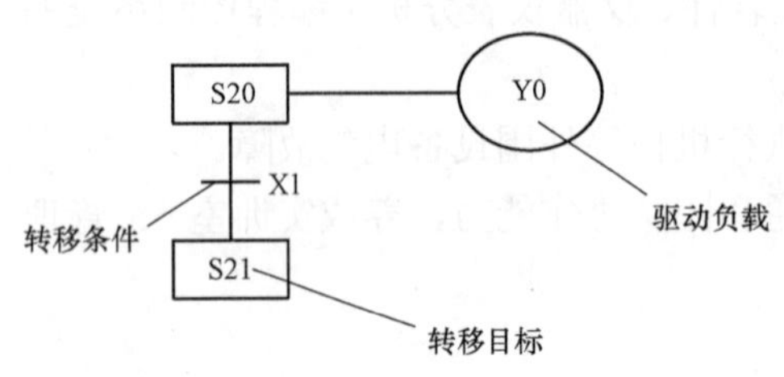

图2.2.3　状态转移图三要素示意图

在使用状态转移图编制程序时，必须遵守以下规则：

（1）顺序连续转移时，一般用SET指令；非连续转移时，则必须用OUT指令，并在相应状态标注“→”表示转移目标。

（2）转移条件可以是单个或多个，但转移条件使用时不能用ANB、ORB、MPS、MRD、MPP等指令。

（3）状态自复位时，要用符号“↓”表示，程序中用RST指令表示。

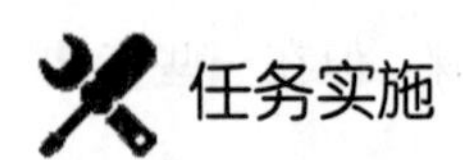

任务实施

一、准备阶段

PLC实训室，FX2N系列PLC（或FX3U系列PLC）及模拟实物控制板，测绘工具，电工工具，安全用具。

二、操作过程

1. 分配输入/输出点，列出I/O地址分配表

根据液体混合的工作流程控制要求，需要分配5个输入信号和5个输出信号，PLC控制多种液体混合装置的I/O分配表，如表2.2.1所示。

表2.2.1　PLC控制多种液体混合装置的输入/输出分配表

输入			输出		
功能	元件	地址	功能	元件	地址
启动	SB1	X000	液体1阀门	YV1	Y000
停止	SB2	X001	液体2阀门	YV2	Y001
液面检测信号	SQ1	X002	液体3阀门	YV3	Y002
	SQ2	X003	混合液体阀门	YV4	Y003
	SQ3	X004	搅拌电动机M	KM	Y004

2. 画出 PLC 外部接线图

根据地址分配表，确定系统需要 5 个输入和 5 个输出的 I/O 端子，其中外部接线中接入“硬”互锁触点 Y0、Y1、Y2、Y3，以保证系统工作过程中三种液体阀门不会同时接通，避免混合液过量影响混合精度。液体混合装置 I/O 外部接线图如图 2.2.4 所示。

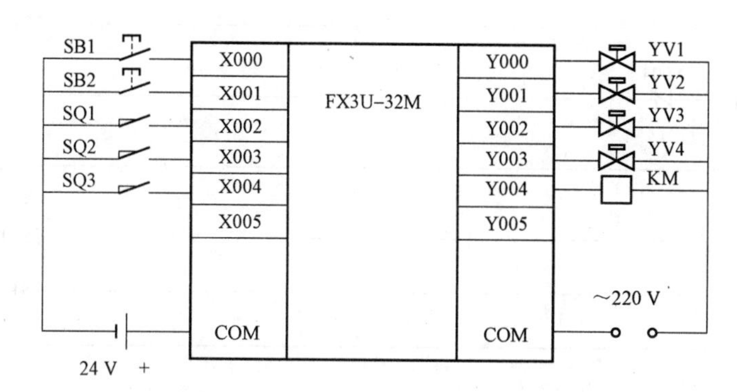

图 2.2.4　液体混合装置 I/O 外部接线图

3. 画出状态转移图

液体混合装置状态转移图如图 2.2.5 所示。

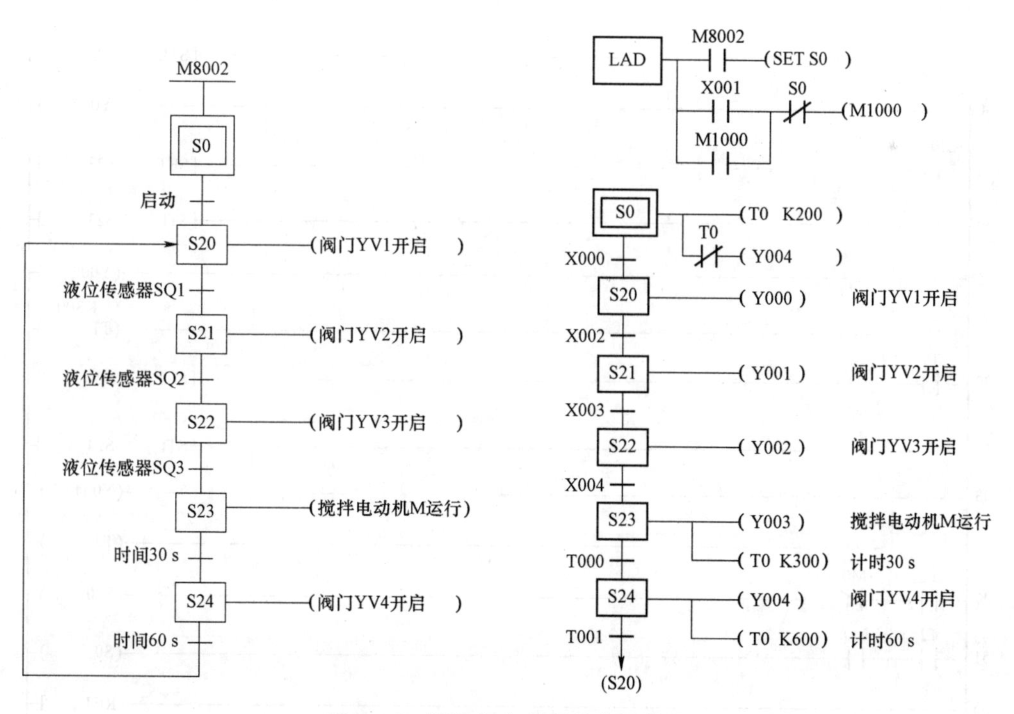

图 2.2.5　液体混合装置状态转移图

4. 设计 PLC 控制梯形图程序

图 2.2.6 所示为设计的液体混合装置 PLC 控制梯形图。

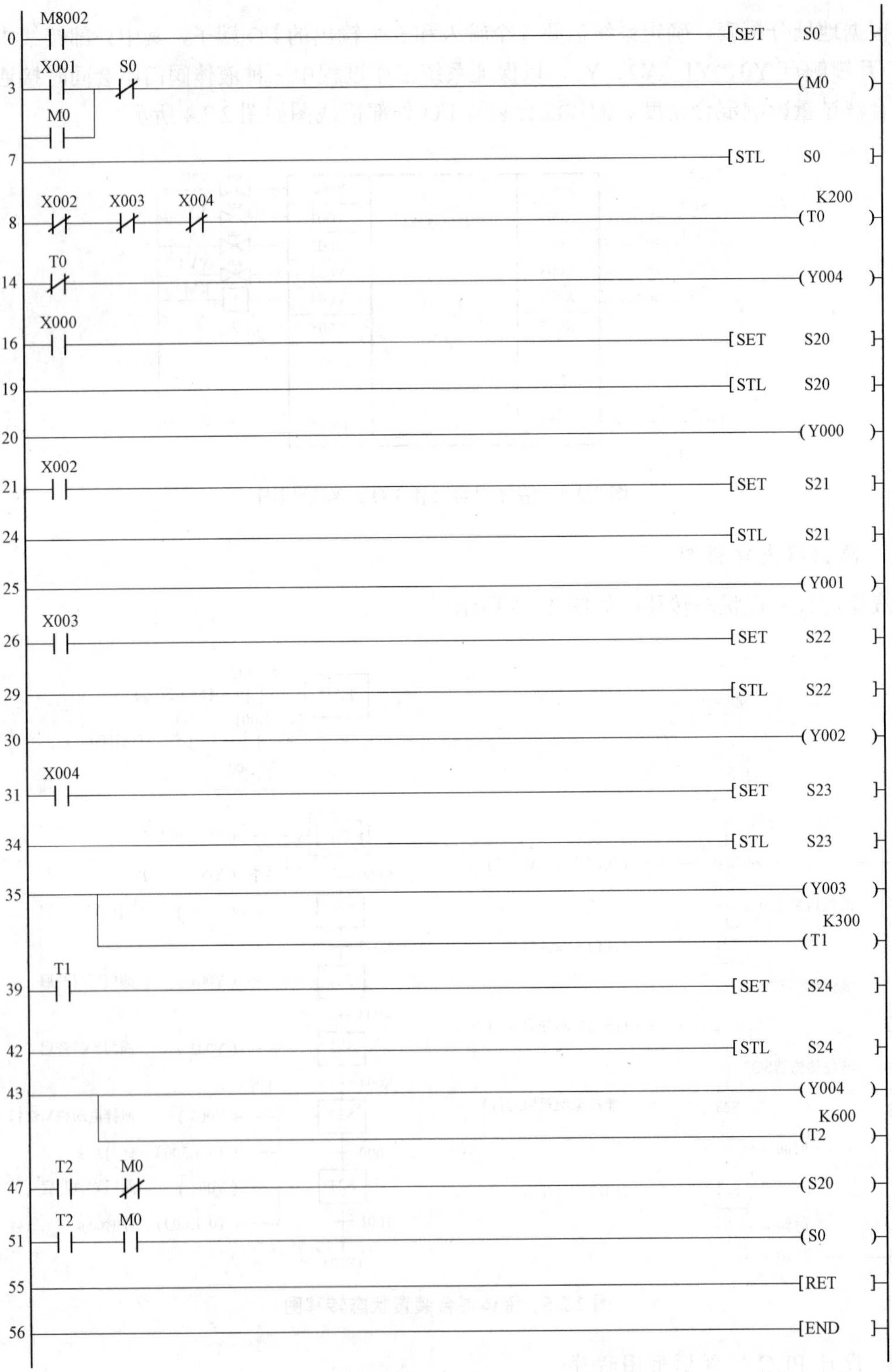

步	触点	输出
0	M8002	[SET S0]
3	X001（并联 M0）、S0（常闭）	(M0)
7		[STL S0]
8	X002（常闭）、X003（常闭）、X004（常闭）	(T0 K200)
14	T0（常闭）	(Y004)
16	X000	[SET S20]
19		[STL S20]
20		(Y000)
21	X002	[SET S21]
24		[STL S21]
25		(Y001)
26	X003	[SET S22]
29		[STL S22]
30		(Y002)
31	X004	[SET S23]
34		[STL S23]
35		(Y003) (T1 K300)
39	T1	[SET S24]
42		[STL S24]
43		(Y004) (T2 K600)
47	T2、M0（常闭）	(S20)
51	T2、M0	(S0)
55		[RET]
56		[END]

图 2.2.6　液体混合装置 PLC 控制梯形图

5. 根据电路原理图进行 PLC 接线

（1）连接 PLC 的输入、输出端外接元件。

（2）连接 PLC 的电源。

（3）注意连接 PLC 接地线。

6. 调试和运行

（1）将梯形图程序输入到计算机，在线监视进行模拟仿真调试，检查程序运行的状况，排除故障并进一步优化程序。

（2）将 PLC 与计算机连接好，设置好端口数据，下载程序。

（3）脱机运行，查看程序的运行情况，观察液体混合的工作过程。

项目评价

对项目实施的完成情况进行检查，并填写项目评价表，见表 2.2.2。

表 2.2.2　三种液体混合装置的 PLC 控制设计项目评价表

评价内容	评价要点	评分标准	配分	得分
绘图	（1）正确绘图，理解电气工作原理； （2）正确绘制 PLC 接线图； （3）列出 PLC 控制 I/O 口元件地址分配表； （4）根据控制要求设计梯形图	（1）电气图形文字符号错误或遗漏，每处均扣 2 分； （2）绘制电路图错误一处扣 2 分； （3）电路原理错误扣 5 分； （4）缺少 PLC 接线图扣 5 分； （5）梯形图画法不规范扣 2 分	30	
工具的使用	正确使用工具	工具使用不正确每次扣 2 分	5	
仪表的使用	正确使用仪表	仪表使用不正确每次扣 2 分	5	
安装布线	按照电气安装规范，依据电路图正确完成本次考核线路的安装和接线	（1）不按图接线每处扣 1 分； （2）电源线和负载不经接线端子排接线每根导线扣 1 分； （3）电器安装不牢固、不平正，不符合设计及产品技术文件的要求，每项扣 1 分； （4）电动机外壳没有接零或接地，扣 1 分； （5）导线裸露部分没有加套绝缘，每处扣 1 分	40	
故障检修	观察电路故障现象，判断故障点，排除故障	（1）会描述故障现象； （2）会预测故障点； （3）会检测、判断并排除故障	10	
安全文明生产	（1）明确安全用电的主要内容； （2）操作过程符合文明生产要求	（1）损坏设备扣 2 分； （2）损坏工具仪表扣 1 分； （3）发生轻微触电事故扣 3 分	10	
合计				

拓展知识

状态转移图按其结构特点主要分为单流程结构、选择性分支结构和并行分支结构。即使是较复杂的步进顺控程序，往往也是由这三种结构的状态转移图按不同组合方式所形成的。因此，对于编程人员而言，首先要学会分析系统的控制要求。例如系统只要求对单纯动作进行顺序控制，用单流程就足够了；在多种输入条件和操作模式的情况下，可通过选择性分支和并行分支相结合的方式，形成多分支结构来实现复杂程序的编写。

1. 单流程结构

单流程是指状态转移只有一种顺序，每一个状态只有一个转移条件和一个转移目标。单流程状态转移图编程是指根据状态转移图画出其相应的梯形图，并写出指令表程序。在编程时要抓住状态转移图的三要素以及“先驱动、后转移”的编程顺序原则，初始状态可由其他状态驱动或初始条件驱动，如无初始条件，可用 M8002 驱动。单流程状态转移图的编程应用示例如图 2.2.7 所示。

2. 选择性分支结构

从多个分支流程顺序中根据条件选择其中一个分支执行，而其余分支的转移条件不能满足，即每次只满足一个分支转移条件的分支方式称为选择性分支。如图 2.2.8 所示就是一个选择性分支的状态转移图。从图 2.2.8 中可以看出该图具有如下特点：

（1）该状态转移图具有三个分支流程顺序。

（2）S20 为分支状态。

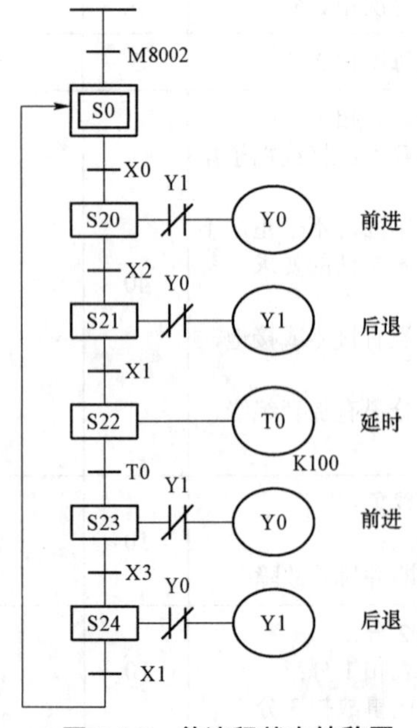

图 2.2.7　单流程状态转移图

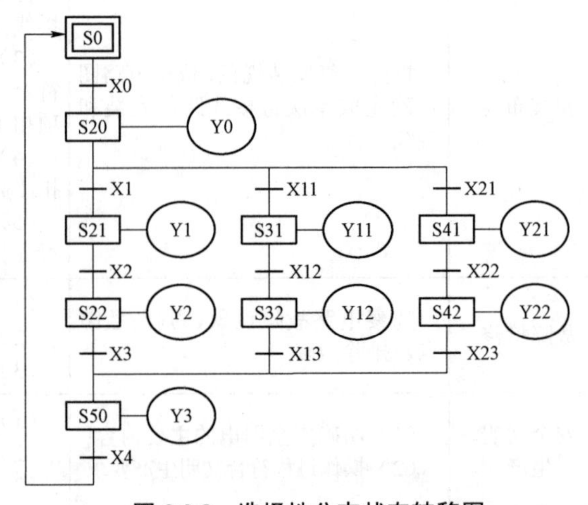

图 2.2.8　选择性分支状态转移图

3. 并行分支结构

当满足某个转移条件后使得多个分支流程顺序同时执行的分支称为并行分支。图 2.2.9 就是一个并行分支的状态转移图。在图 2.2.9 中当 X0 接通时，S20 同时向 S21、S31、S41 三个状态转移，三个分支同时运行扫描；同时，只有在 S22、S32、S42 三个状态任务都运行结束后，且转移条件 X2 接通，才能使得 S50 激活，S22、S32、S42 同时复位。若有一个没有运行结束，即使 X2 接通，S50 也不会被激活，这种汇合也叫“排队汇合”。

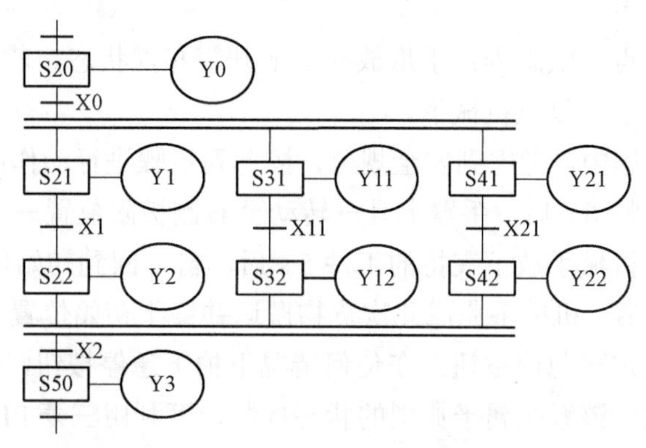

图 2.2.9 并行分支状态转移图

项目三 机械手传送工件的 PLC 控制设计

项目提出

目前，工业自动化控制已经成为现代企业的重要支柱。无人车间、无人仓储、无人生产流水线等已随处可见，机械手控制技术也越来越重要。在工业自动化控制中，一些有害、繁重和重复性强的工作都可以由机械手来完成。

机械手的动作过程如图 2.3.1 所示。从原点开始，按下启动按钮时，机械手下降。下降到底时，碰到下限位开关，下降停止同时接通夹紧电磁阀，机械手夹紧。夹紧后，机械手上

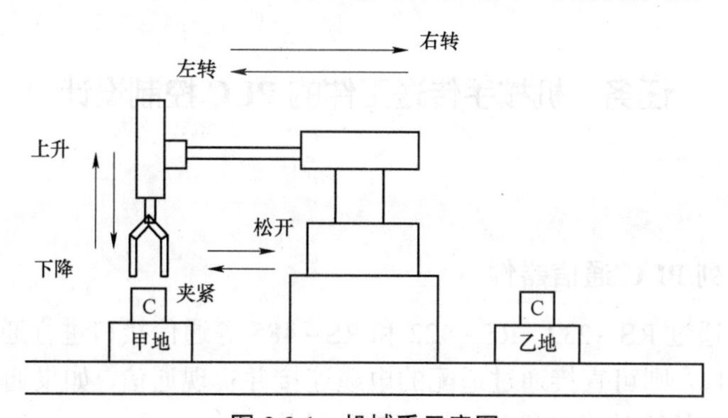

图 2.3.1 机械手示意图

升。上升到顶时，碰到上位开关，上升停止；同时机械手右移。右移到位时，碰到右限位开关，右移停止。若此时右工作台上无工件，则光电开关接通，机械手下降。下降到底时，碰到下限位开关，下降停止；机械手放松，放松后，机械手上升，上升到顶时，碰到上限位开关，上升停止，机械手左移。左移到原位。

项目分析

机械手控制要求如下。

（1）机械手处于原点，状态为：手爪放松、上升、左摆状态。若机械手不在原点位置，系统不能开始工作，需手动复位机械手。

（2）机械手运行过程中，考虑到安全规范，按下列步骤进行动作：手臂下降→手爪将位置甲处的货物夹紧，夹紧 6 s 后，手臂上升→转动至右侧极限位置→手臂下降→手爪放松，将货物放到位置乙处，机械手放下夹持的工件 5 s 后，自行回到初始位置。

（3）按下停止按钮后，机械手完成此次货物搬运并停于初始位置。考虑到机械手运行过程中的突发情况，特设定一急停按钮。在任何情况下拍下急停按钮，则机械手停止动作。

根据分析控制要求，该系统属于典型的状态控制，可利用三菱 PLC 的步进控制来设计。

通过本项目的学习达成以下目标：

（1）掌握 PLC 的通信形式及电路连接。

（2）掌握 PLC 控制机械手系统设计的步骤和方法。

（3）能根据控制要求设计系统软件和硬件电路，绘制 PLC 控制系统的电路原理图。

（4）能安装调试 PLC 系统电路。

（5）能根据可编程控制器面板指示灯，借助编程软件、仪器仪表分析可编程控制系统的故障范围。

（6）能排除可编程控制系统中开关、传感器、执行机构等外围设备电气故障。

（7）培养学生的探究精神，以及学习、交流沟通和团队协作能力，养成实训室 5S 管理的职业素养和工作责任感。

项目实施

任务　机械手传送工件的 PLC 控制设计

知识导读

一、FX2N 系列 PLC 通信器件

PLC 组网主要通过 RS－232、RS－422 和 RS－485 等通信接口进行通信，若通信的设备具有相同类型的接口，则可直接通过适配的电缆连接并实现通信，如果通信设备间的接口不同，则需要通过一定的硬件设备进行接口类型的转换。

三菱接口类型或转换接口类型的器件主要有两种基本形式：一种是功能扩展板，这是没有外壳的电路板，可打开基本单元的外壳后装入机箱中；另一种则是有独立机箱的扩展模块。

二、FX2N 系列 PLC 的通信形式

1. PLC 间的并行通信

FX2N 系列 PLC 可通过以下两种连接方式实现两台同系列 PLC 间的并行通信。两台 PLC 之间的最大有效距离为 50 m。

（1）通过 FX2N－485－BD 内置通信板和专用的通信电缆。

（2）通过 FX2N－CNV－BD 内置通信板、FX0N－485 ADP 适配器和专用的通信电缆。

2. PC 与 PLC 之间的通信

对于通信系统的连接，采用 RS－485 接口的通信系统，一台计算机最多可以连接 16 台 PLC。

如图 2.3.2 所示，是采用 FX2N－485－BD 内置通信板和 FX－485PC－IF 将一台通用计算机与 3 台 FX2N 系列 PLC 连接通信的示意图。

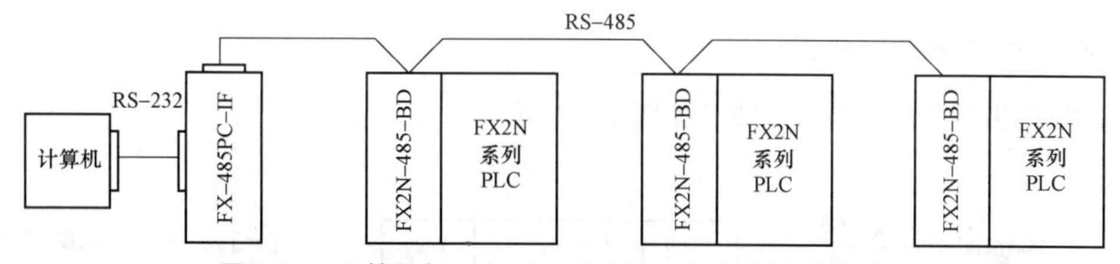

图 2.3.2　计算机与 3 台 FX2N 系列 PLC 连接通信示意图

采用 RS－232 接口的通信系统，FX2N 系列 PLC 之间采用 FX2N－232－BD 内置通信板进行连接（最大有效距离为 15 m）或者采用 FX2N－CNV－B 和 FX0N－232 ADP 特殊功能模块进行连接。而计算机与 PLC 之间采用 FX2N－232－BD 内置通信板外部接口通过专用的通信电缆直接连接。

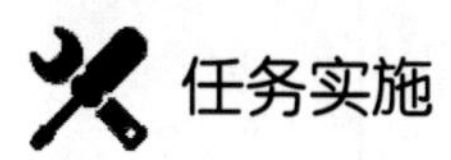

任务实施

一、准备阶段

PLC 实训室，FX2N 系列 PLC（或 FX3U 系列 PLC）及模拟实物电路板，测绘工具，电工工具，安全用具。

二、操作过程

1. 分配输入/输出点，列出 I/O 地址分配表

根据控制要求分析可知，需要设计 8 个输入和 5 个输出，PLC 控制机械手的 I/O 地址分配表，如表 2.3.1 所示。

表 2.3.1　PLC 控制机械手的输入/输出分配表

输入			输出		
功能	元件	地址	功能	元件	地址
启动	SB1	X000	手爪左移	YV1	Y000
停止	SB2	X001	手爪右移	YV2	Y001
左限位开关	SQ1	X002	手爪上升	YV3	Y002
右限位开关	SQ2	X003	手爪下降	YV4	Y003
上限位开关	SQ3	X004	手爪夹紧	YV5	Y004
下限位开关	SQ4	X005			
夹紧限位	SQ5	X006			
急停	SB3	X010			

2. 画出 PLC 外部接线图

PLC 控制机械手 I/O 外部接线图如图 2.3.3 所示。

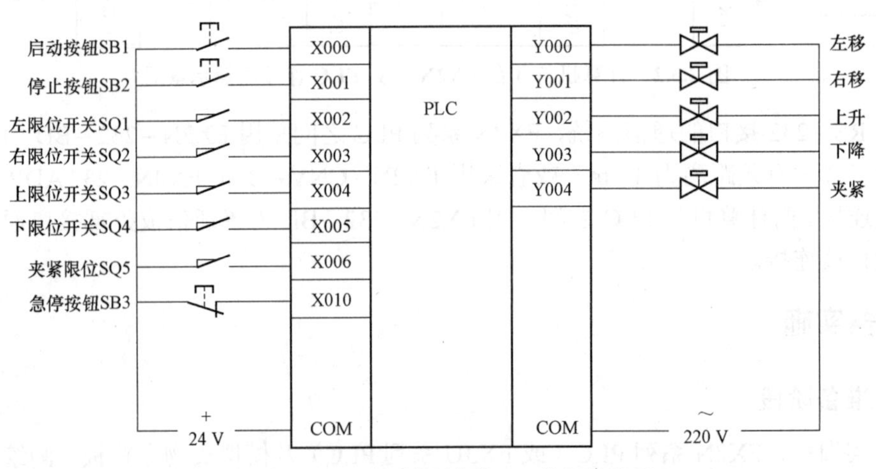

图 2.3.3　PLC 控制机械手 I/O 外部接线图

3. 画出状态转移图

PLC 控制机械手状态转移图如图 2.3.4 所示。

4. 设计 PLC 控制梯形图程序

根据控制要求设计出 PLC 控制机械手装置的梯形图程序，如图 2.3.5 所示。

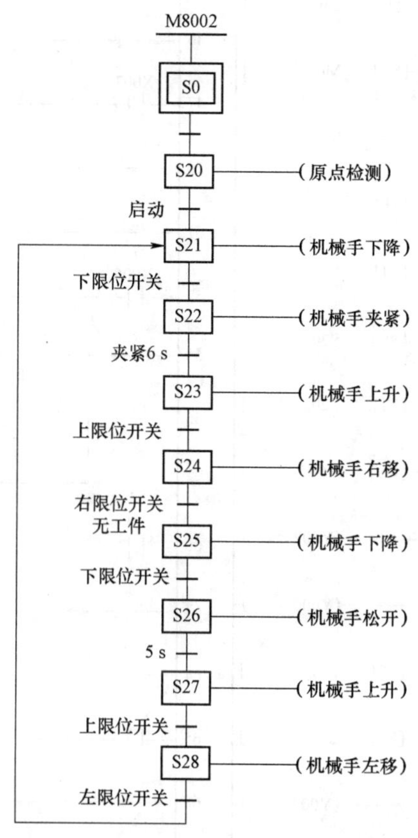

图 2.3.4　PLC 控制机械手状态转移图

5. 根据电路原理图进行 PLC 接线

（1）连接 PLC 的输入、输出端外接元件。

（2）连接 PLC 的电源。

（3）注意连接 PLC 接地线。

6. 调试和运行

（1）将梯形图程序输入到计算机，在线监视进行模拟仿真调试，检查程序运行的状况，排除故障并进一步优化程序。

（2）将 PLC 与计算机连接好，设置好端口数据，下载程序。

（3）脱机运行，查看程序的运行情况，观察机械手的工作过程。

项目评价

对项目实施的完成情况进行检查，并填写项目评价表，如表 2.3.2 所示。

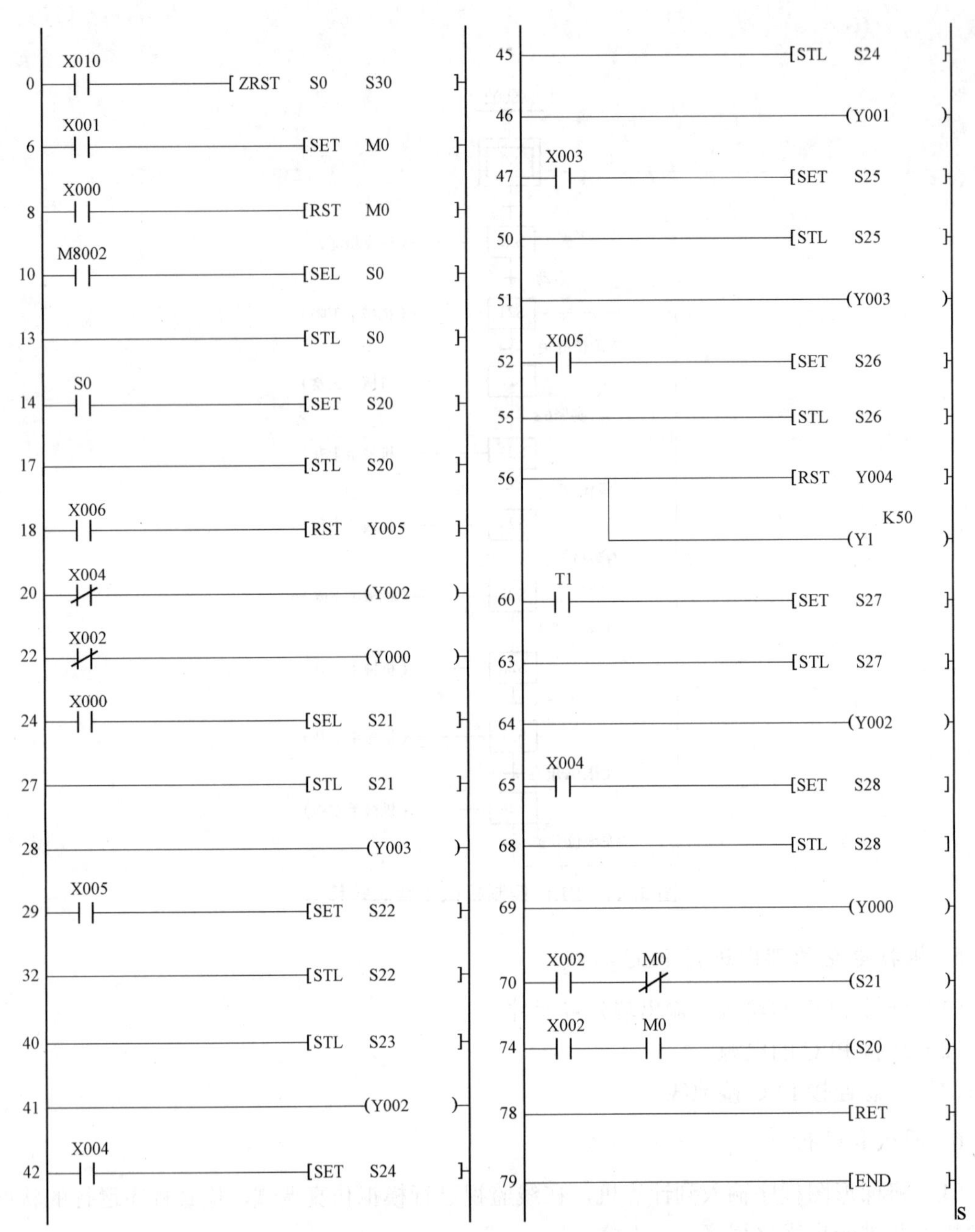

图 2.3.5 PLC 控制机械手梯形图

表 2.3.2 机械手传送工件的 PLC 控制项目评价表

评价内容	评价要点	评分标准	配分	得分
绘图	（1）正确绘图，理解电气工作原理； （2）正确绘制 PLC 接线图； （3）列出 PLC 控制 I/O 口元件地址分配表； （4）根据控制要求设计梯形图	（1）电气图形文字符号错误或遗漏，每处均扣 2 分； （2）绘制电路图错误一处扣 2 分； （3）电路原理错误扣 5 分； （4）缺少 PLC 接线图扣 5 分； （5）梯形图画法不规范扣 2 分	30	

续表

评价内容	评价要点	评分标准	配分	得分
工具的使用	正确使用工具	工具使用不正确每次扣 2 分	5	
仪表的使用	正确使用仪表	仪表使用不正确每次扣 2 分	5	
安装布线	按照电气安装规范，依据电路图正确完成本次考核线路的安装和接线	（1）不按图接线每处扣 1 分； （2）电源线和负载不经接线端子排接线每根导线扣 1 分； （3）电器安装不牢固、不平正，不符合设计及产品技术文件的要求，每项扣 1 分； （4）电动机外壳没有接零或接地，扣 1 分； （5）导线裸露部分没有加套绝缘，每处扣 1 分	40	
故障检修	观察电路故障现象，判断故障点，排除故障	（1）会描述故障现象； （2）会预测故障点； （3）会检测、判断并排除故障	10	
安全文明生产	（1）明确安全用电的主要内容； （2）操作过程符合文明生产要求	（1）损坏设备扣 2 分； （2）损坏工具仪表扣 1 分； （3）发生轻微触电事故扣 3 分	10	
合计				

拓展知识

1. 用辅助继电器实现状态编程

从前面项目案例分析可以得知，状态元件具有两个作用，一是具有提供 STL 接点形成针对该状态的专门任务处理区域，二是一旦状态发生转移，前一个状态会自动复位。因此，只要解决专门任务处理区域和状态自动复位问题，就能实现状态编程。这可以通过辅助继电器 M 和置位/复位指令来实现。

以图 2.3.6 所示的台车自动往返运行控制为例，可以用 M20、M21、M22、M23、M24 和 M25 来分别代替 S0、S20、S21、S22、S23 和 S24。特别要注意的是，基本指令梯形图中，不能出现双线圈输出。

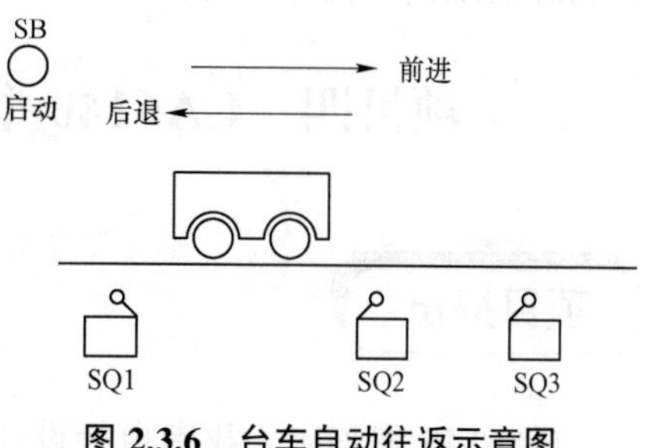

图 2.3.6　台车自动往返示意图

图 2.3.7 为台车自动往返控制系统的梯形图，虽然没有采用状态元件，但同样体现了状态编程思想，每个工序同样都具有三要素，即驱动负载、转移条件和转移目标，只是要注意解决状态复位和双线圈输出等问题。

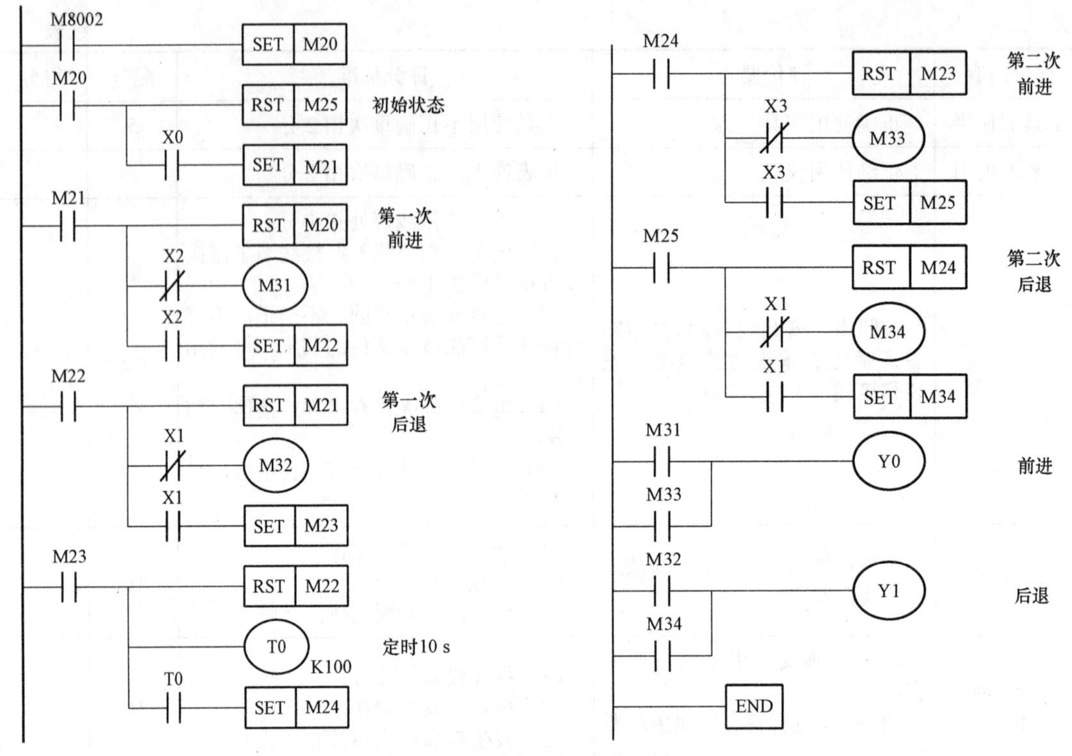

图 2.3.7　台车自动往返控制梯形图

通过辅助继电器实现状态编程的方法与基本指令梯形图的编程方法一样。要注意的是，在设计每个工序梯形图时，应将前个工序的辅助继电器复位操作放在本工序驱动负载之前，以防出现逻辑错误。

2. 用移位寄存器实现状态编程

许多 PLC 具有移位寄存器 V/Z 及相关专用指令，移位寄存器可以由许多辅助继电器顺序排列组成。移位寄存器各位数据可在移位脉冲的作用下按一定方向进行移动。例如，在移位寄存器的第一位中存一个“1”，当移位脉冲触发时，这个“1”就会转移到第二位，当移位脉冲再次触发时，“1”就转移到第三位。这样，就找到了一个替代状态元件的方法。

为此，可以将移位寄存器的位当作一个个的状态。当相关位为“1”时，可以认为对应的状态被激活，而移位脉冲信号则相当于状态转移条件。

项目四　CA6140 型车床 PLC 控制设计、安装与调试

项目提出

CA6140 型车床为我国自行设计制造的普通车床。它具有性能优越、结构先进、操作方便和外形美观等优点。CA6140 型普通车床主要由床身、主轴箱、进给箱、溜板箱、刀架、丝杠、光杆、尾架等部分组成，如图 2.4.1 所示。

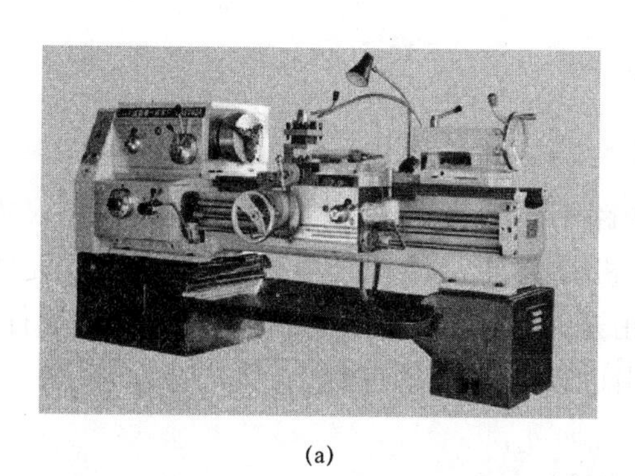

(a)

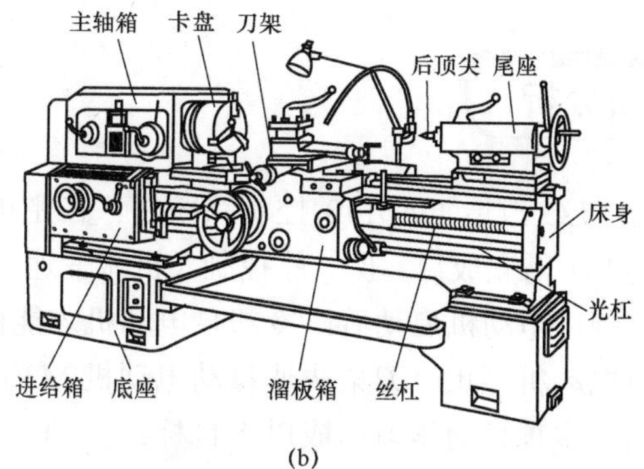

(b)

图 2.4.1 CA6140 型普通车床的实物图与结构图

（a）实物图；（b）结构图

该机床主电路有 3 台控制电动机。

主轴电动机 M1：完成主轴主运动和刀具的纵横向进给运动的驱动。电动机为笼型感应电动机，全压启动，主轴采用机械变速，正反向运动采用机械换向机构。

冷却泵电动机 M2：加工时提供冷却液，以防止刀具和工件的温升过高。

刀架快速移动电动机 M3：根据使用需要，随时手动控制启动或停止。

电动机均采用全压直接启动，皆为接触器控制的单向运行控制电路。三相交流电源通过低压断路器 QS 引入，接触器 KM1 的主触头控制 M1 的启动和停止。接触器 KM2 的主触头控制 M2 的启动和停止。接触器 KM3 的主触头控制 M3 的启动和停止。KM1 由按钮 SB1、SB2 控制，KM3 由 SB3 进行点动控制，KM2 由开关 SA1 控制。主轴正反向运行由摩擦离合器实现。

M1、M2 为连续运动的电动机，分别利用热继电器 FR1、FR2 作过载保护；M3 为短时工作电动机，因此未设过载保护。熔断器 FU1、FU2 分别对主电路、控制电路和辅助电路实行短路保护。

CA6140 型普通车床电气控制电路如图 2.4.2 所示。

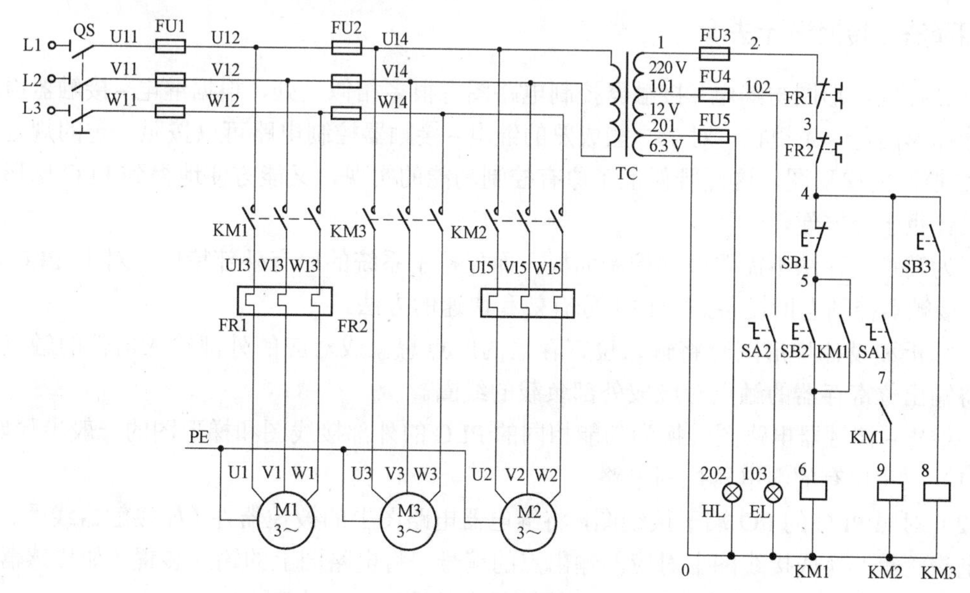

图 2.4.2 CA6140 型普通车床电气控制电路

项目分析

用 PLC 改造 CA6140 控制系统时，在主电路不改动、机械结构不改变的情况下，主轴电动机 M1 需完成启、保、停控制（机械变速、机械换向）。冷却泵电动机 M2 与 M1 是顺序联锁控制；电动机启动后，冷却泵电动机才能由开关 SA1 启动，当主轴电动机停止运行时，冷却泵电动机停止。刀架快速移动电动机 M3 由进行 SB3 点动控制。

通过本项目的学习达成以下目标：

（1）掌握 PLC 改造机床电气控制的方法和步骤。

（2）掌握可编程控制器现场调试方法。

（3）会设计并绘制 PLC 控制系统的电路原理图。

（4）能使用正确的方法设计机床电气控制的 PLC 程序。

（5）会编制机床电气设备 PLC 改造的工艺方案。

（6）能进行可编程控制器现场调试及故障排除。

（7）培养学生的探究精神，以及学习、交流沟通和团队协作能力，养成实训室 5S 管理的职业素养和工作责任感。

项目实施

任务　CA6140 型车床 PLC 控制设计、安装与调试

知识导读

翻译法（转换设计法）

PLC 控制梯形图与继电－接触器控制电路图有很多相似之处，根据继电－接触器电路图来设计梯形图是一条捷径。对于一些成熟的继电－接触器控制电路可以按照一定的规则转换成 PLC 控制的梯形图，这样既保证了原有控制功能的实现，又能方便地得到 PLC 梯形图，程序设计也十分方便。

因为转换设计法不需要改动控制面板，而保持了系统的原有外部特性。对于 PLC 改造继电－接触器控制老旧设备是一种十分有效和快速的方法。

在分析和设计梯形图时将输入位寄存器的触点想象成对应的外部输入器件的触点或电路，将输出位寄存器的触点对应成外部负载的线圈。

将继电－接触器电路图转换为功能相同的 PLC 的外部接线图和梯形图的一般步骤如下：

（1）熟悉现有的继电器控制电路。

（2）对照 PLC 的 I/O 端子接线图，将继电器电路图上的被控器件（如接触器线圈、指示灯、电磁阀等）换成接线图上对应的输出点的编号，将电路图上的输入装置（如传感器、按钮开关、行程开关等）触点都换成对应的输入点的编号。

（3）将继电器电路图中的中间继电器、定时器，用 PLC 的辅助继电器、定时器来代替。
（4）画出全部梯形图，并予以简化和修改。

任务实施

一、准备阶段

实训车间 CA6140 型车床一台，FX2N 系列 PLC（或 FX3U 系列 PLC），测绘工具，电工工具，安全用具。

二、操作过程

PLC 控制改造

1. 确定输入、输出点，列出 PLC 控制 CA6140 型车床的 I/O 地址分配表

根据控制要求分析可知，需要设计 4 个输入和 3 个输出，全部为开关量。PLC 控制 CA6140 型车床的输入/输出分配表，如表 2.4.1 所示。

表 2.4.1 PLC 控制 CA6140 型车床的输入/输出分配表

输入			输出		
功能	元件	地址	功能	元件	地址
主轴电动机启动	SB1	X000	主轴电动机	KM1	Y000
主轴电动机停止	SB2	X001	冷却泵电动机	KM2	Y001
冷却泵电动机开关	SA1	X002	刀架移动电动机	KM3	Y002
刀架快速移动按钮	SB3	X003			

2. 画出 PLC 外部接线图

系统需要 4 个输入和 3 个输出的 I/O 端子，CA6140 型车床 I/O 外部接线图如图 2.4.3 所示。

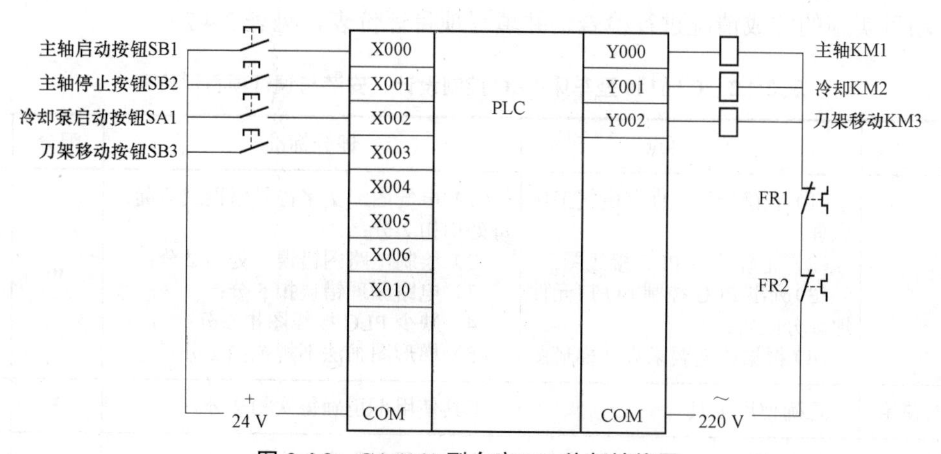

图 2.4.3 CA6140 型车床 I/O 外部接线图

3. PLC 控制梯形图

用翻译法编制的 PLC 控制梯形图如图 2.4.4 所示。

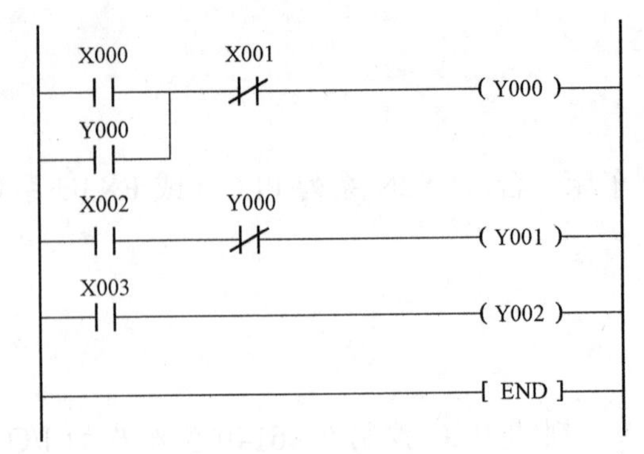

图 2.4.4　CA6140 型车床的 PLC 改造控制程序

4. 根据电路原理图进行 PLC 接线

（1）连接 PLC 的输入、输出端外接元件。

（2）连接 PLC 的电源。

（3）注意连接 PLC 接地线。

5. 调试和运行

（1）将梯形图程序输入计算机，在线监视进行模拟仿真调试，检查程序运行的状况，排除故障并进一步优化程序。

（2）将 PLC 与计算机连接好，设置好端口数据，下载程序。

（3）脱机运行，查看程序的运行情况，观察 CA6140 型车床的工作过程，与改造前的继电 – 接触器控制进行比较。

项目评价

对项目实施的完成情况进行检查，并填写项目评价表，见表 2.4.2。

表 2.4.2　CA6140 型车床 PLC 控制设计、安装与调试项目评价表

评价内容	评价要点	评分标准	配分	得分
绘图	（1）正确绘图，理解电气工作原理； （2）正确绘制 PLC 接线图； （3）列出 PLC 控制 I/O 口元件地址分配表； （4）根据控制要求设计梯形图	（1）电气图形文字符号错误或遗漏，每处均扣 2 分； （2）绘制电路图错误一处扣 2 分； （3）电路原理错误扣 5 分； （4）缺少 PLC 接线图扣 5 分； （5）梯形图画法不规范扣 2 分	30	
工具的使用	正确使用工具	工具使用不正确每次扣 2 分	5	
仪表的使用	正确使用仪表	仪表使用不正确每次扣 2 分	5	

续表

评价内容	评价要点	评分标准	配分	得分
安装布线	按照电气安装规范，依据电路图正确完成本次考核线路的安装和接线	（1）不按图接线每处扣 1 分； （2）电源线和负载不经接线端子排接线每根导线扣 1 分； （3）电器安装不牢固、不平正，不符合设计及产品技术文件的要求，每项扣 1 分； （4）电动机外壳没有接零或接地，扣 1 分； （5）导线裸露部分没有加套绝缘，每处扣 1 分	40	
故障检修	观察电路故障现象，判断故障点，排除故障	（1）会描述故障现象； （2）会预测故障点； （3）会检测判断故障点并排除故障	10	
安全文明生产	（1）明确安全用电的主要内容； （2）操作过程符合文明生产要求	（1）损坏设备扣 2 分； （2）损坏工具仪表扣 1 分； （3）发生轻微触电事故扣 3 分	10	
合计				

拓展知识

一、项目要求

Z3040B 摇臂钻床利用旋转的钻头对工件进行加工。实物图和控制电路图如图 2.4.5 所示，主轴电动机 M2 承担主钻削及进给任务，只需正转工作；摇臂升降电动机 M4 控制摇臂升降及其夹紧放松，需要正反转；液压泵电动机 M3 提供液压油，用于摇臂、立柱的夹紧放松，需要正反转；冷却泵电动机 M1 用于提供切削液，只需正转。

二、项目分析与实施

（一）过程分析

1. 主电路分析

主轴电动机 M2 和冷却泵电动机 M1 都只需单方向旋转，所以用接触器 KM1 和 KM6 分别控制。液压泵电动机 M3 和摇臂升降电动机 M4 都需要正反转，所以各用两只接触器控制。KM2 和 KM3 控制立柱的夹紧和松开；KM4 和 KM5 控制摇臂的升降。

2. 控制电路分析

（1）电源接触器和冷却泵电动机控制：按下按钮 SB3，电源接触器 KM 吸合并自锁，把机床的三相电源接通。按 SB4，KM 断电释放，机床电源即被断开。KM 吸合后，转动 SA6，使其接通，KM6 则通电吸合，冷却泵电动机即旋转。

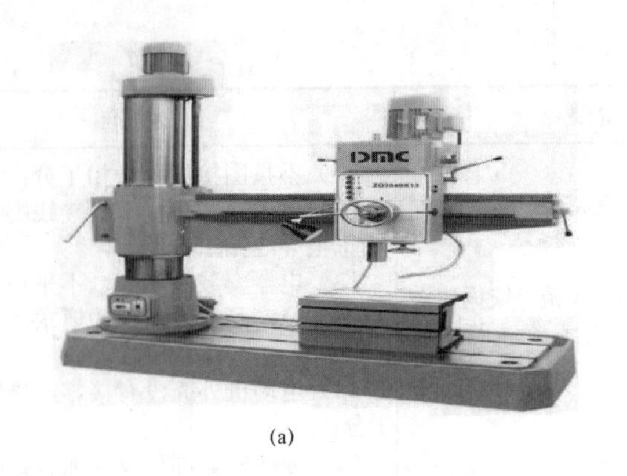

(a)

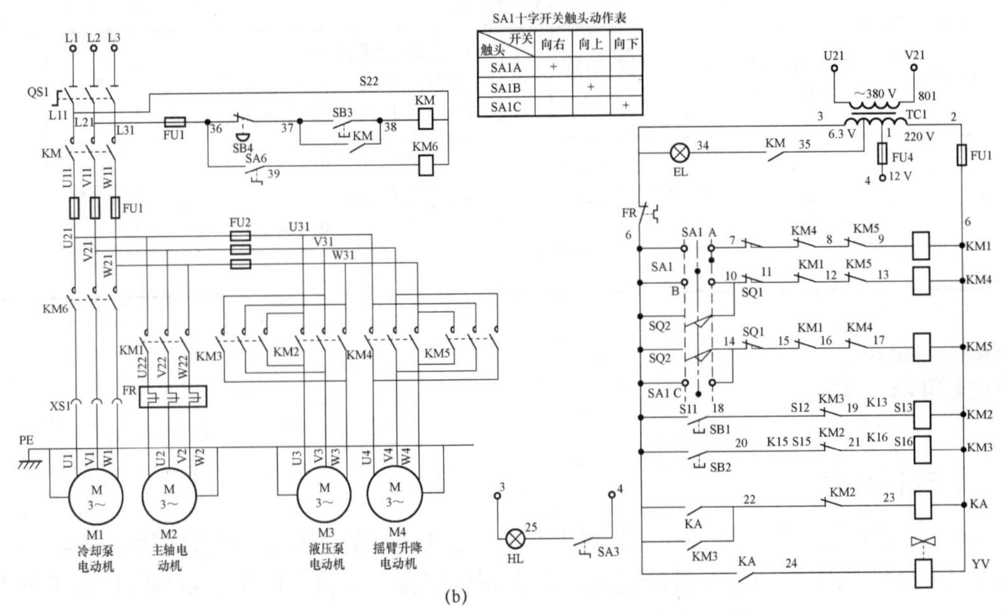

(b)

图 2.4.5　Z3040 摇臂钻床实物图和控制图

（a）实物图；（b）控制图

（2）主轴电动机和摇臂升降电动机控制：采用十字开关操作，十字开头的手柄有五个位置。当手柄处在中间位置时，所有的触头都不通，手柄向右，触头 SA1A 闭合，接通主轴电动机接触器 KM1；手柄向上，触头 SA1B 闭合，接通摇臂上升接触器 KM4；手柄向下，触头 SA1C 闭合，接通摇臂下降接触器 KM5。手柄向左的位置，未加利用。操作时，一次只能占有一个位置，KM1、KM4、KM5 三个接触器就不会同时通电，但是单靠十字开关还不能完全防止 KM1、KM4 和 KM5 三个接触器的主触头同时闭合的事故。KM1、KM4、KM5 三个接触器之间都有动断触头进行联锁，使线路的动作更为安全可靠。

（3）摇臂升降和夹紧工作的自动循环：将十字开关扳到上升位置（即向上），触头 SA1B 闭合，接触器 KM4 吸合，摇臂升降电动机启动正转。这时候，摇臂还不会移动，电动机通过传动机构，先使一个辅助螺母在丝杆上旋转上升，辅助螺母带动夹紧装置使之松开。当夹紧装置松开的时候，带动行程开关 SQ2，其触头 SQ2（6－14）闭合，为接通接触器 KM5 做好准备。摇臂松开后，辅助螺母继续上升，带动一个主螺母沿着丝杆上升，主螺母则推动摇臂上升。摇臂升到预定高度时，将十字开关扳到中间位置，触头 SA1B 断开，接触器 KM4 断电释放，电动机停转，摇臂停止上升。由于行程开关 SQ2（6–14）仍旧闭合着，所以在 KM4 释放后，接触器 KM5 即通电吸合，摇臂升降电动机即反转，这时电动机只是通过辅助螺母使夹紧装置将摇臂夹紧，摇臂并不下降。当摇臂完全夹紧时，行程开关 SQ2（6–14）即断开，接触器 KM5 就断电释放，电动机 M4 停转。摇臂下降的过程与上述情况相同。

（4）立柱和主轴箱的夹紧控制：液压泵电动机用按钮 SB1 和 SB2 及接触器 KM2 和 KM3 控制，其控制为点动控制。按下按钮 SB1 或 SB2，KM2 或 KM3 就通电吸合，使电动机正转或反转，将立柱夹紧或放松。松开按钮，KM2 或 KM3 就断电释放，电动机即停止。

（二）梯形图

Z3040 摇臂钻床梯形图如图 2.4.6 所示。

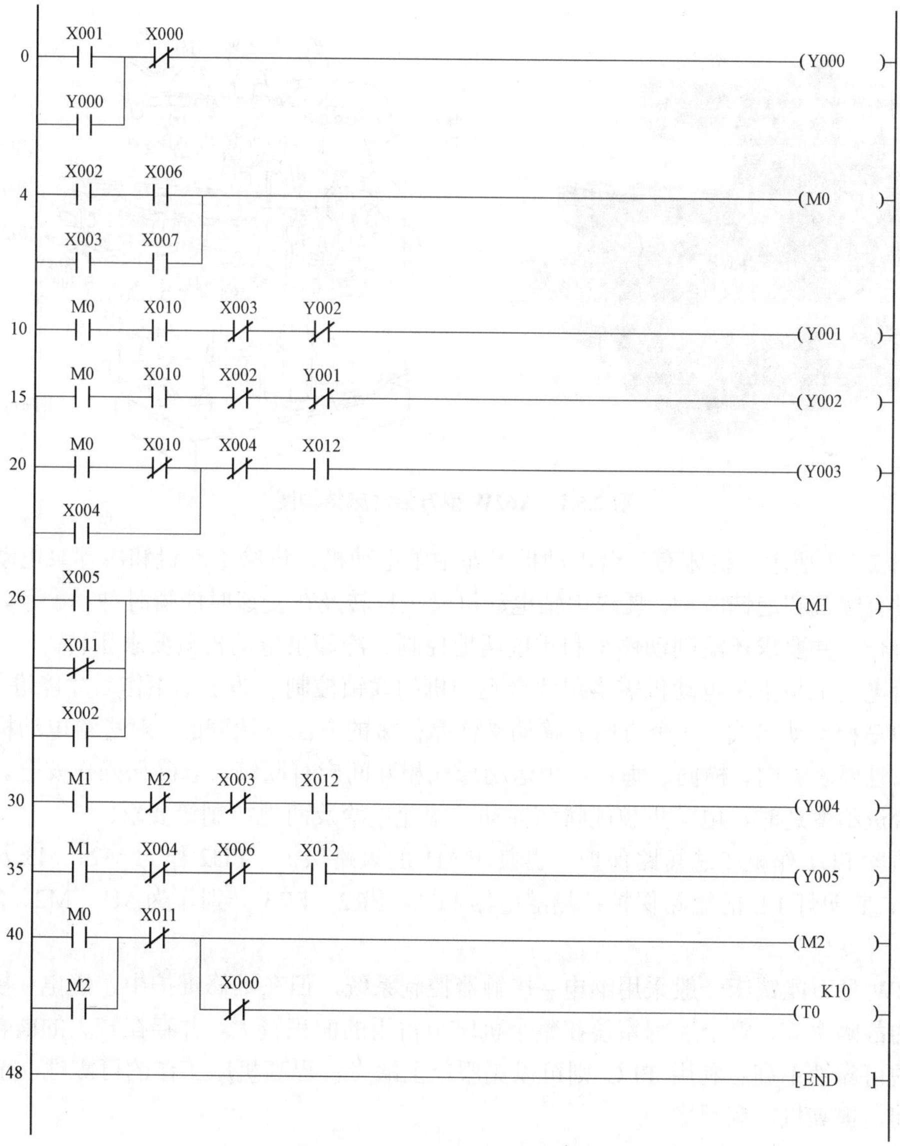

图 2.4.6　Z3040 摇臂钻床梯形图

项目五　X62W 型万能铣床 PLC 控制设计、安装与调试

项目提出

X62W 型万能铣床是机械加工机床中应用非常广泛的机床之一，更是一种通用的多用途机床，可加工的范围非常广泛，其外形及结构组成如图 2.5.1 所示。X62W 型万能铣床具有主轴的转速范围宽、操作方便、加工类广等显著优点，使其在机械加工机床中起着不可替代的作用。

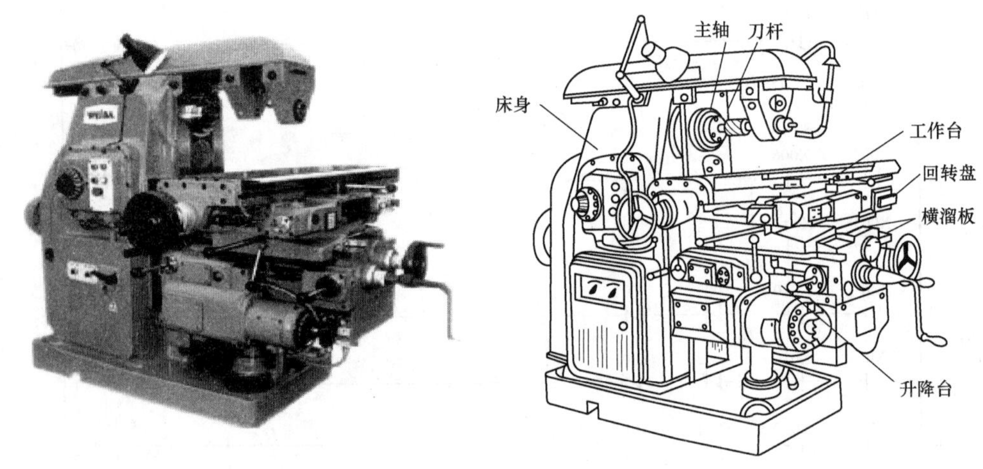

图 2.5.1　X62W 型万能铣床结构图

如图 2.5.2 所示，机床有三台电动机，即主轴电动机、进给电动机和冷却泵电动机。因为加工时有顺铣和逆铣两种，要求主轴电动机能正反转及在变速时能瞬时冲动一下，以利于齿轮的啮合，并要求还能制动停车和实现两地控制。冷却泵电动机只要求正转。

进给电动机与主轴电动机需实现两台电动机的联锁控制，即主轴工作后才能进行进给。工作台的三种运动形式、六个方向的移动是依靠机械的方法来达到的，对进给电动机要求能正反转，且要求纵向、横向、垂直三种运动形式相互间应有联锁，以确保操作安全。同时要求工作台进给变速时，电动机也能瞬间冲动、快速进给及两地控制等要求。

熔断器 FU1 作机床总短路保护，也兼作 M1 的短路保护；FU2 作为 M2、M3 及控制变压器 TC、照明灯 EL 的短路保护；热继电器 FR1、FR2、FR3 分别作为 M1、M2、M3 的过载保护。

X62W 型万能铣床一般采用继电－接触器控制系统，但在维修维护中，继电－接触器控制系统的故障率高，整个控制系统在整个机床中占用的面积较大，并存在较大的能耗，最主要工作的可靠性不高。利用 PLC 则可以克服以上缺点，提高机床工作的可靠性，节省维修维护时间，提高机床利用率。

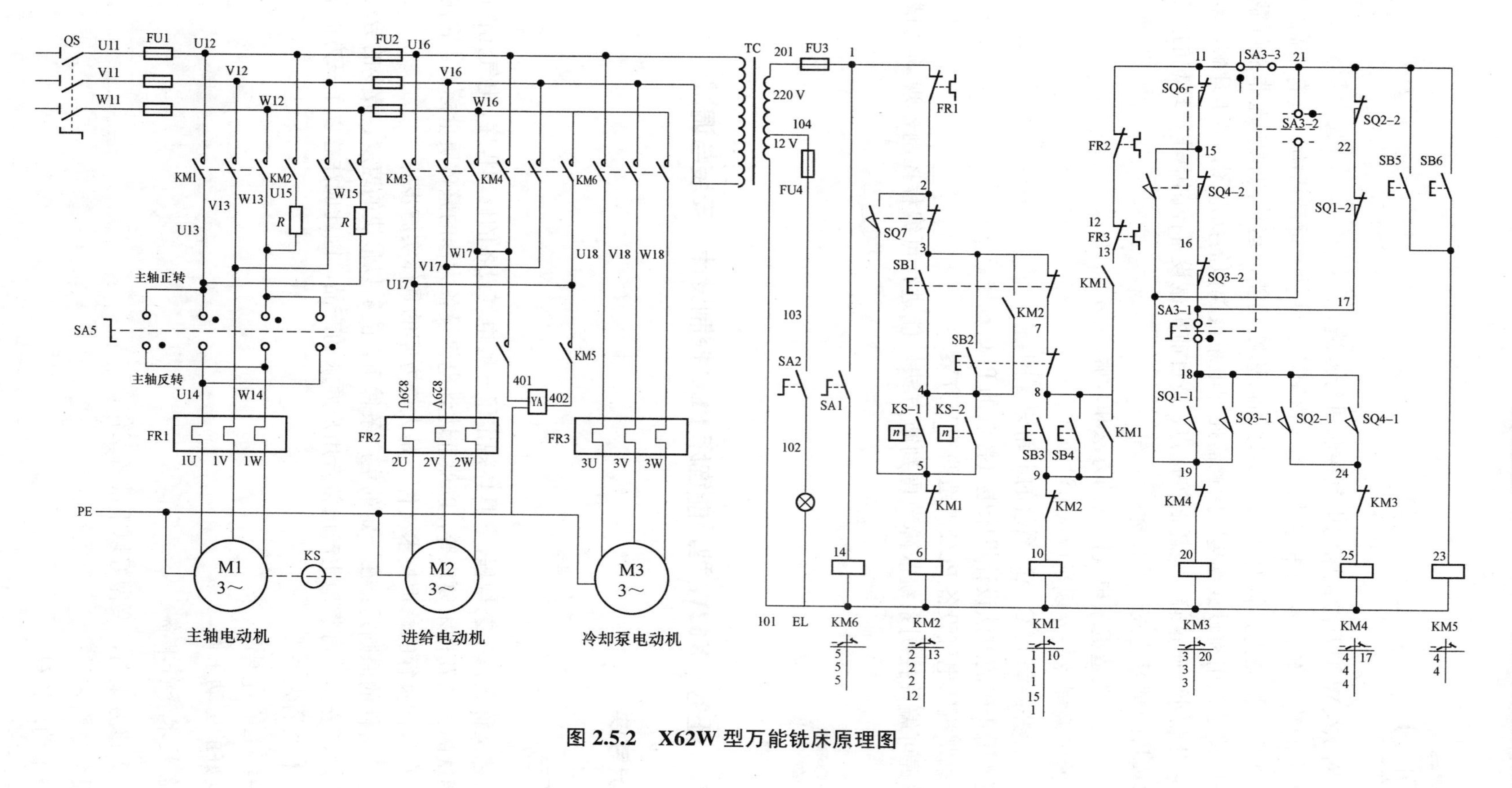

图 2.5.2　X62W 型万能铣床原理图

项目分析

用 PLC 对 X62W 型万能铣床的电气控制进行改造。

PLC 所有的输入/输出接口电路均采用光电隔离、滤波及屏蔽措施，具有很高的可靠性和极强的抗外界干扰能力，同时还具有良好的自诊断功能，运行的稳定性非常可靠。此外 PLC 的编程过程是采用和设计继电–接触器控制电路很类似的梯形图，易于理解、掌握和使用，再加上它体积小、质量轻、能耗低等优点，是目前机械设备控制中非常理想的控制单元。

通过本项目的学习达成以下目标：

（1）掌握 PLC 改造机床电气控制的方法和步骤。

（2）掌握可编程控制器现场调试方法。

（3）会设计并绘制 PLC 控制系统的电路原理图。

（4）能使用正确的方法设计机床电气控制的 PLC 程序。

（5）会编制机床电气设备 PLC 改造的工艺方案。

（6）掌握可编程控制系统故障范围判断方法，能进行可编程控制器现场调试及故障排除。

项目实施

任务　X62W 型万能铣床 PLC 控制设计、安装与调试

知识导读

大修工艺

大修工艺又称大修工艺规程，它具体规定了一般电气设备的修理程序，电气元件的修理、系统调整调试的方法及技术要求等，以保证达到电气设备大修的整体质量标准。它是电气大修时必须认真贯彻执行的修理技术文件，是大修方案的具体实施步骤。

制定工艺文件的原则是：在一定的生产条件下，能够以最快的速度、最少的劳动量和最低的生产费用，安全、可靠地生产出符合用户要求的产品，因此应注意以下三方面的问题：

（1）技术上的先进性。

（2）经济上的合理性。

（3）良好的劳动条件。

1. 设备技术资料准备

在制订大修方案前，要做好以下准备工作：

（1）设备资料。

（2）技术动态资料。

（3）电子电气产品和零配件供应和价格问题。
（4）维修记录资料。

2. 阅读技术资料

阅读设备的有关技术资料，熟悉电气系统的构成工作原理。

3. 查阅技术档案

查阅设备技术档案，包括设备安装验收记录、故障修理记录等，全面了解电气系统的技术状况。

4. 现场了解设备

现场了解设备状况、存在的问题及生产工艺对电气的要求。

5. 确定大修项目

（1）针对现场了解摸底及预检情况，初步确定大修项目，提出大修方案。
（2）分析主要更换元器件的名称、型号、规格数量等。
（3）将相关资料报送主管部门审查批准，以做好生产技术准备工作。

6. 编制大修工艺

其编制的内容包括：
（1）整机及部件的拆卸程序及拆卸过程中应检测的数据和注意事项。
（2）主要电气设备、电气元件的检查、修理工艺以及应达到的质量标准。
（3）电气装置的安装程序及应达到的技术要求。
（4）系统的调试工艺和应达到的性能指标。
（5）检修需要的仪器、仪表和专用工具应另行注明。
（6）试车程序及需要特别说明的事项。
（7）检修施工中的安全措施。

任务实施

一、准备阶段

实训车间 X62W 型万能铣床一台，FX2N 系列 PLC（或 FX3U 系列 PLC），测绘工具，电工工具，安全用具。

二、操作过程

PLC 控制改造内容及步骤

1. 主电路的改造

（1）电源控制由控制屏上电源控制部分完成。
（2）制动电阻由两个改成三个。
（3）主轴电动机的速度继电器被去掉。主轴反接制动采用时间延时的方式。

（4）没有用到电磁离合器，去掉。

（5）去掉熔断器 FU、进给电动机的热继电器 FR2 和冷却泵电动机的热继电器 FR3。

2. 控制电路的改造（PLC 控制改造）

去掉了控制变压器和熔断器 FU2、FU3。

3. 列出 X62W 型万能铣床 PLC 控制的 I/O 地址分配表

根据控制要求分析可知，需要设计 14 个输入和 7 个输出，X62W 型万能铁床 PLC 控制的输入/输出分配表，如表 2.5.1 所示。

表 2.5.1　X62W 型万能铣床 PLC 控制的输入/输出分配表

输入			输出		
功能	元件	地址	功能	元件	地址
冷却泵控制开关	SA1	X000	主轴启动接触器	KM1	Y000
照明灯 EL 开关	SA2	X001	主轴制动接触器	KM2	Y001
圆工作台开关	SA3（置 1）	X002	进给正转接触器	KM3	Y002
非圆工作台开关	SA3（置 2）	X003	进给反转接触器	KM4	Y003
主轴方向转换开关	SA5	X004	冷却泵启动接触器	KM6	Y004
主轴电动机停止	SB1、SB2	X005	快速进给电磁阀	YA	Y005
主轴电动机启动	SB3、SB4	X006	指示灯 EL	EL	Y006
工作台快速移动点动	SB5、SB6	X007			
上进给	SQ1	X010			
下进给	SQ2	X011			
左进给	SQ3	X012			
右进给	SQ4	X013			
主轴变速冲动	SQ6	X014			
进给变速冲动	SQ7	X015			

4. 画出 PLC 外部接线图

系统需要 14 个输入和 7 个输出的 I/O 端子。X62W 型万能铣床 PLC 控制 I/O 外部接线图如图 2.5.3 所示。

5. 设计 PLC 控制梯形图程序

X62W 型万能铣床 PLC 控制梯形图如图 2.5.4 所示。

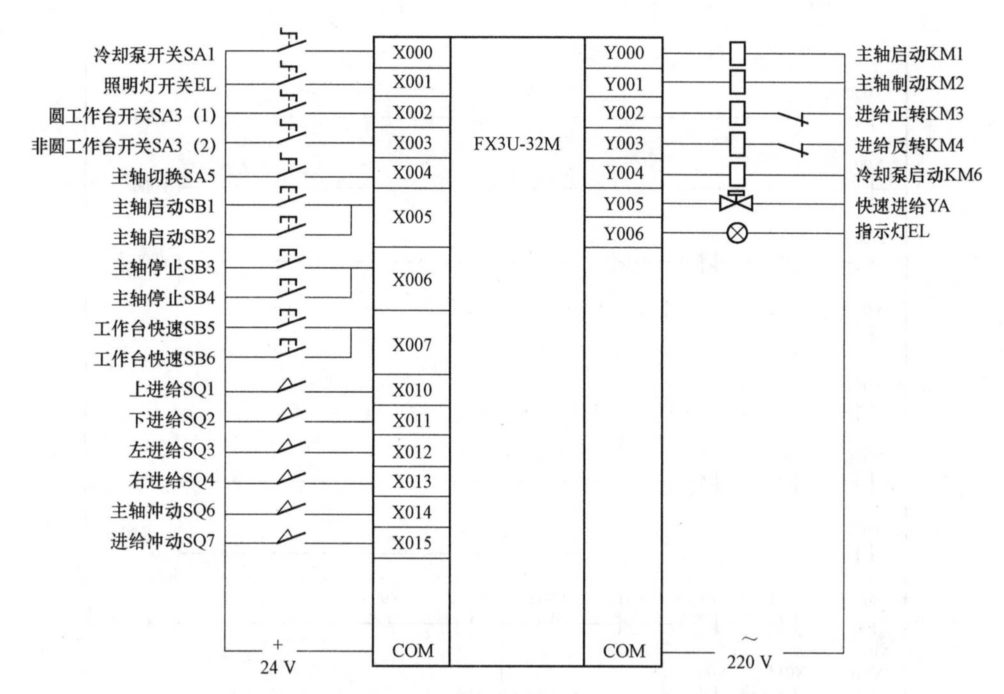

图 2.5.3　X62W 型万能铣床 PLC 控制 I/O 外部接线图

6. 根据电路原理图进行 PLC 接线

（1）连接 PLC 的输入、输出端外接元件。

（2）连接 PLC 的电源。

（3）注意连接 PLC 接地线。

7. 调试和运行

（1）将梯形图程序输入计算机，在线监视进行模拟仿真调试，检查程序运行的状况，排除故障并进一步优化程序。

（2）将 PLC 与计算机连接好，设置好端口数据，下载程序。

（3）脱机运行，查看程序的运行情况，观察 X62W 型万能铣床的工作过程，与改造前的继电–接触器控制进行比较。

三、大修工艺案例

×××公司第二金加工车间有一台 X62W 型万能铣床，该机床 2007 年 8 月由沈阳机床厂制造，2008 年进厂。现根据实际情况，决定对该铣床进行改造大修，改成 PLC 控制，请编制大修工艺计划。

1. 做好编制大修工艺前的技术准备

包括查阅资料、现场了解和制订方案。

2. 编制大修工艺的分析

（1）本设备距上次技术改造检修时间已经相隔 7 年，检修周期已到。

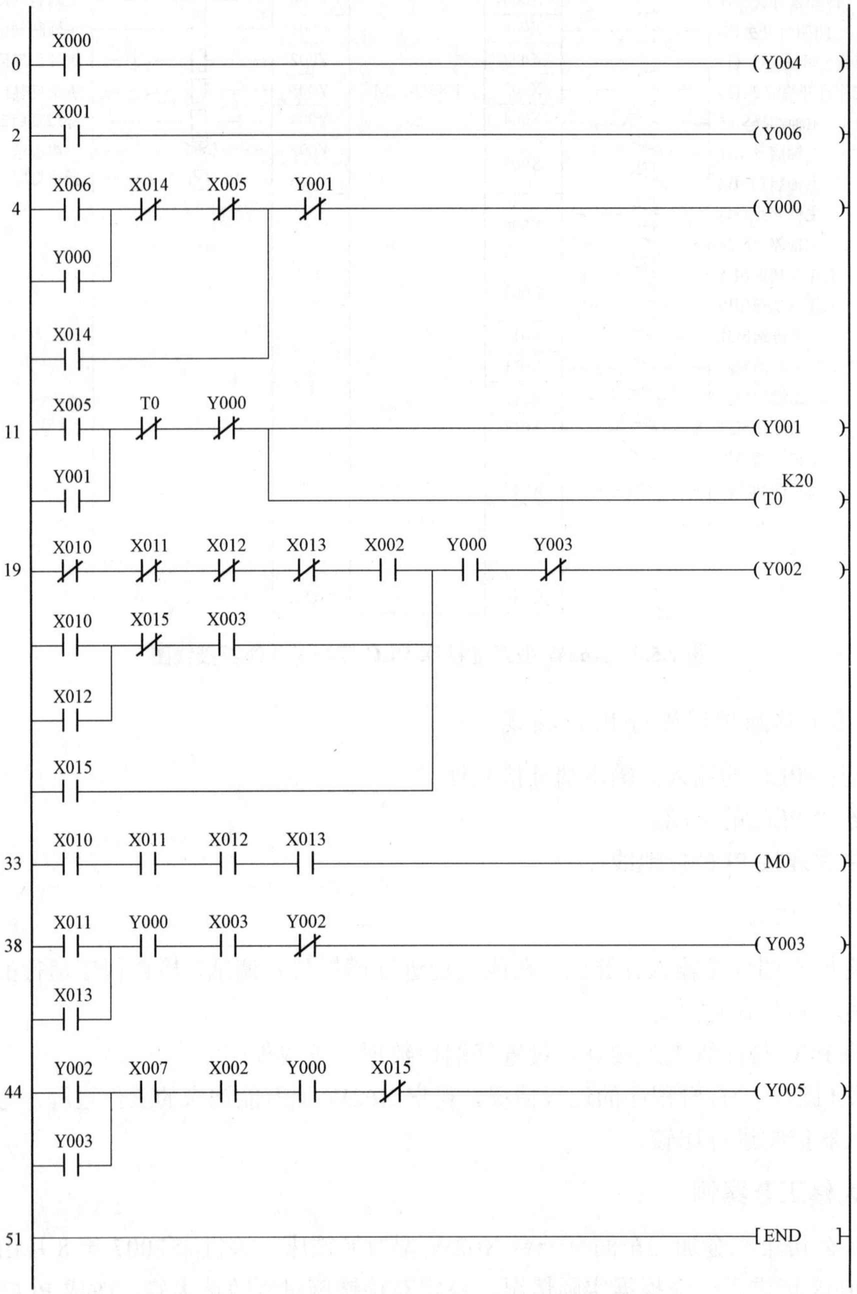

图 2.5.4　X62W 型万能铣床 PLC 控制梯形图

（2）设备现状：有灰尘，导线老化，接触器、行程开关等低压电器损坏频繁，导线编号脱落模糊，电动机需进行保养。

（3）根据现实情况，利用三菱 PLC 对 X62W 型万能铣床进行控制，需要进行线路改造。

3. 编写大修工艺并填写工艺卡片

编写大修工艺，填写工艺卡片，详见表 2.5.2。

表 2.5.2　大修工艺卡片

<table>
<tr><td>设备名称</td><td>型号</td><td>制造厂名</td><td>出厂年月</td><td>使用单位</td><td>大修编号</td><td>复杂系数</td><td>总工时</td><td>设备进厂时间</td><td>技术人员</td><td>主修人员</td></tr>
<tr><td>万能铣床</td><td>X62W</td><td>沈阳机床厂</td><td>2007.8</td><td>金工车间</td><td>2015.4</td><td>FD/60</td><td>800</td><td>2008.5</td><td>×××</td><td>×××</td></tr>
<tr><td>序号</td><td colspan="5">工艺步骤、技术要求</td><td colspan="2">使用仪器仪表</td><td>本工序定额时间/h</td><td colspan="2">备注</td></tr>
<tr><td>1</td><td colspan="5">切断总电源前，将各参数保存，并做好预防性安全措施</td><td colspan="2">计算机</td><td>8</td><td colspan="2"></td></tr>
<tr><td>2</td><td colspan="5">机械部分的检查调试</td><td colspan="2"></td><td>16</td><td colspan="2"></td></tr>
<tr><td>3</td><td colspan="5">润滑部分的检查与调整</td><td colspan="2"></td><td>16</td><td colspan="2"></td></tr>
<tr><td>4</td><td colspan="5">拆除相关零部件和导线，拆线时做好相应记录，将所有零部件整理归类，妥善保管，以便备用</td><td colspan="2">万用表</td><td>64</td><td colspan="2"></td></tr>
<tr><td>5</td><td colspan="5">三台电动机检修保养达到完好标准</td><td colspan="2">直流双臂电桥、万用表、兆欧表</td><td>128</td><td colspan="2"></td></tr>
<tr><td>6</td><td colspan="5">更换接近开关、行程开关、按钮，更换全部导线</td><td colspan="2">万用表</td><td>48</td><td colspan="2"></td></tr>
<tr><td>7</td><td colspan="5">拆除电气控制柜，更换接触器和导线</td><td colspan="2">万用表</td><td>72</td><td colspan="2"></td></tr>
<tr><td>8</td><td colspan="5">按图样在管内重新穿线并进行绝缘检测，注意管内不允许有接头</td><td colspan="2">万用表、兆欧表</td><td>96</td><td colspan="2"></td></tr>
<tr><td>9</td><td colspan="5">按图接线，并检查接线的正确性，接插件的可靠性</td><td colspan="2">万用表</td><td>72</td><td colspan="2"></td></tr>
<tr><td>10</td><td colspan="5">检测接地电阻值，保证接地系数处于完好状态</td><td colspan="2">接地电阻测试仪</td><td>16</td><td colspan="2"></td></tr>
<tr><td>11</td><td colspan="5">PLC 控制程序设计、安装、调试</td><td colspan="2">计算机、编程电缆</td><td>96</td><td colspan="2"></td></tr>
<tr><td>12</td><td colspan="5">检查各元器件整定值，设定主要参数</td><td colspan="2"></td><td>32</td><td colspan="2"></td></tr>
<tr><td>13</td><td colspan="5">在接线无误的情况下进行系统空载调试</td><td colspan="2">钳形电流表</td><td>48</td><td colspan="2"></td></tr>
<tr><td>14</td><td colspan="5">配合机械做负载试验</td><td colspan="2">钳形电流表</td><td>48</td><td colspan="2"></td></tr>
<tr><td>15</td><td colspan="5">将所有电气设备重新刷漆</td><td colspan="2"></td><td>32</td><td colspan="2"></td></tr>
<tr><td>16</td><td colspan="5">设备合格后，办理设备移交手续。资料移交，包括技改图样、安装记录、调整试验记录</td><td colspan="2">钳形电流表</td><td>8</td><td colspan="2"></td></tr>
<tr><td>17</td><td colspan="5">计划 32 天完成全部安装工作</td><td colspan="2"></td><td></td><td colspan="2"></td></tr>
</table>

4. 人员、设备、工具、器具

（1）人员：工长一名，电工三名。

（2）工具、器具：压线钳一套，万用表一块，兆欧表一块，双臂电桥一只，钳形电流表一只，接地电阻测试仪一只，单梯两架，合页梯一架，此外，施工人员各自携带通用工具。

（3）照明工具：行灯三盏。

5. 安全保障措施

（1）施工人员进入现场要穿好工作服及其他劳保用品。

（2）施工工具、原材料要摆放整齐，不得乱扔乱放，保持安全通道畅通。

（3）施工用临时电源要按规定架设，不得随意乱接。严禁带电操作。

6. 施工进度计划和保障措施

（1）切断总电源前，将系统参数保存，并做好预防性安全措施：2 人 0.5 天。

（2）机械部分的检查调试：2 人 1 天。

（3）润滑部分的检查调试：2 人 1 天。

（4）拆除导线和零部件，拆线时做好相应记录，将零部件整理归类，妥善保管，以便备用：4 人 2 天。

（5）三台交流异步电动机检修保养达到完好标准：4 人 4 天。

（6）更换接近开关、行程开关、按钮，更换全部导线：3 人 2 天。

（7）检修电气控制柜，更换接触器和部分导线：3 人 3 天。

（8）按图样在管内重新穿线并进行绝缘检测：4 人 3 天。

按图接线，并检查接线的正确性，接插件的可靠性：3 人 3 天。

（9）检测接地电阻值，保证接地系数处于完好状态：2 人 1 天。

（10）PLC 控制程序设计、安装、调试：4 人 3 天。

（11）检查各元器件整定值，设定主要参数：2 人 2 天。

（12）接线无误的情况下进行系统空载调试：3 人 2 天。

（13）配合接线做负载试验：3 人 2 天。

（14）所有电气设备重新刷漆：2 人 2 天。

（15）设备合格后，办理设备移交手续：2 人 0.5 天。

7. 资金预算

由于是本单位检修电工人员，不需要考核工资，只需考虑购买元器件及材料费用。

8. 设备使用建议

（1）定期对设备进行检查维护。

（2）按操作说明使用设备。

（3）制定相应的操作维护制度。

项目评价

对项目实施的完成情况进行检查，并填写项目评价表，见表 2.5.3。

表 2.5.3 X62W 型万能铣床 PLC 控制设计、安装与调试项目评价表

评价内容	评价要点	评分标准	配分	得分
绘图	（1）正确绘图，理解电气工作原理； （2）正确绘制 PLC 接线图； （3）列出 PLC 控制 I/O 口元件地址分配表； （4）根据控制要求设计梯形图	（1）电气图形文字符号错误或遗漏，每处均扣 2 分； （2）绘制电路图错误一处扣 2 分； （3）电路原理错误扣 5 分； （4）缺少 PLC 接线图扣 5 分； （5）梯形图画法不规范扣 2 分	20	
工具的使用	正确使用工具	工具使用不正确每次扣 2 分	5	
仪表的使用	正确使用仪表	仪表使用不正确每次扣 2 分	5	
安装布线	按照电气安装规范，依据电路图正确完成本次考核线路的安装和接线	（1）不按图接线每处扣 1 分； （2）电源线和负载不经接线端子排接线每根导线扣 1 分； （3）电器安装不牢固、不平正，不符合设计及产品技术文件的要求，每项扣 1 分； （4）电动机外壳没有接零或接地，扣 1 分； （5）导线裸露部分没有加套绝缘，每处扣 1 分	30	
故障检修	观察电路故障现象，判断故障点，排除故障	（1）会描述故障现象； （2）会预测故障点； （3）会检测判断故障点并排除故障	10	
工艺卡片编写	大修流程及工艺的分析	能阅读理解大修工艺卡片并实施操作	20	
安全文明生产	（1）明确安全用电的主要内容； （2）操作过程符合文明生产要求	（1）损坏设备扣 2 分； （2）损坏工具仪表扣 1 分； （3）发生轻微触电事故扣 3 分	10	
合　计				

拓展知识

×××公司第二金加工车间有一台数控铣床，该机床 2000 年 8 月由沈阳机床厂制造，2001 年进厂，2006 年进行检修，现根据实际情况对该铣床进行改造大修，请编制大修工艺计划。

（1）做好编制大修工艺前的技术准备，包括查阅资料、现场了解和制定方案。

（2）编制大修工艺的分析报告。

① 本设备距上次技术改造检修时间已经相隔 7 年，检修周期已到。

② 设备现状：有灰尘，导线老化，接触器、行程开关等低压电器损坏频繁，导线编号脱落模糊，电动机需进行保养。

（3）编写大修工艺，填写工艺卡片，详见表 2.5.4。

表 2.5.4　大修工艺卡片

<table>
<tr><td>设备名称</td><td>型号</td><td>制造厂名</td><td>出厂年月</td><td>使用单位</td><td>大修编号</td><td>复杂系数</td><td>总工时</td><td>设备进厂时间</td><td>技术人员</td><td>主修人员</td></tr>
<tr><td>数控铣床</td><td></td><td></td><td>2000.8</td><td></td><td></td><td>FD/60</td><td>252</td><td>2001.5</td><td>×××</td><td>×××
×××</td></tr>
<tr><td>序号</td><td colspan="5">工艺步骤、技术要求</td><td colspan="2">使用仪器仪表</td><td>本工序定额时间/h</td><td colspan="2">备注</td></tr>
<tr><td>1</td><td colspan="5">切断总电源前，将 PLC 程序、数控系统参数保存，并做好预防性安全措施</td><td colspan="2">计算机、编程电缆</td><td>8</td><td colspan="2"></td></tr>
<tr><td>2</td><td colspan="5">机械部分的检查调试</td><td colspan="2"></td><td>16</td><td colspan="2"></td></tr>
<tr><td>3</td><td colspan="5">润滑部分的检查与调整</td><td colspan="2"></td><td>8</td><td colspan="2"></td></tr>
<tr><td>4</td><td colspan="5">拆除相关零部件和导线，拆线时做好相应记录，将所有零部件整理归类，妥善保管，以便备用</td><td colspan="2">万用表</td><td>24</td><td colspan="2"></td></tr>
<tr><td>5</td><td colspan="5">两台交流异步电动机及三台步进电动机检修保养达到完好标准</td><td colspan="2">直流双臂电桥、万用表、兆欧表</td><td>16</td><td colspan="2"></td></tr>
<tr><td>6</td><td colspan="5">更换接近开关、行程开关、按钮，更换全部导线</td><td colspan="2">万用表</td><td>48</td><td colspan="2"></td></tr>
<tr><td>7</td><td colspan="5">检修电气控制柜，更换接触器和部分导线</td><td colspan="2">万用表</td><td>32</td><td colspan="2"></td></tr>
<tr><td>8</td><td colspan="5">按图样在管内重新穿线并进行绝缘检测，注意管内不允许有接头</td><td colspan="2">万用表、兆欧表</td><td>32</td><td colspan="2"></td></tr>
<tr><td>9</td><td colspan="5">按图接线，并检查接线的正确性，接插件的可靠性</td><td colspan="2">万用表</td><td>12</td><td colspan="2"></td></tr>
<tr><td>10</td><td colspan="5">检测接地电阻值，保证接地系数处于完好状态</td><td colspan="2">接地电阻测试仪</td><td>8</td><td colspan="2"></td></tr>
<tr><td>11</td><td colspan="5">数控硬件控制部分的检查调整</td><td colspan="2">万用表</td><td>8</td><td colspan="2"></td></tr>
<tr><td>12</td><td colspan="5">测量反馈元件的检查与调整</td><td colspan="2">万用表</td><td>8</td><td colspan="2"></td></tr>
<tr><td>13</td><td colspan="5">检查 PLC 程序是否正确，否则重新输入</td><td colspan="2">计算机、编程电缆</td><td>8</td><td colspan="2"></td></tr>
<tr><td>14</td><td colspan="5">接线无误的情况下进行系统空载调试，整定主要参数</td><td colspan="2">钳形电流表</td><td>8</td><td colspan="2"></td></tr>
<tr><td>15</td><td colspan="5">配合机械做负载试验</td><td colspan="2">钳形电流表</td><td>8</td><td colspan="2"></td></tr>
</table>

续表

序号	工艺步骤、技术要求	使用仪器仪表	本工序定额时间/h	备注
16	设备合格后，办理设备移交手续。资料移交，包括技改图样、安装记录、调整试验记录	钳形电流表	8	
17	计划31.5天完成全部安装工作			

项目六　消防电气系统装调与维修

项目提出

随着各类建筑的不断发展，建筑规模越来越大，层次越来越高，建筑的标准也越来越高。新建的各类大楼都具备人员密集、设备先进、功能多、装饰豪华等特点，因此，火灾自动报警和自动灭火系统已成为高层建筑不可缺少的重要组成部分。

众所周知，建筑火灾给人类造成的损失是巨大的。火灾往往发生在人群稠密和物资集中的地方，扩展的速度较快，而这些地区的消防通道又常常拥堵，消防车难以进入，消防灭火工作难以展开，往往小的火灾却酿成大的灾祸。随着电子技术和计算机技术的迅速发展，国际上已将该技术广泛地应用于消防报警系统和消防灭火系统。目前我国新建的建筑中也广泛地采用了消防自动报警系统，就是将着火时的烟、光、温度等环境参数的变化通过相应的探测器探测后传给中央处理主机，通过计算机的快速分析，判断是否着火并将着火情况快速地报警，同时启动消防自动灭火系统，控制火情；启动紧急广播系统和人群疏散指导系统，使建筑物内的人员快速撤离；关闭防火卷帘门对火区进行隔离；启动排烟系统将有毒气体排出，尽可能地控制火情，减少人员伤亡，降低财产损失。

项目分析

火灾自动报警和消防联动控制系统是人们早期发现、通报并及时采取有效措施，控制和扑灭火灾的有效手段。消防联动控制系统是火灾自动报警系统中，接收火灾报警控制器发出的火灾报警信号，按预设逻辑完成各项消防功能的控制系统。火灾自动报警和消防联动控制系统通常由消防联动控制器、模块、气体灭火控制器、消防电气控制装置、消防设备应急电源、消防应急广播设备、消防电话、传输设备、消防控制室图形显示装置、消防电动装置、消火栓按钮等全部或部分设备组成，如图2.6.1所示。

通过本项目的学习达成以下目标：

（1）了解消防电气系统的安装、运行规范。

（2）了解消防用传感器的种类、选用方法，能检修消防系统用传感器。
（3）能检修消防泵的启动、停止电路，能进行消防联动系统的安装与调试。
（4）掌握人机界面设置方法。
（5）培养学生的探究精神及学习、交流沟通和团队协作能力。

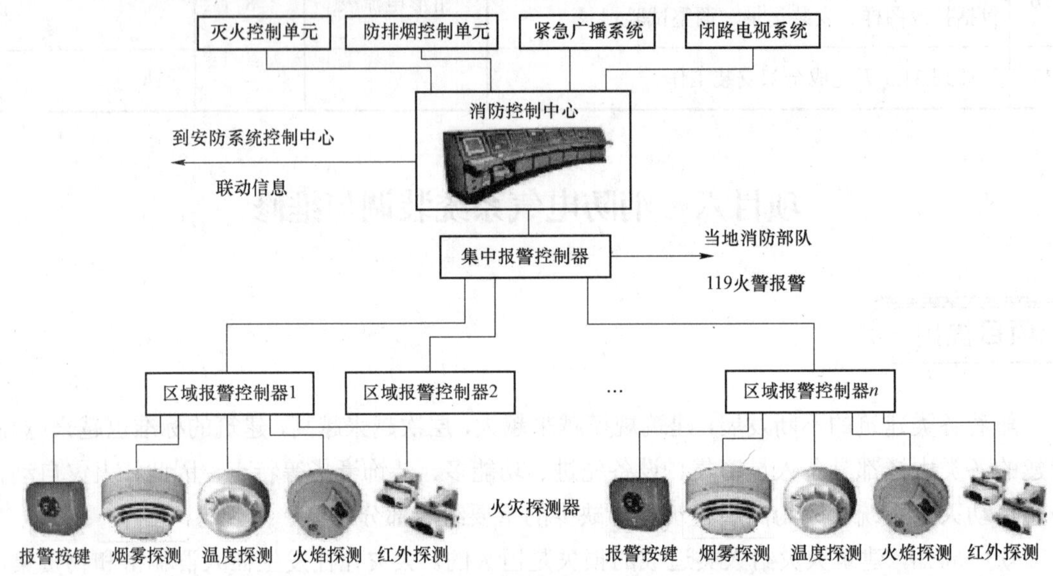

图 2.6.1　火灾自动报警和消防联动控制系统组成

项目实施

任务 2.6.1　消防电气系统运行与调试

知识导读

一、火灾自动报警系统的组成及功能

火灾自动报警系统的基本形式有区域火灾报警系统、集中火灾报警系统和控制中心火灾报警系统。集中－区域火灾报警系统示意图如图 2.6.2 所示。

火灾自动报警系统是由火灾探测器（感烟探测器、感温探测器、感温电缆）、手动报警装置（手动按钮和消火栓按钮）、声光报警器、总线隔离器、监视模块、联动模块和火灾报警控制器组成。

（1）火灾探测器是系统的“感觉器官”，它的作用是监视环境中有没有火灾发生。一旦有了火情，将火灾的特征物理量，如温度、烟雾、气体和辐射光强等转换成电信号，并立即动作，使火灾报警控制器发生报警信号。

（2）总线隔离器是将现场总线短路部分进行隔离而不影响正常部分的设备运行。

（3）手动报警装置是现场人员发现火情时向火灾报警控制器报警的现场报警装置。

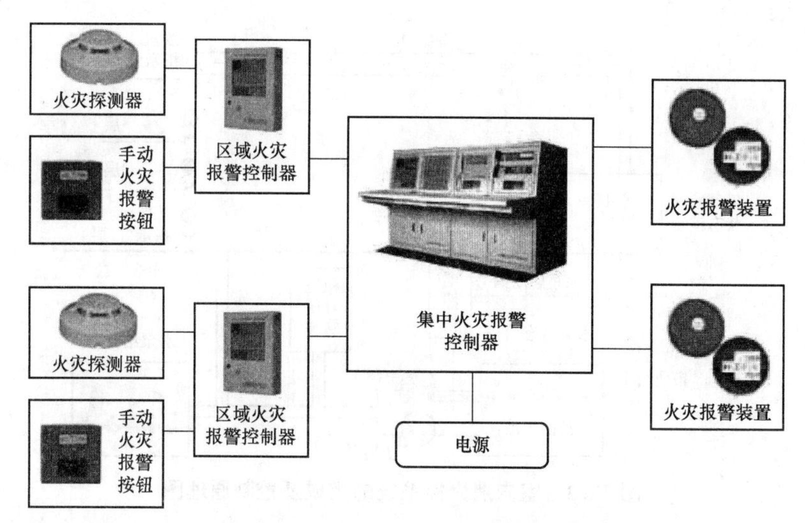

图 2.6.2 集中–区域火灾报警系统示意图

（4）声光报警器是提醒或警示现场人员有火灾发生的报警装置。

（5）监视模块用于将现场的开关量报警信号转化为电信号向火灾报警控制器报警的现场报警装置，如感温电缆、水流指示器、信号蝶阀等。

（6）联动模块用于现场设备的联动控制，如雨淋阀的开启、防火阀的关闭、中央空调的停止等，是向现场被控设备发出指令的现场装置。

（7）火灾报警控制器是火灾自动报警系统的"心脏"。它的性能稳定性关系到整个系统的正常运行，它是能为火灾探测器供电，接收、显示和传递火灾报警等信号，并能对自动消防等装置发出控制信号的报警装置，是火灾自动报警系统的重要组成部分。在一个火灾自动报警系统中，火灾探测器是系统的"感觉器官"，随时监视着周围环境的情况，而火灾报警控制器，则是该系统的"躯体"和"大脑"，是系统的核心。

其作用是供给火灾探测器稳定的直流电源；监视连接各火灾探测器的传输导线有无断线故障；保证火灾探测器长期、稳定、有效地工作。当火灾探测器探测到火灾后，能接收火灾探测器发来的报警信号，迅速、正确地进行转换和处理，并以声光报警的形式，指示火灾发生的具体位置，以便及时采取有效的处理措施。

二、消防水灭火系统的组成

消防水灭火系统主要有消火栓给水灭火系统和自动喷水灭火系统两种，消火栓给水灭火系统又分为室内消火栓系统和室外消火栓系统。自动喷水灭火系统又分为湿式自动喷水灭火系统和水幕系统等。

1. 室内消火栓系统组成及控制原理图

室内消火栓系统的组成及控制原理图如图 2.6.3 所示。

2. 自动喷水灭火系统

自动喷水灭火系统是一种在发生火灾时，能自动打开喷头喷水灭火并同时发出火警信号的消防灭火设施。由洒水喷头、报警阀组、水流报警装置等组件，以及管道和供水设施组成。

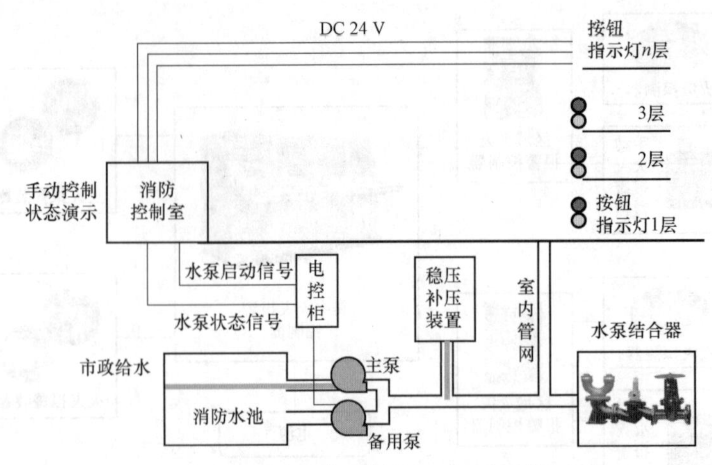

图 2.6.3　室内消火栓系统的组成及控制原理图

自动喷水灭火系统根据喷头结构形式分为闭式和开式两种，闭式又分为湿式自动喷水灭火系统、干式自动喷水灭火系统和预作用自动喷水灭火系统。开式又分为雨淋系统和水幕系统。

湿式自动喷水灭火系统由闭式洒水喷头、湿式报警阀组、水流报警装置、控制阀门、末端试水装置以及管道和供水设施等组成，管道内充满用于启动系统有压水的闭式系统。当建筑发生火灾，火点温度达到喷头爆破温度时，喷头爆破出水灭火，同时系统自动启动。湿式自动喷水灭火系统组成示意图如图 2.6.4 所示。

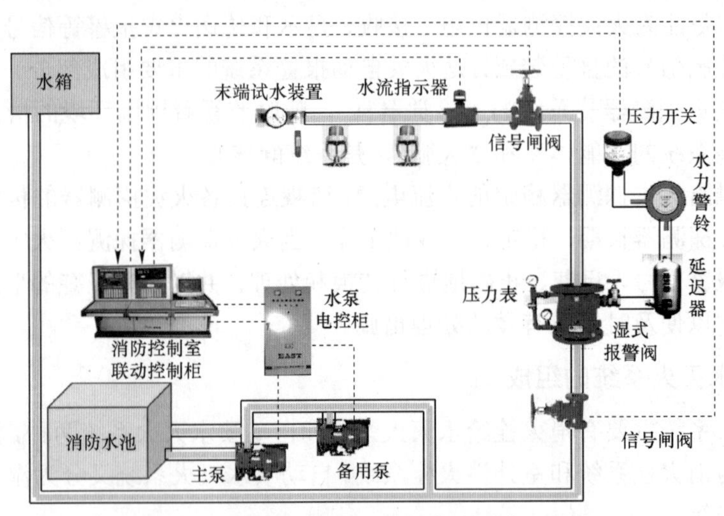

图 2.6.4　湿式自动喷水灭火系统组成示意图

当发生火灾时，环境温度持续上升，温度达到闭式喷头动作温度时，喷头动作，洒水灭火，使管网一侧（系统侧）水压下降，湿式报警阀阀瓣因上下压差而开启，向系统供水灭火。安装在区域干管的水流指示器因水流作用动作，报警控制盘接收到水流指示器发来的电信号后发出声、光报警，显示着火区域。同时由于湿式报警阀的开启，使一部分水流入报警管路，通过延时器延时 5～90 s 后，水力警铃发出持续的报警铃声，压力开关同时动作，向消防控制中心发出电信号启动消防泵。

3. 雨淋自动喷水灭火系统

雨淋自动喷水灭火系统的组成及原理图如图 2.6.5 所示。

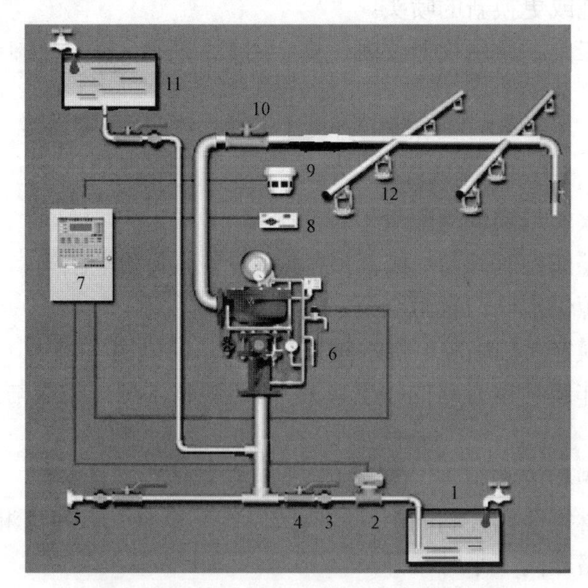

图 2.6.5　雨淋自动喷水灭火系统示意图

1—消防水池；2—消防水泵；3—闸阀；4—止回阀；5—消防水泵结合器；6—雨淋报警阀；7—报警控制器；
8—声光报警器；9—感温感烟探测器；10—蝶阀；11—高位水箱；12—开式喷头

雨淋自动喷水灭火系统的工作原理：雨淋报警阀是通过电动、机械或其他方法开启，使水能够自动单方向流入喷水系统同时进行报警的一种单向阀。当发生火灾时，感温感烟探测器探测到火灾信号，通过火灾报警灭火控制器，直接打开隔膜雨淋阀的电磁阀，使压力腔的水快速排出。由于压力腔泄压，从而作用于阀瓣下部的水迅速推起阀瓣，水流即进入工作腔，流向整个管网喷水灭火同时一部分压力水流向报警管网，使水力警铃发出铃声报警、压力开关动作，给值班室发出信号指示或直接启动消防水泵供水。如值班人员发现火警，也可以手动打开手动快开阀使压力腔泄压，并启动消防泵供水。灭火后，关闭电磁阀或手动快开阀，并经人工复位，使雨淋系统回到伺应状态。

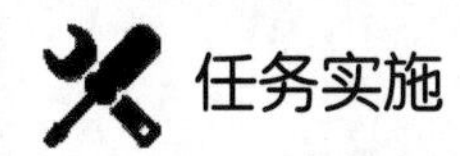

任务实施

一、准备阶段

（1）对于雨淋自动喷水灭火系统实训室，雨淋报警阀组宜设在安全及易于操作的地点，报警阀距地面的距离宜为 1.2 m，报警阀组的位置应靠近被保护区和便于安装、检修，以及温度不低于 4 ℃且不高于 70 ℃的环境内。雨淋报警阀安装前应冲洗管网，为便于检修，雨淋阀阀前及阀后应安装控制阀，在系统处于准工作状态时控制阀门应处于开启状态。水力警铃设在值班室或附近的走道内，水力警铃与报警阀连接的管道，其管径应为 20 mm，总长不宜大于 20 m。

（2）检查：雨淋报警阀组应用系统中的水雾喷头、水幕喷头和雨淋喷头都属于开式喷头，使用中应经常检查其完好情况。对于有防护罩的喷头，检查其防护罩是否完好，有无脱落；对于无防护罩的喷头，检查喷口有无异物堵塞，有无明显腐蚀。如发现异常，对有问题的喷头应及时采取处理措施或更换新的喷头。

（3）准备好电工工具、常用仪器仪表、安全用具。

二、操作过程

1. 调试准备

（1）关闭水源供水阀门和管网配水干管的闸阀。

（2）关闭雨淋报警阀控制阀门（蝶阀或闸阀）、手动阀和电磁阀。

（3）缓慢打开水源供水阀门直至全开，向供水管道供水。

（4）缓慢打开隔膜室（控制腔）供水阀直至全开，向隔膜室供水（注：紧急手动控制装置盒内的手动阀可用作膜片室管路的排气口）；注意观察水源压力表与控制管路压力表的压力，其指示应相同。

（5）关闭试警铃阀和放水阀。

（6）缓慢打开雨淋报警阀控制阀门（蝶阀或闸阀）至全开，使雨淋报警阀进口侧充水。

（7）打开报警管路球阀（平时常开）。

（8）检查雨淋报警阀及其附件，若没有水从排水阀排出或水力警铃不发出报警声响，证明雨淋报警阀密封正常。

2. 检查警铃及压力开关

打开试警铃阀，检查水力警铃及压力开关的动作情况，并应满足规范要求。试验完毕后关闭试警铃阀。

3. 动作试验

（1）关闭系统侧管道控制阀，打开放水阀。

（2）打开电磁阀或手动阀，水流排出后，如果压力开关和水力警铃立即发出电信号和声响报警信号，说明雨淋报警阀开启动作正常。

（3）关闭雨淋报警阀控制阀门。

（4）排空管路内的水。

（5）按步骤恢复正常工作状态。

（6）进行系统动作试验时应有保证不因为试验而发生水灾事故的措施。

（7）灭火后的恢复：必须在确认火灾已扑灭时，方可关闭水源阀门，打开放水阀将管路内积水排空，然后按上述步骤使系统重新恢复正常工作状态。

任务 2.6.2 消防水泵的运行与调试

知识导读

火灾探测器按其探测的火灾参数的不同分为感烟探测器、感温探测器、火焰（感光）探测器、可燃气体探测器等。

一、火灾烟雾探测器的种类和基本原理

1. 离子型烟雾探测器

此类探测器会产生由不带电的粒子经电离后形成带电的粒子（离子），故称之为离子型烟雾探测器。其原理是在两块电极板之间的空气受直流电压的调制而被电离，如借助于一个微小的放射性辐射源产生传导作用。由于被电离化，在采样探测腔内会产生微弱的电流信号。而当烟雾粒子进入到此探测腔时，这些离子附着了烟雾粒子后会减弱电流，减弱值与测量范围内的烟雾粒子数量成一定的比例。离子烟雾探测器尤其适用于开放型火灾的探测，如产生大量的细微的初期不可见烟雾粒子的火灾，但不适用于仅产生少量的大型烟雾粒子的阴燃型的火灾。

2. 光电型烟雾探测器

光电型烟雾探测器通过烟雾的光散射原理来测量。

探测器内部构造，尤其是光的发射源和接收器的位置会直接影响探测的反应。从内部结构（探测腔）来看，光电接收器被设计安装的位置可以不会直接接收来自发射光源的红外线，在没有烟雾的时候，光线被射入一密闭结构并被完全吸收；如果有任何烟雾粒子进入红外光线发射的光束区域，光线就会被散射，继而光电接收器接收的光信号会发生改变。信号的强度由烟雾浓度和烟雾粒子的光学特性来决定。

光电型烟雾探测器相当于可以捕捉到可见的白烟粒子，并且尤其适合探测那种火灾中的白烟带有明显的烟雾光谱标记的火灾。前向散射探测器更适用于探测阴燃的白烟火灾，而具有后向散射的探测器倾向于适合探测产生黑色烟雾粒子的火灾。

3. 多重复合型火灾探测器

多重复合型火灾探测器配备了至少 2 个以上的传感器，通过合适的方法其信号可以相互关联。如此类型的探测器常常被称为具有更高精度的多判据探测器，其能够更早期地可靠探测不同的火灾现象。

在这里列举的多重复合型火灾探测器配备了 2 个光散射传感器（前向散射及后向散射）和一个热敏传感器。其探测行为表现为以下特性：

（1）对于阴燃火灾，通过前向散射传感器探测白烟可以获得极佳的探测效果。

（2）对于黑烟的火灾，通过后向散射传感器探测黑色烟雾粒子达到良好的探测效果。

（3）对于不可见的烟雾火灾，通过热敏传感器的辅助探测提高了探测可靠性。

（4）基于各自独立的传感器信号的组合，对于一些假象具有高度可靠性和分辨力，如水蒸气、废气或热源。

4. 线型光束感烟火灾探测器

线型光束感烟火灾探测器的工作原理是根据信号的衰减来进行判断的，如测量由于烟雾遮挡造成的光的衰减。此类探测器又分为两种，即反射式和对射式。其原理是发射器发送一聚集的红外光束，当没有烟雾时，反射器会收到没有强度减弱的光束。而如果有烟雾遮挡在发射器和接收器之间，红外光就被部分地吸收及散射了，这就造成了其信号的直接改变，仅

仅有部分的发射光可以到达接收器，在测量环节，信号的减弱反映了烟雾的平均密度。

5. 吸气式感烟火灾探测器

吸气式感烟火灾探测器也称空气采样烟雾探测器或吸入式烟雾探测器。其原理是：监视区域内的空气样本通过敷设在监视区域内的采样管由一吸气泵引入到探测腔来进行探测。该探测器可以分为以下一些类别：

（1）点型烟雾探测器。

（2）云雾式探测器。

（3）激光烟雾探测器。

（4）氙气探测器。

（5）LED 光源探测器。

二、消防用传感器的种类及选用

消防用传感器的种类及选用情况如表 2.6.1 所示。

表 2.6.1 消防用传感器的种类及选用

传感器类型	名称	应用	实例
温度传感器	数字信号输出传感器	数字温度传感器，可应用于各种狭小空间设备数字测温和控制领域	DS18B20
	点型感温探测器	适用于工业和民用建筑中的车库、厨房、锅炉房、吸烟室等，安装高度在 8 m 内	
	热敏电缆	适用于工业建筑中的电缆隧道、电缆竖井、配电装置、变压器等，探测长度不超过 200 m	
气体烟雾传感器	烟雾传感器 MQ－2	适用于工业和民用大多数场所，可用于检测 CO、CH_4 等可燃性气体，探测高度在 12 m 以内	
	酒精传感器 MQ－3	半导体酒精传感器 MQ－3	
	红外光束线型感烟探测器	常用于工业和民用建筑高大空间、厂房、仓库、展馆等	

续表

传感器类型	名称	应用	实例
气体烟雾传感器	空气采样（吸气）式感烟探测器	灵敏度高（烟雾浓度 0.005%），用于物流仓库等阴燃可能性较大、探测要求较高的建筑中	
湿度传感器	湿敏电阻	湿度敏感元器件，具有感湿范围宽、灵敏度高、湿滞洄差小、响应速度快的特点	
压力传感器	压阻式传感器	频率响应高，可达 1.5 MHz；体积小、耗电少、灵敏度高、可测量到 0.1%的精确度；无运动部件	

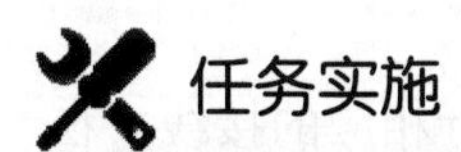

任务实施

根据消防控制系统的要求，采用两台消防泵，7.5 kW 互为备用，当工作泵出现故障时，备用泵自动投入运行。当发生火灾时，打开消防栓箱门，启动消防泵，可以手动进行泵的停止运行。当消防给水管网水压过高时，停止水泵并报警。当低水位消防水泵缺水时，水泵停止并开始报警。具有自动、手动的工作模式，有必需的各种电气保护。本任务采用的是三菱 FX2N－48MR 的可编程控制器。

一、准备阶段

PLC 实训室，FX2N 系列 PLC（或 FX3U 系列 PLC）及模拟实物控制板，测绘工具，电工工具，安全用具。

二、操作过程

1. 消防水泵 PLC 控制 I/O 分配表

根据控制要求分析，可统计出现场输入信号需要设计 12 个，输出信号共 7 个，所以我们选择 PLC 型号为 FX2N－48 MR 就完全可以满足需求，此 PLC 有 24 个输入点和 24 个输出点，预留一些输入和输出口，以便后面进行扩展功能使用。消防电气设备 PLC 控制系统的输入/输出分配表，如表 2.6.2 所示。

表 2.6.2 消防电气设备 PLC 控制系统的输入/输出分配表

输入			输出		
功能	元件	地址	功能	元件	地址
电源控制开关	S10	X000	电源指示灯	HL1	Y000
消防栓启动按钮	SB	X001	控制水泵 1 接触器	KM1	Y001
转换开关 SA	1 自 2 备	X002	控制水泵 2 接触器	KM2	Y002
转换开关 SA	M1 手动	X003	管网压力高报警	HL4	Y003

续表

输入			输出		
功能	元件	地址	功能	元件	地址
转换开关 SA	M2 手动	X004	水位低报警	HL5	Y004
转化开关 SA	2 自 1 备	X005	检修开关未复位	HL6	Y005
检修开关	S3	X006	警铃	HA	Y006
水压过高	BP	X007			
水池缺水	SL	X010			
消防铃旋钮	S2	X011			
水泵 1 热继电器	FR1	X012			
水泵 2 热继电器	FR2	X013			

2. 消防水泵 PLC 控制外部接线图

PLC 根据 I/O 分配表的分配关系，对 FX2N－48MR 端子排的位置进行相应的接线，在 PLC 的外部接线图中，图中各个接触器均采用 220 V 的电压，信号指示灯和报警指示灯与交流接触器共用同一规格的 220 V 电源，其接线图如图 2.6.6 所示。

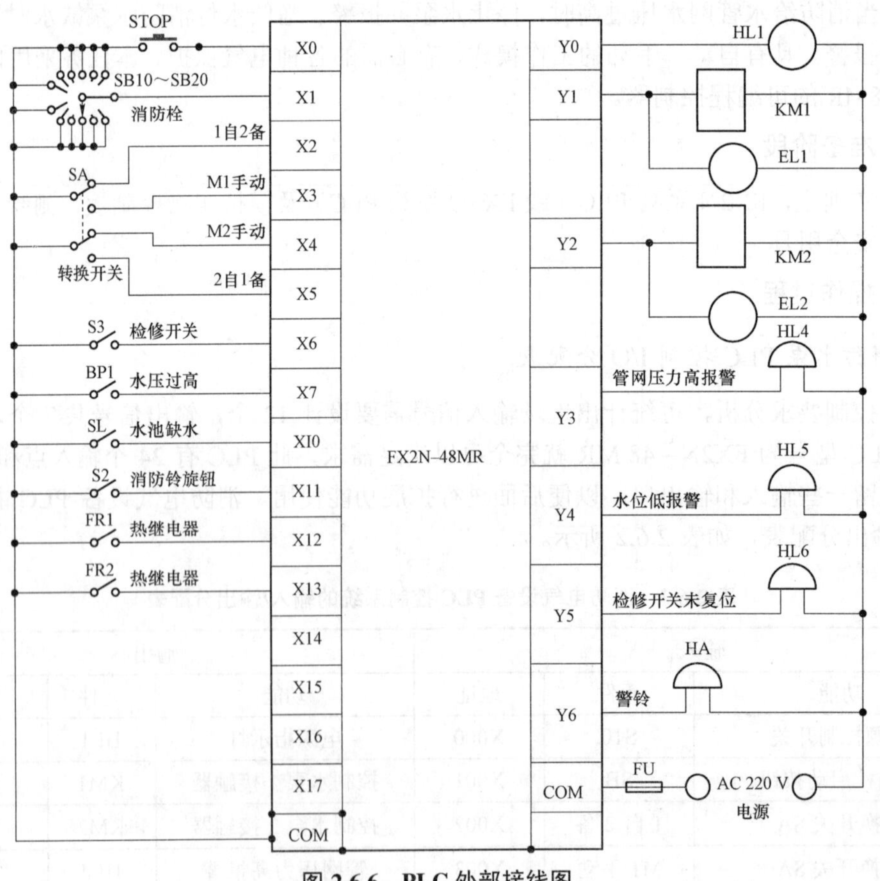

图 2.6.6　PLC 外部接线图

3. 消防水泵梯形图程序设计

消防水泵梯形图程序如图 2.6.7 所示。

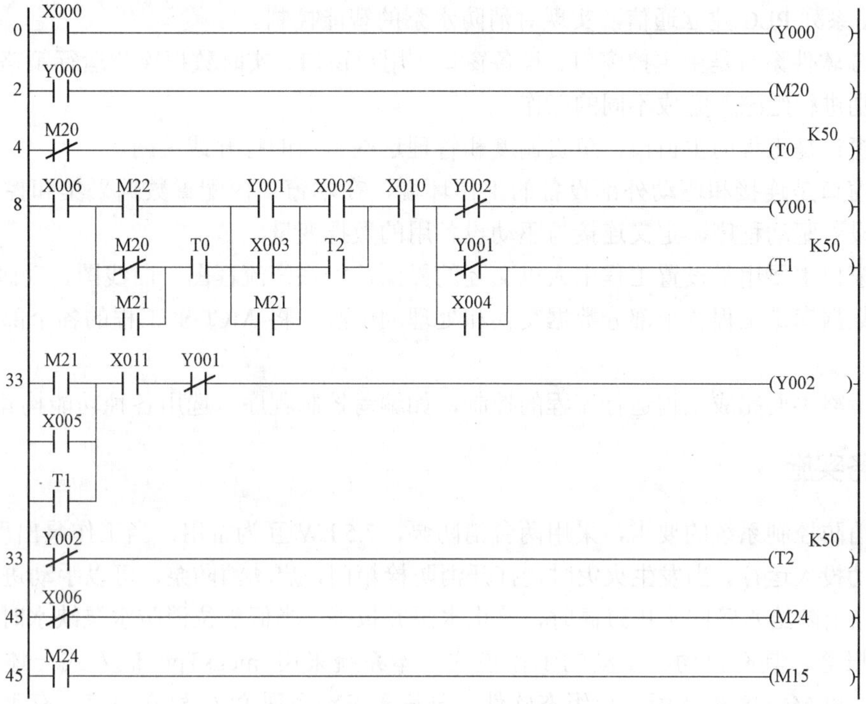

图 2.6.7　消防水泵梯形图程序

4. 根据电路原理图进行 PLC 接线

（1）连接 PLC 的输入、输出端外接元件。

（2）连接 PLC 的电源。

（3）注意连接 PLC 接地线。

5. 调试和运行

（1）将梯形图程序输入计算机，在线监视进行模拟仿真调试，检查程序运行的状况，排除故障并进一步优化程序。

（2）将 PLC 与计算机连接好，设置好端口数据，下载程序。

（3）脱机运行，查看程序的运行情况，观察消防水泵的工作过程。

任务 2.6.3　消防水泵控制人机界面设置

知识导读

人机界面最突出的特点是实时多任务。数据采集与输出、数据处理与图形显示及人机对话、实时数据的存储、检索管理、实时通信等多个任务可在同一台触摸屏上同时运行。自动化工程设计技术人员在触摸屏中只需填写一些事先设计的表格，再利用图形功能把被控对象，如压力、趋势曲线、报表等形象地画出来，通过内部数据连接把被控对象的属性与 I/O 设备的实时数据进行逻辑连接。

本系统采用 mcgsTpc 嵌入式一体化触摸屏 TPC7062K 和 MCGS 嵌入版工控组态软件，与三菱 FX 系列 PLC 建立通信，实现对消防水泵的智能控制。

MCGS 软件系统是由主控窗口、设备窗口、用户窗口、实时数据库和运行策略组成，每一部分分别进行组态，完成不同的工作。

主控窗口是工程的主窗口，负责调度和管理这些窗口的打开或关闭。

设备窗口是连接和驱动外部设备的工作环境，在本窗口内配置数据采集和控制输出设备，注册设备驱动程序，定义连接与驱动设备用的数据变量。

用户窗口主要用于设置工程中人机交互的界面，如系统流程图、曲线图、动画等。

实时数据库是工程各个部分数据交换和处理的中心，将 MCGS 工程的各个部分连成有机整体。

运行策略主要完成工程运行流程的控制，如编写控制程序、选用各种功能构建等。

任务实施

根据消防控制系统的要求，采用两台消防泵，7.5 kW 互为备用，当工作泵出现故障时，备用泵自动投入运行。当发生火灾时，打开消防栓箱门，启动消防泵，可以手动进行泵的停止运行。当消防给水管网水压过高时，停止水泵并报警。当低水位消防水泵缺水时，水泵停止并开始报警，具有自动、手动的工作模式。本系统采用 mcgsTpc 嵌入式一体化触摸屏 TPC7062K 和 MCGS 嵌入版工控组态软件，与三菱 FX 系列 PLC 建立通信，有手动、自动模式，电源指示、报警指示、水位显示等实现对消防水泵的智能控制。

一、准备阶段

PLC 实训室，FX2N 系列 PLC（或 FX3U 系列 PLC）及 TPC7062K 触摸屏，电工工具，安全用具。

二、操作过程

1. 建立“三菱 FX 系列 PLC 通信”工程

启动 MCGS 嵌入版组态软件，新建工程后，选择文件菜单中的“工程另存为”选项，弹出“文件保存”窗口，在文件名一栏输入“三菱 FX 系列 PLC 通信”，单击“保存”按钮，完成工程的创建。

2. 设备组态设备构件

（1）在设备窗口内配置设备构件。

在工作台中激活设备窗口：鼠标双击 设备窗口 进入设备组态界面，单击工具条中的 按钮，打开“设备工具箱”界面，如图 2.6.8 所示。

在设备工具箱中，按顺序先后鼠标双击“通用串口父设备”和“三菱_FX 系列编程口”添加至设备组态界面，如图 2.6.9 所示。

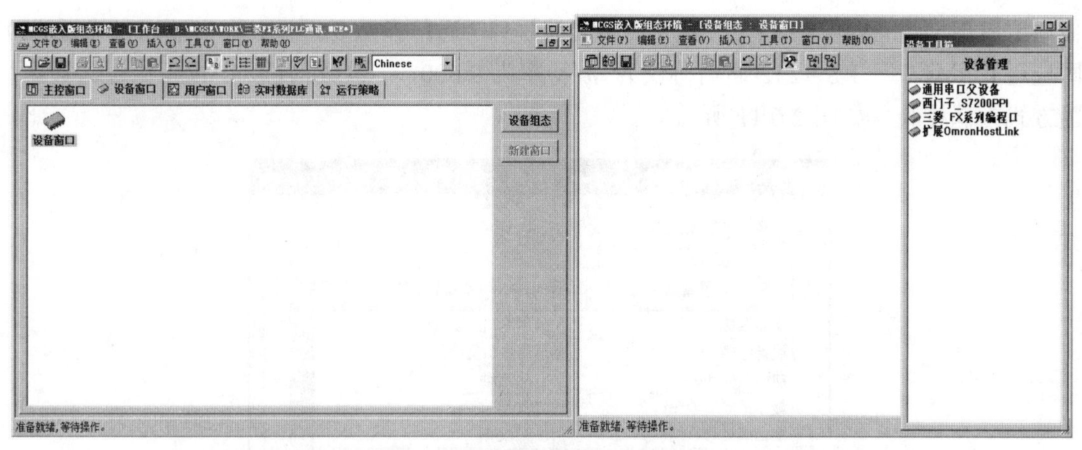

图 2.6.8　设备工具箱和设备窗口界面

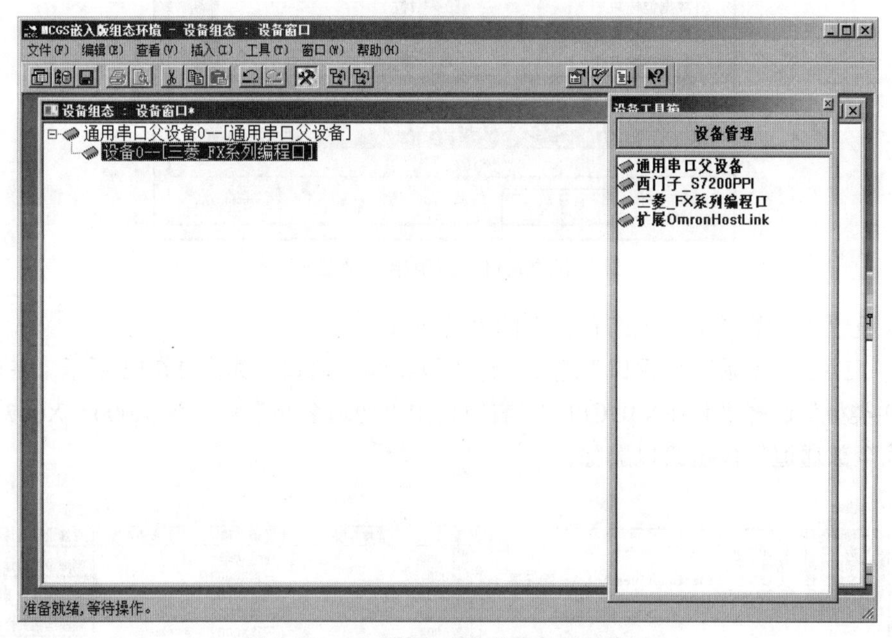

图 2.6.9　FX 系列 PLC 父设备属性窗口

此时会弹出提示框，提示是否使用三菱 FX 系列编程口驱动的默认通信参数设置父设备，如图 2.6.10 所示，单击“是”按钮即可。所有操作完成后保存并关闭设备窗口，返回工作台。

图 2.6.10　组态环境提示框

（2）设置“通用串口父设备”属性。

双击“通用串口父设备”选项，进入通用串口父设备的基本属性设置。此设置的目的是使通用串口父设备与子设备“三菱_FX 系列编程口”通信参数相匹配：串口端口号设置为 0，即选用 COM1 口（RS－232 通信协议）；波特率为 9 600，7 位数据位，1 位停止位。数据校验方式为偶校验，如图 2.6.11 所示。

图 2.6.11　通用串口设置

（3）设置“三菱_FX 系列编程口”的设备属性。

双击“三菱_FX 系列编程口”选项，进入设备编辑窗口，如图 2.6.12 所示。左边窗口下方“CPU 类型”选择“4－FX3UCPU”。右窗口中“通道名称”默认为 X000～X007，可以单击“删除全部通道”按钮给以删除。

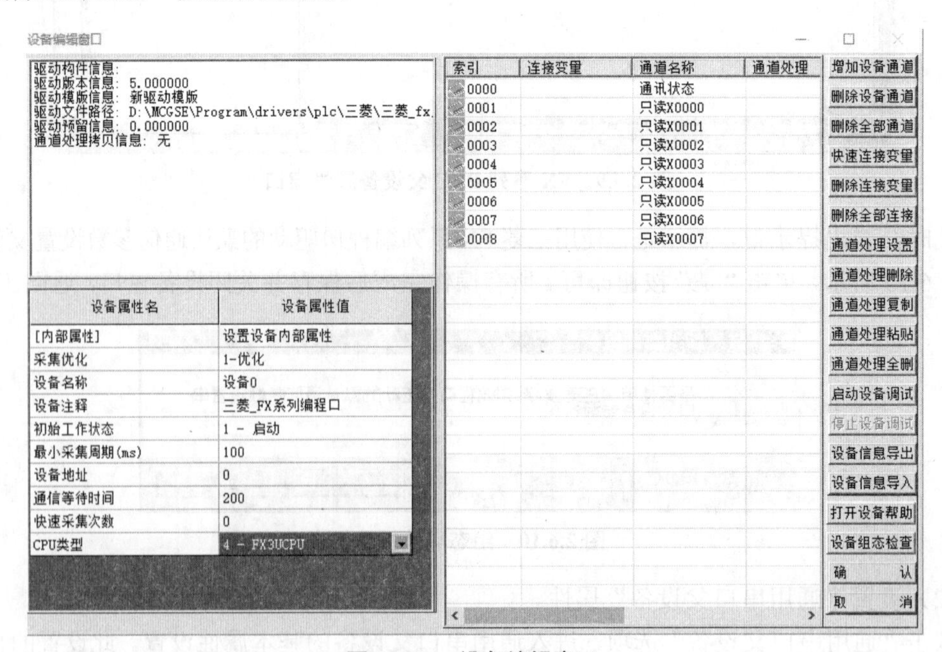

图 2.6.12　设备编辑窗口

3. 图形界面的组态步骤

（1）新建用户窗口。

在工作台中激活用户窗口，单击“新建窗口”按钮，建立新窗口“窗口 0”，如图 2.6.13（a）所示。接下来单击“窗口属性”按钮，弹出“用户窗口属性设置”对话框，在“基本属性”页，将“窗口名称”修改为“三菱 FX 控制画面”，然后单击“确定”按钮进行保存，如图 2.6.13（b）所示。

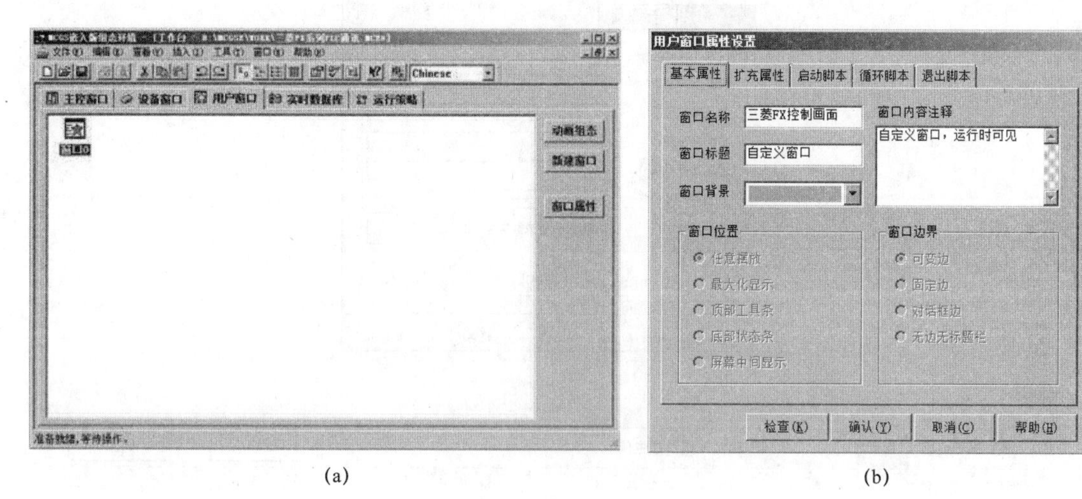

(a)　　(b)

图 2.6.13　新建用户窗口

（a）新建用户窗口；（b）更改窗口名称

（2）组态按钮构件。

在用户窗口双击“三菱 FX 控制画面”图标，进入动画组态控制画面；单击按钮打开“工具箱”。

建立基本元件按钮：从工具箱中单击“标准按钮”构件，在窗口编辑位置按住鼠标左键拖放出一定大小后，松开鼠标左键，这样一个按钮构件就绘制在窗口中，如图 2.6.14 所示。接下来双击该按钮打开“标准按钮构件属性设置”对话框，在“基本属性”页中将“文本”修改为“启动”，然后单击“确认”按钮保存。

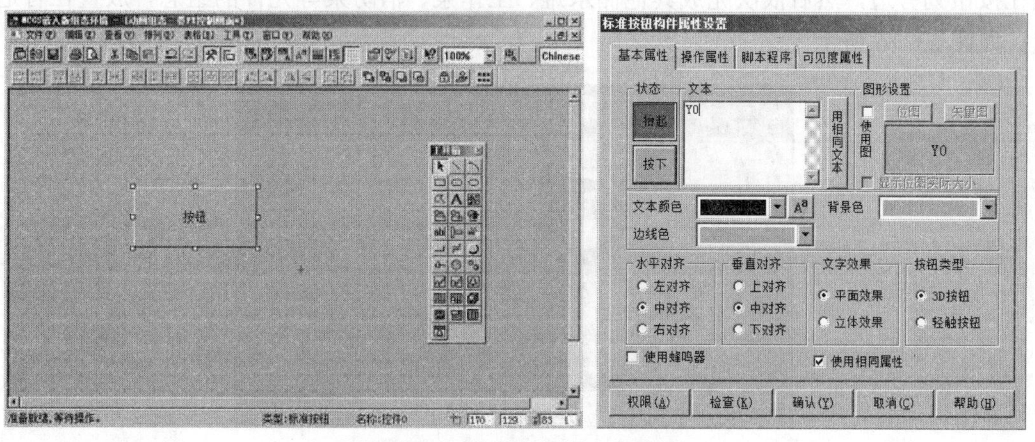

图 2.6.14　在窗口放置一个按钮

接着双击该按钮打开“标准按钮构件属性设置”对话框，在“基本属性”页中默认“抬起功能”按钮为按下状态，勾选“数据对象值操作”，选择“按 1 松 0”，单击弹出“变量选择”对话框，选中“根据采集信息生成”，通道类型选择“M 辅助寄存器”，通道地址设为“0”，读写类型选择“读写”，如图 2.6.15 所示。设置完成后单击“确认”按钮。

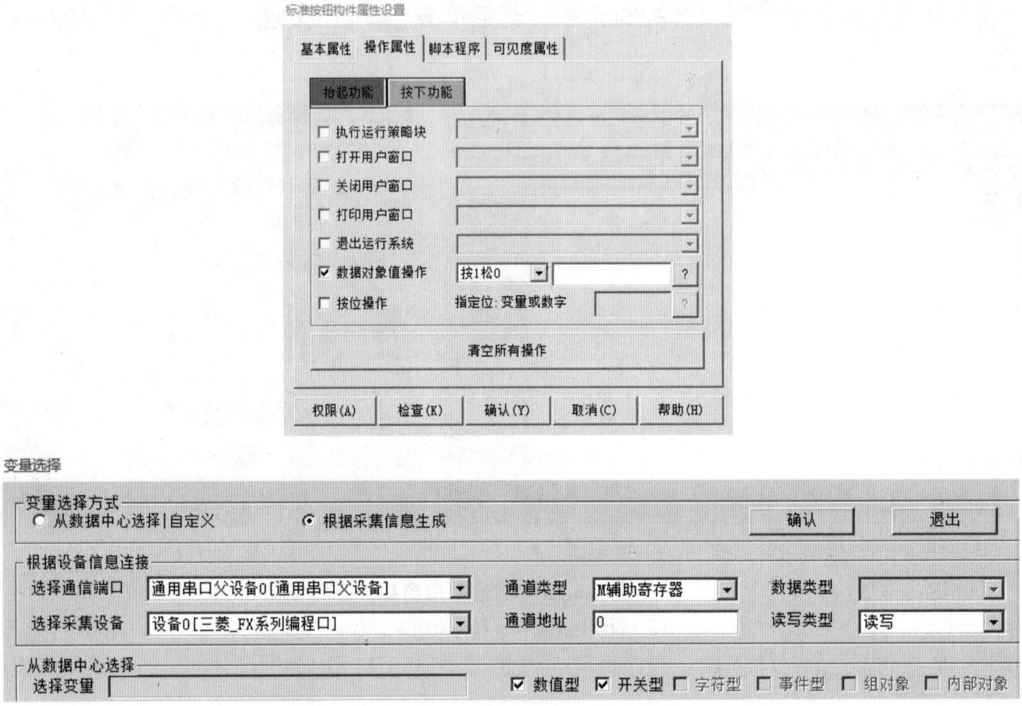

标准按钮构件属性设置

基本属性 | 操作属性 | 脚本程序 | 可见度属性

抬起功能 | 按下功能

☐ 执行运行策略块

☐ 打开用户窗口

☐ 关闭用户窗口

☐ 打印用户窗口

☐ 退出运行系统

☑ 数据对象值操作 按1松0 ?

☐ 按位操作 指定位：变量或数字 ?

清空所有操作

权限(A) 检查(K) 确认(Y) 取消(C) 帮助(H)

变量选择

变量选择方式

○ 从数据中心选择|自定义 ⦿ 根据采集信息生成 确认 退出

根据设备信息连接

选择通信端口 通用串口父设备0[通用串口父设备] 通道类型 M辅助寄存器 数据类型

选择采集设备 设备0[三菱_FX系列编程口] 通道地址 0 读写类型 读写

从数据中心选择

选择变量 ☑ 数值型 ☑ 开关型 ☐ 字符型 ☐ 事件型 ☐ 组对象 ☐ 内部对象

图 2.6.15 在实时数据库中定义数据对象

用同样的方法组态按钮 2，其“文本”属性修改为“停止”。

（3）组态指示灯元件。

单击工具箱的“插入元件”按钮，打开“对象元件管理”对话框，选中图形对象库中指示灯中的指示灯 6，单击“确认”按钮，将其添加到窗口画面中，并调整到合适的大小，摆放在按钮列旁边，然后依次完成其他储水罐、工作泵、消防泵等元件的组态，放置在合适位置，如图 2.6.16 所示。

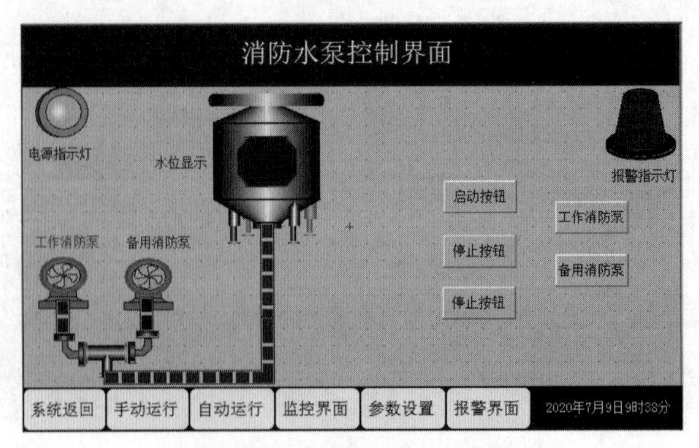

图 2.6.16 消防水泵控制界面

（4）工程下载。

组态完成后，单击工具条中的“下载”按钮，进行下载配置。选择“连机运行”，连接方式选择“USB 通信”，然后单击“通信测试”按钮，通信测试正常后，单击“工程下载”按钮，并在触摸屏中调试运行。

项目评价

对项目实施的完成情况进行检查，并填写项目评价表，见表 2.6.3。

表 2.6.3 消防电气系统装调与维修项目评价表

评价内容	评价要点	评分标准	配分	得分
绘图	（1）正确绘图，理解电气工作原理； （2）正确绘制 PLC 接线图； （3）列出 PLC 控制 I/O 口元件地址分配表； （4）根据控制要求设计梯形图	（1）电气图形文字符号错误或遗漏，每处均扣 2 分； （2）绘制电路图错误一处扣 2 分； （3）电路原理错误扣 5 分； （4）缺少 PLC 接线图扣 5 分； （5）梯形图画法不规范扣 2 分	30	
工具的使用	正确使用工具	工具使用不正确每次扣 2 分	5	
仪表的使用	正确使用仪表	仪表使用不正确每次扣 2 分	5	
安装布线	按照电气安装规范，依据电路图正确完成本次考核线路的安装和接线	（1）不按图接线每处扣 1 分； （2）电源线和负载不经接线端子排接线每根导线扣 1 分； （3）电器安装不牢固、不平正，不符合设计及产品技术文件的要求，每项扣 1 分； （4）电动机外壳没有接零或接地，扣 1 分； （5）导线裸露部分没有加套绝缘，每处扣 1 分	20	
人机界面参数设置	根据系统控制要求进行人机交互界面参数设置	（1）正确建立“三菱 FX 系列 PLC 通信”； （2）在设备窗口内配置设备构件； （3）设置“通用串口父设备”属性； （4）设置“三菱_FX 系列编程口”的设备属性； （5）图形界面的组态	10	
故障检修	观察电路故障现象，判断故障点，排除故障	（1）会描述故障现象； （2）会预测故障点； （3）会检测判断故障点并排除故障	20	
安全文明生产	（1）明确安全用电的主要内容； （2）操作过程符合文明生产要求	（1）损坏设备扣 2 分； （2）损坏工具仪表扣 1 分； （3）发生轻微触电事故扣 3 分	10	
合计				

拓展知识

火灾自动报警及消防联动控制系统施工案例

一、系统施工步骤

（1）阅读系统图和平面图，做好施工准备。
（2）定位、画线、做材料预算。
（3）布管、穿线。
（4）检查线路敷设是否正确，测试线间绝缘电阻和线对地绝缘电阻应符合要求。
（5）为系统设备编写一次码。
（6）设备安装与连线。
（7）系统整体检测。
（8）加电调试。

二、系统常用图例

系统常用图例如表 2.6.4 所示。

表 2.6.4　系统常用图例

图例	名称	图例	名称
	编码感烟探测器		楼层显示器
	普通感烟探测器		广播扬声器
	编码感温探测器		水流指示器
	普通感温探测器		压力开关
	编码手动报警按钮		防火阀
	普通手动报警按钮		防火卷帘
	编码消火栓按钮		防火、排烟阀
	普通消火栓按钮		排烟机、送风机
	短路隔离器		消防泵、喷淋泵
	声光报警器		湿式报警阀

三、实验设备

实验设备如表 2.6.5 所示。

表 2.6.5　实验设备

设备名称	设备型号	数量	备注
火灾报警控制器	JB－QB－GST200	1	
电源箱	GST－DY－100	1	
火灾声光报警器	HX－100B	1	
点型光电感烟探测器	JTY－GD－G3	1	
手动火灾报警按钮	J－SAP－8402	1	
单输入/单输出模块	GST－LD－8301	1	
总线隔离器	LD－8313	1	
电子编码器	BMQ－1B	1	
LED 灯		1	
工具		若干	
信号总线			
电源线			
布线管			

四、消防系统的设备安装

（一）探测器的安装

1. 常用点型探测器的安装

常用点型探测器安装方式如图 2.6.17 所示。

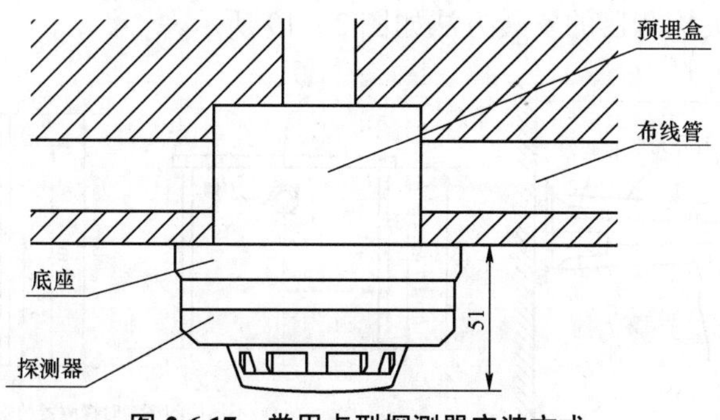

图 2.6.17　常用点型探测器安装方式

图 2.6.17 中使用的预埋盒和探测器通用底座的外形如图 2.6.18 所示。

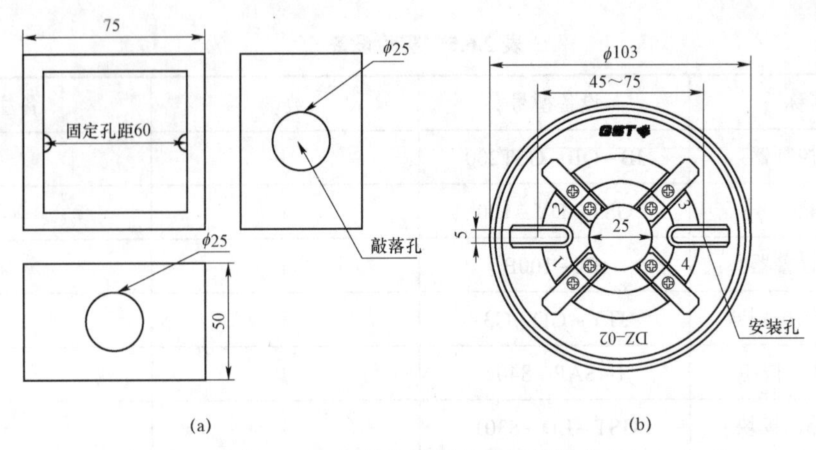

图 2.6.18 预埋盒和探测器的通用底座

（a）86H50 预埋盒外形示意图；（b）探测器通用底座外形示意图

可见，底座上有 4 个导体片，片上带接线端子，底座上不设定位卡，便于调整探测器报警指示灯的方向。预埋管内的探测器总线分别接在任意对角的两个接线端子上（不分极性），另一对导体片用来辅助固定探测器。待底座安装牢固后，将探测器底部对正底座顺时针旋转，即可将探测器安装在底座上。

探测器安装时要求：

（1）探测器的底座应固定牢靠，其导线连接必须可靠压接或焊接。当采用焊接时，应使用带防腐剂的助焊剂。

（2）探测器的确认灯应面向人员观察的主要入口方向。

（3）探测器导线应采用红色导线。

（4）探测器底座的外接导线，应留有不小于 15 cm 的余量，入端处应有明显标志。

（5）探测器底座的穿线宜封堵，安装完毕后的探测器底座应采取保护措施（以防进水或污染）。

（6）探测器在即将调试时方可安装，在安装前妥善保管，并应采取防尘、防腐、防潮措施。

2. 红外光束线型火灾探测器的安装

红外光束线型火灾探测器的安装方法如图 2.6.19 所示。

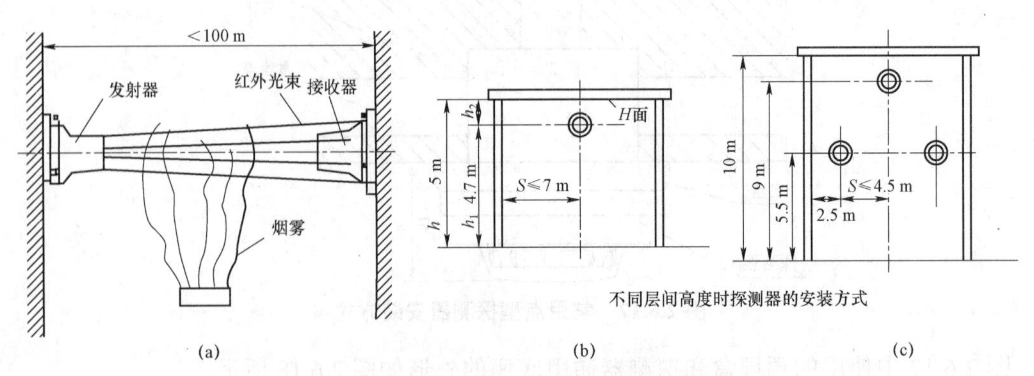

图 2.6.19 红外光束线型火灾探测器的安装

（a）红外光束感烟探测器安装示意图；（b）平顶层；（c）高大平顶层

安装时应注意：

（1）将发射器与接收器相对安装在保护空间的两端且在同一水平直线上。

（2）相邻两面光束轴线间的水平距离不应大于 14 m。

（3）建筑物净高 $h<5$ m 时，探测器到顶棚的距离 $h_2=h-h_1\leqslant 30$ cm，如图 2.6.19（b）所示。

（4）建筑物净高 5 m$\leqslant h\leqslant$8 m 时，探测器到顶棚的距离为 30 cm$\leqslant h_2\leqslant$150 cm。

（5）建筑物净高 $h>8$ m 时，探测器需分层安装，一般 h 在 8～14 m 时分两层安装，如图 2.6.19（c）所示，h 在 14～20 m 时，分三层安装（图中 S 为距离）。

（6）探测器的安装位置要远离强磁场。

（7）探测器的安装位置要避免日光直射。

（8）探测器的使用环境不应有灰尘滞留。

（9）应在探测器相对面空间避开固定遮挡物和流动遮挡物。

（10）探测器的底座一定要安装牢固，不能松动。

（二）手动报警按钮的安装

手动报警按钮底盒背面和底部各有一个敲落孔，可明装也可暗装，明装时可将底盒装在 86H50 预埋盒上。

按规范要求，手动报警按钮旁应设计消防电话插孔，考虑到现场实际安装调试的方便性，将手动报警按钮与消防电话插座设计成一体，构成一体化手动报警按钮。按钮采用拔插式结构，可电子编码，安装简单、方便。

手动报警按钮的安装要求：

（1）手动报警按钮安装高度为距地 1.5 m。

（2）手动报警按钮应安装牢固并不得倾斜。

（3）手动报警按钮的外接导线，应留有不小于 10 cm 的余量，且在其端部有明显标志。

（三）消火栓报警按钮的安装

消火栓报警按钮的外形尺寸及结构与手动报警按钮相同，安装方法也相同。

消火栓报警按钮的安装要求：

（1）编码型消火栓报警按钮，可直接接入控制器总线，占一个地址编码。

（2）墙上安装，底边距地 1.3～1.5 m，距消火栓箱 200 mm 处。

（3）应安装牢固并不得倾斜。

（4）消火栓报警按钮的外接导线，应留有不小于 10 cm 的余量。

（四）总线中继器的安装

总线中继器的外形尺寸及结构如图 2.6.20 所示。

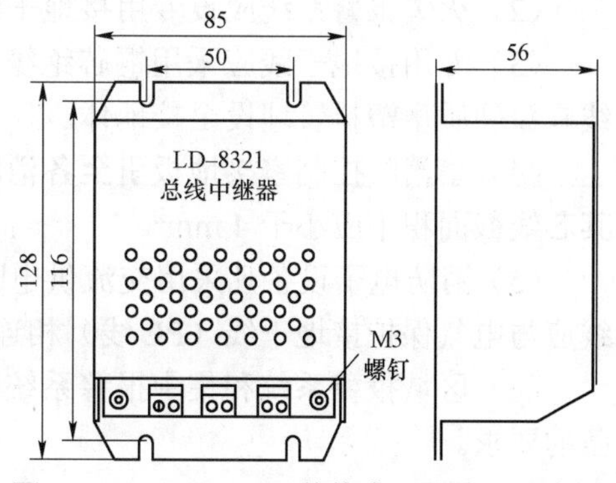

图 2.6.20 LD－8321 总线中继器外形示意图

总线中继器的安装采用 M3 螺钉固定，在室内墙上安装。

（五）消防广播设备的安装

消防广播设备的安装要求：

（1）用于事故广播扬声器间距，不超过 25 m。

（2）广播线路单独敷设在金属管内。

（3）当背景音乐与事故广播共用的扬声器有音量调节时，应有保证事故广播音量的措施。

（4）事故广播应设置备用功率放大器，其容量不应小于火灾事故广播扬声器的三层（区）扬声器容量的总和。

（六）火灾报警控制器的安装

（1）火灾报警控制器在墙上安装时，其底边距地（楼）面高度不应小于 1.5 m，设备靠近门轴的侧面距离不应小于 0.5 m。

（2）控制器应安装牢固，不得倾斜；安装在轻质墙上时，应采取加固措施。

（3）引入控制器的电缆导线，应能够符合下列要求：

① 配线整齐，避免交叉并应固定牢靠。

② 电缆芯线和所配导线的端部，均应标明编号，并与图纸一致，字迹清晰不易退色。

③ 端子板的每个接线端，接线不得超过 2 根。

④ 电缆芯和导线，应留不小于 20 cm 的余量。

⑤ 导线应绑扎成束。

⑥ 在进线管处应封堵。

（4）控制器的主电源引入线，应直接与消防电源连接，严禁使用电源插头，主电源应有明显标志。

（5）控制器的接地应牢固，并有明显标志。

五、消防系统的接地

为了保证消防系统正常工作，对系统的接地规定如下：

（1）火灾自动报警系统应在消防控制室设置专用接地板，接地装置的接地电阻值应符合下列要求：当采用专用接地装置时，接地电阻值不大于 4 Ω；当采用共用接地装置时，接地电阻值不应大于 1 Ω。

（2）火灾报警系统应设专用接地干线，由消防控制室引至接地体。

（3）专用接地干线应采用铜芯绝缘导线，其芯线截面积不应小于 25 mm^2，专用接地干线宜穿硬质型塑料管埋设至接地体。

（4）由消防控制室接地板引至各消防电子设备的专用接地线应选用铜芯塑料绝缘导线，其芯线截面积不应小于 4 mm^2。

（5）消防电子设备凡采用交流供电时，设备金属外壳和金属支架等应作保护接地，接地线应与电气保护接地干线（PE 线）相连接。

（6）区域报警系统和集中报警系统中各消防电子设备的接地亦应符合上述（1）～（5）条的要求。

六、系统的调试

系统调试应当在系统设备全部安装、检查完毕后进行。

模块三　直流传动系统的安装、调试与维修

项目一　开环直流调速系统的装接与调试

项目提出

自动控制系统机电传动主要有直流传动控制系统和交流传动控制系统。直流传动控制系统是以直流电动机为动力，交流传动控制系统则以交流电动机为动力。直流电动机虽不像交流电动机那样结构简单、制造方便、维修容易、价格便宜等，但具有良好的调速性能，可在很宽的范围平滑调速。全数字直流调速系统的出现，更提高了直流传动系统的精度和可靠性。所以截至目前，直流电动机仍被广泛地应用于自动控制要求较高的各种生产部门。

直流调速器是一种电动机调速装置，包括电动机直流调速器、脉宽直流调速器、可控硅直流调速器等，一般为模块式直流电动机调速器，集电源、控制、驱动电路于一体，采用立体结构布局，控制电路采用微功耗元件，用光电耦合器实现电流、电压的隔离变换，电路的比例常数、积分常数和微分常数用PID适配器调整。具有体积小、质量轻等特点，可单独使用也可直接安装在直流电动机上构成一体化直流调速电机，可具有调速器所应有的一切功能。

项目分析

一、自动控制系统的分类

（1）按采用不同的反馈方式，可分为转速负反馈、电势负反馈、电压负反馈及电流正反馈控制系统。

（2）按控制原理的不同，可分为开环控制系统和闭环控制系统。

（3）按系统稳态时被调量与给定量有无差别，可分为有静差调节系统和无静差调节系统。

（4）按给定量变化的规律，可分为定值调节系统、程序控制系统和随动系统。

（5）按调节动作与时间的关系，可分为断续控制系统和连续控制系统。

（6）按系统中所包含的元件特性，可分为线性控制系统和非线性控制系统。

二、自动控制系统的要求

实际工作过程中，自动控制系统会受到外部作用，输出发生相应的变化。因控制对象和控制装置以及各功能部件的特征参数匹配不同，系统在控制过程中性能差异很大，甚至因匹配不当而不能正常工作。为了完成一定任务，要求被控量必须迅速而准确地随给定量变化而变化，并且尽量不受任何扰动的影响。因此，工程上对自动控制系统性能提出了一些要求，主要有以下三个方面。

1. 稳定性

系统稳定是指受扰动作用前系统处于平衡状态，受扰动作用后系统偏离了原来的平衡状态，如果扰动消失以后系统能够回到受扰以前的平衡状态，则称系统是稳定的。如果扰动消失后，不能够回到受扰以前的平衡状态，甚至随时间的推移对原来平衡状态的偏离越来越大，这样的系统就是不稳定的系统。稳定是系统正常工作的前提，不稳定的系统是根本无法应用的。

2. 准确性

稳态性能用稳态误差来表示，所谓稳态误差是指系统达到稳态时被控量的实际值和希望值之间的误差，误差越小，表示系统控制精度越高越准确。一个暂态性能好的系统既要过渡过程时间短（快速性简称“快”），又要过渡过程平稳、振荡幅度小（平稳性简称“稳”）。准确性是对稳定系统稳态性能的要求。

3. 快速性

因为工程上的控制系统总是存在惯性，如电动机的电磁惯性、机械惯性等，致使系统在扰动量给定量发生变化时，被控量不能突变，需要有一个过渡过程，即暂态过程。这个暂态过程的过渡时间可能很短，也可能经过一个漫长的过渡达到稳态值，或经过一个振荡过程达到稳态值，这反映了系统的暂态性能。在工程上暂态性能是非常重要的，快速性是对稳定系统暂态性能的要求。一般来说，为了提高生产效率，系统应有足够的快速性，但是如果过渡时间太短，系统机械冲击会很大，容易影响机械寿命，甚至损坏设备；反之过渡时间太长，会影响生产效率等。因此，对暂态过程应有一定的要求，通常是用超调量、调整时间、振荡次数等指标来表示。

综上所述，对自动控制系统的基本要求是：系统要稳、快、准。即响应动作要快、动态过程要平稳、跟踪值要准确。此要求通常称为系统的动态品质。

通过本项目的学习了解自动控制系统的知识，达成以下学习目标：

（1）掌握直流调速系统的工作原理。

（2）掌握开环直流调速系统的原理及存在的问题。

（3）掌握电磁转差离合器调速工作原理。

（4）能对直流传动系统的设备、器件进行检查确认，能对直流传动系统设备进行安装。

（5）能对直流调速装置进行故障检测及排除。

（6）培养学生分析问题、解决问题的能力，以及交流沟通和团队协作能力，养成良好的职业素养。

项目实施

任务 3.1.1　直流调速系统的认识与调试

知识导读

一、直流电动机的调速方法

由感应电动势、电磁转矩以及机械特性方程式 $n=\dfrac{U-IR}{K_e\Phi}$ 可知，直流电动机的调速方法有三种。

1. 调节电枢供电电压 U

改变电枢电压主要是从额定电压往下降低电枢电压，从电动机额定转速向下变速，对恒转矩系统来说，电源电压能平稳调节，可以实现无级平滑调速，负载变化时，速度变化小，稳定性好，无论轻载或重载，调速范围相同，电能损耗小，这种方法最好。

改变电枢电压调速的工作条件：保持励磁 $\Phi=\Phi_N$，保持电阻 $R=R_a$；

调节过程：改变电压 $U_N \to U\downarrow \to n\downarrow$，$n_0\downarrow$；

调速特性：转速下降，机械特性曲线平行下移，如图 3.1.1 所示。

2. 改变电动机主磁通

改变磁通可以实现无级平滑调速，但只能减弱磁通进行调速（简称弱磁调速），从电动机额定转速向上调速，属恒功率调速方法。其响应速度较慢，但所需电源容量小。

改变电动机主磁通的工作条件：保持电压 $U=U_N$；保持电阻 $R=R_a$；

调节过程：减小励磁 $\Phi_N \to \Phi\downarrow \to n\uparrow$，$n_0\uparrow$；

调速特性：转速上升，机械特性曲线变软，如图 3.1.2 所示。

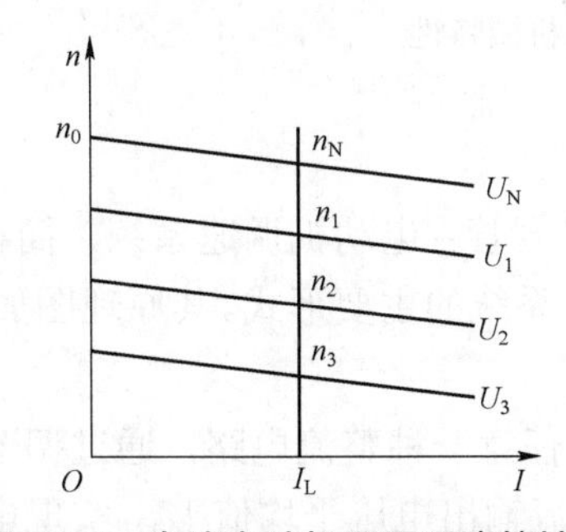

图 3.1.1　直流电动机调压调速特性曲线

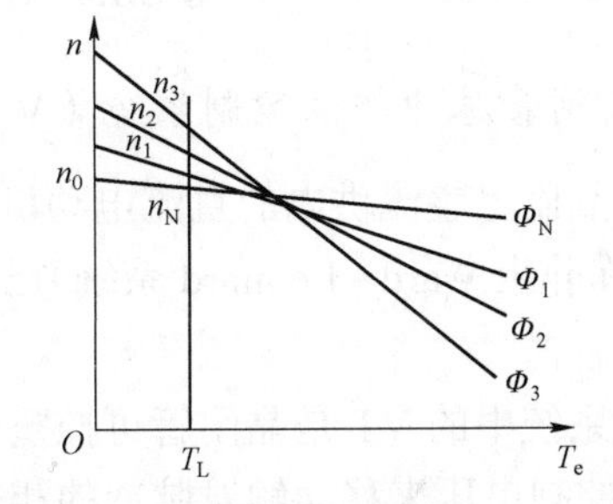

图 3.1.2　直流电动机调磁调速特性曲线

3. 改变电枢回路电阻

在电动机电枢回路外串电阻进行调速的方法，设备简单，操作方便。但是只能进行有级调速，调速平滑性差，机械特性较软；空载时几乎没什么调速作用；还会在调速电阻上消耗

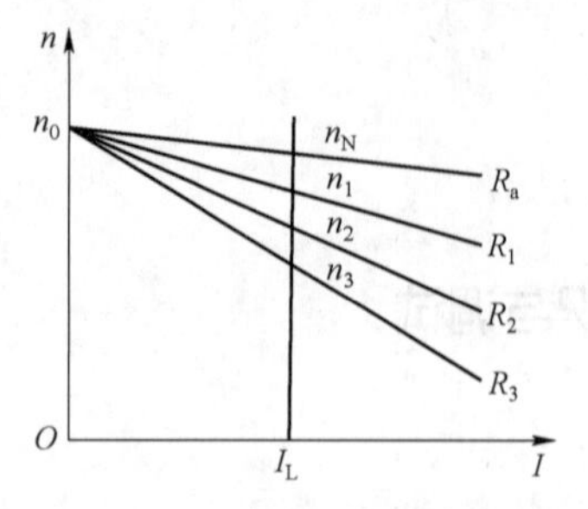

图 3.1.3　直流电动机变电阻调速特性曲线

大量电能。

改变电阻调速的缺点很多，目前很少采用，仅在有些起重机、卷扬机及电车等调速性能要求不高或低速运转时间不长的传动系统中采用。弱磁调速范围不大，往往是和调压调速配合使用，在额定转速以上做小范围的升速。因此，自动控制的直流调速系统往往以调压调速为主，必要时把调压调速和弱磁调速两种方法配合起来使用。

（1）改变电阻调速的工作条件：保持励磁 $\Phi=\Phi_N$，保持电压 $U=U_N$。

（2）调节过程：增加电阻 $R_a \to R\uparrow \to n\downarrow$，$n_0$ 不变；

（3）调速特性：转速下降，机械特性曲线斜率变大，特性变软，如图 3.1.3 所示。

二、直流调压调速用可控直流电源

1. 旋转变流机组系统（G–M 系统）

旋转变流机组系统用交流电动机和直流发电机组成机组，获得可调的直流电压，简称 G–M 系统。其原理图和机械特性如图 3.1.4 所示。

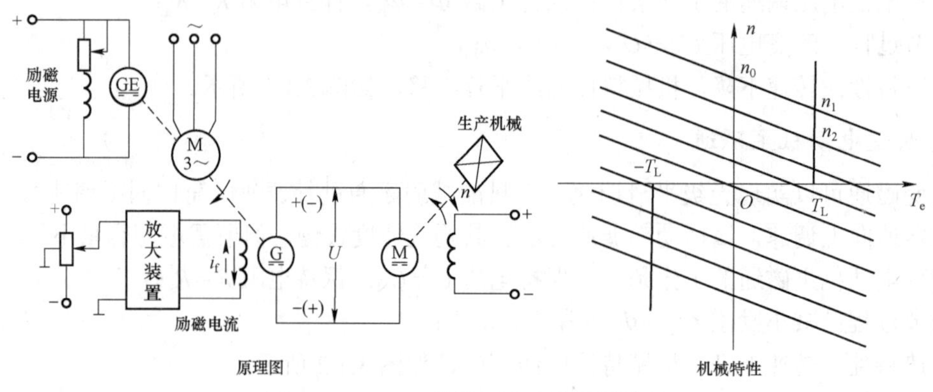

图 3.1.4　G–M 系统原理图和机械特性

2. 晶闸管脉冲相位控制系统（V–M 系统）

采用晶闸管整流供电的直流电动机调速系统（即晶闸管–电动机调速系统，简称 V–M 系统，又称静止 Ward–Leonard 系统）已经成为直流调速系统的主要形式。其原理图如图 3.1.5 所示。

调速系统中的 VT 是晶闸管可控整流器，它可以是任意一种整流电路，通过调节触发装置 GT 的控制电压来移动触发脉冲的相位，从而改变整流输出电压平均值 U_d，实现电动机的平滑调速。

V–M 系统与 G–M 系统比较的优缺点如下。

优点：和旋转变流机组及离子拖动变流相比，晶闸管整流不仅在经济性和可靠性上都有很大提高，而且在技术性能上显示出很大的优越性。晶闸管可控整流器的功率放大倍数在 10^4～10^5，控制功率小，有利于微电子技术引入到强电领域；在控制作用的快速性上也大大

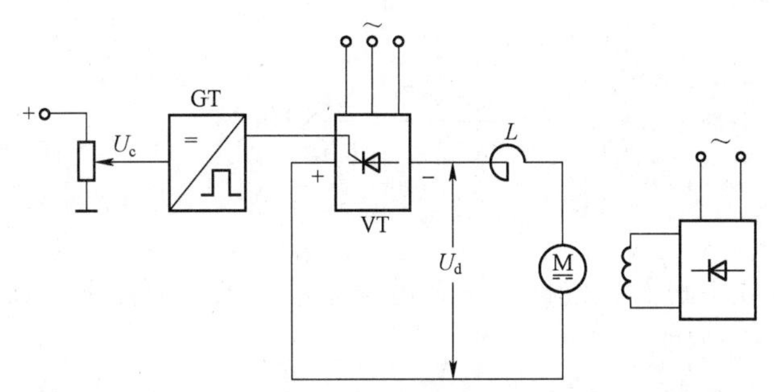

图 3.1.5 晶闸管 – 电动机调速系统

提高，有利于改善系统的动态性能。与旋转变流机组和汞弧整流器相比，具有控制灵敏、响应快、占地面积小、能耗低、效率高、噪声小、维护方便等优点。

缺点：

（1）晶闸管一般是单向导电元件，必须实现四象限可逆运行时，只好采用开关切换或正、反两组全控型整流电路，构成 V–M 可逆调速系统，后者所用变流设备要增多一倍。

（2）晶闸管元件对于过电压、过电流十分敏感，必须有可靠的保护装置和符合要求的散热条件，而且在选择元件时还应保留足够的余量，以保证晶闸管装置的可靠运行。

（3）晶闸管的控制原理决定了只能滞后触发，晶闸管可控整流器对交流电源来说相当于一个感性负载，功率因素低，特别是在深调速状态，晶闸管的导通角很小、功率因素很低，并产生较大的高次谐波电流，引起电网电压波形畸变，因此需采取相应的无功补偿、滤波和高次谐波的抑制措施。

（4）晶闸管整流装置还会导致强烈的电磁辐射。

3. 直流脉宽调速系统（PWM 系统）

直流脉宽调速系统（PWM 系统）是交流电源经不可控整流得到稳恒的直流电压，再利用斩波电路将直流电压变成宽度可调的高频脉冲电压，加在电动机电枢绕组上，通过改变脉冲的宽度改变电动机电枢电压的平均值，从而实现对电动机的调速控制。其电路组成及原理如图 3.1.6 所示。

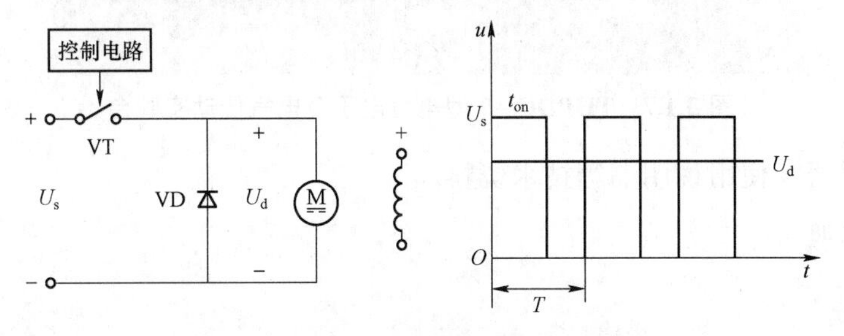

图 3.1.6 PWM 系统电路组成及原理

三、直流调速系统的性能指标

1. 静差率 S

静差率 S 是指空载转速与额定负载转速之差与理想空载转速的比值，它反映了电动机转速稳定程度。

$$S=\frac{n_0-n_N}{n_0}=\frac{\Delta n}{n_0}\times 100\%$$

2. 调速范围 D

电动机在额定负载下进行调速时，在满足静差率要求的前提下，所能达到的最高转速与最低转速之比称为调速范围。

$$D=\frac{n_{max}}{n_{min}}$$

3. 调速平滑性

一定范围内调速级数越多，平滑性越好。

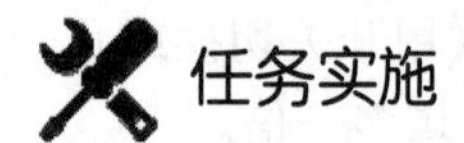

任务实施

一、准备阶段

（1）自动控制实训室 THPDC－2 型电力电子及电气传动实训设备与配套电动机等，如图 3.1.7 所示；可调直流电源、可变电阻器、测功机、转速表；常用电工工具及仪器仪表，安全保护用具。

图 3.1.7　THPDC－2 型电力电子及电气传动实验台

（2）实训手册及使用说明书等技术资料。

二、操作步骤

1. 电路接线

按图 3.1.8 所示装接电路。

2. 通电调试前的检查

（1）将电枢回路断开，通电后检查直流电动机是否有励磁电压，若有则断电后恢复接线。

（2）直流电动机空载，将各可变电阻器调零，对可调直流电源输出进行调零。

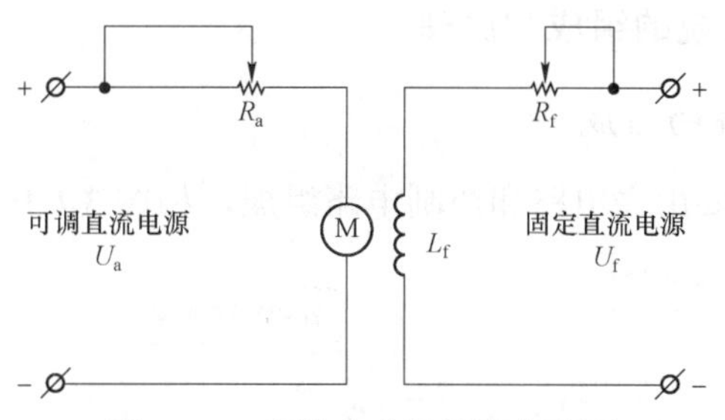

图 3.1.8　直流电动机调速电路图

（3）通电调试。

① 调压调速：调节可调直流电源的输出电压，改变直流电动机电枢电压，观察直流电动机转速的变化。

② 弱磁升速：加大励磁回路中的电阻，减小励磁电流，减弱励磁磁通，提高直流电动机的转速。

注意事项

（1）调节可调直流电源输出电压时，不要超过直流电动机的额定电压。

（2）增大励磁回路中的电阻时，阻值不能过大，否则励磁电流过小，容易导致转速过高造成“飞车”事故。

（3）严格遵守实训室管理规定和安全操作规范。

任务 3.1.2　开环直流调速系统的装接与调试

知识导读

开环控制系统是指系统的控制输入不受输出影响的系统，又称为无反馈控制系统。开环直流调速系统是控制直流电动机转速的开环控制系统。在开环控制系统中，系统输出只受输入的控制，控制精度和抑制干扰的特性都比较差。开环控制系统中，基于按时序进行逻辑控制的称为顺序控制系统，由顺序控制装置、检测元件、执行机构和被控工业对象所组成。开环控制系统主要应用于机械、化工、物料装卸运输等过程的控制以及机械手和生产自动线。

直流发电机－直流电动机（G－M 系统）框图，如图 3.1.9 所示。发电机励磁绕组中的励磁电流是输入量，直流电动机的转速是输出量。控制输入量，就可控制输出量的大小。其特点是结构简单、容易实现、成本较低。

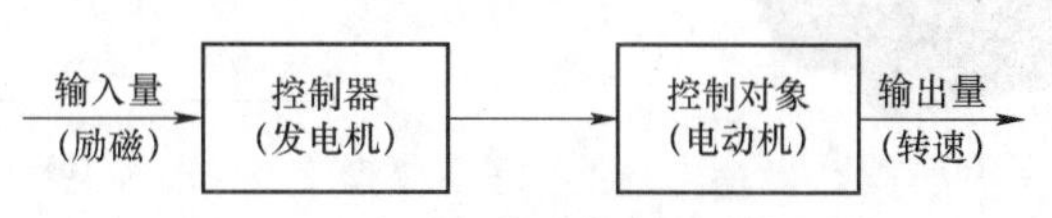

图 3.1.9　开环控制系统框图及组成

一、开环直流调速系统的组成和原理

1. 开环直流调速系统的组成

开环直流调速系统主要由主电路和控制电路组成，如图 3.1.10 所示。

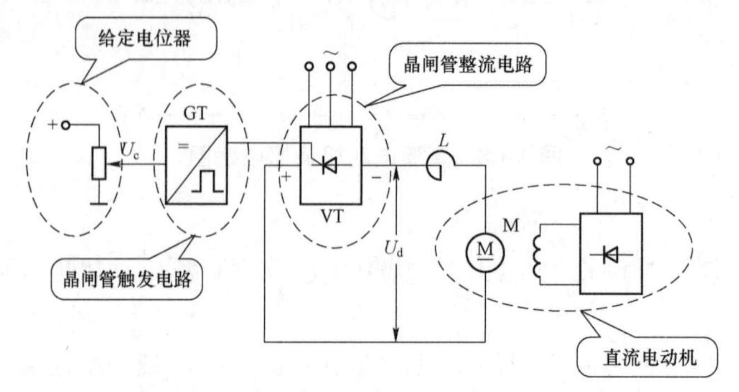

图 3.1.10　开环直流调速系统的结构原理图

（1）晶闸管可控整流电路 VT。晶闸管可控整流电路 VT 是由半控型器件晶闸管构成的可控整流电路，如图 3.1.11 所示。它将输入的固定交流电变为大小可控可调的直流电。一般小容量系统中用单相可控整流电路，将单相 220 V、50 Hz 交流电变成 0～198 V 可调的直流电；中、大容量系统中用三相可控整流电路，将三相 380 V、50 Hz 交流电变成 0～513 V 可调的直流电。

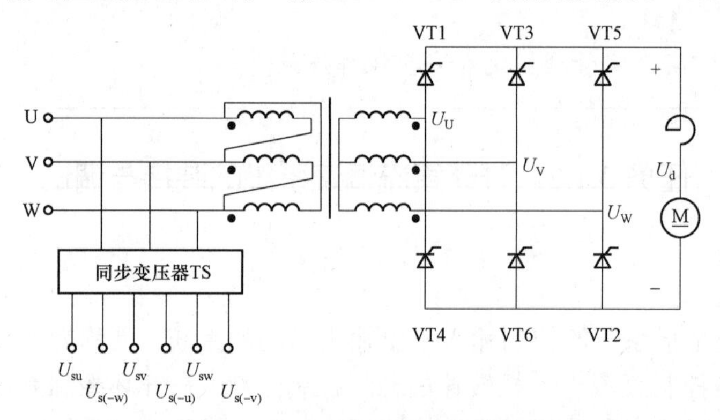

图 3.1.11　三相全控桥式整流电路

（2）直流电动机 M。电动机可以采用他励直流电动机，其电枢绕组由晶闸管可控整流电路提供可调直流电压，励磁绕组通过固定直流电压提供励磁电压，如图 3.1.12 所示。

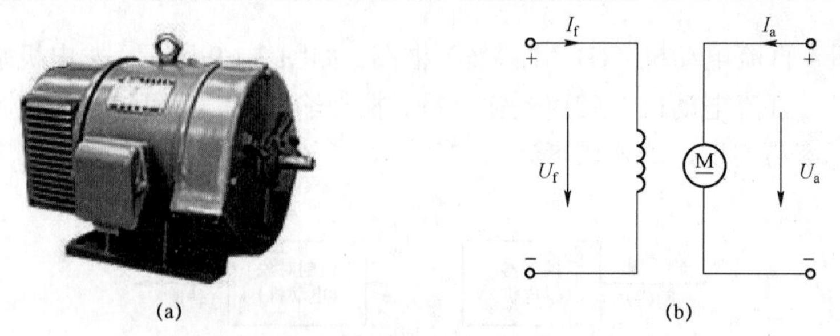

图 3.1.12　直流电动机及绕组电路

（a）外形；（b）绕组电路

（3）晶闸管触发电路 GT。晶闸管触发电路的主要形式有单结晶体管触发电路、正弦波触发电路、锯齿波触发电路、集成触发器等。通常采用锯齿波触发电路给三相全控桥六个晶闸管提供六个相位依次相差 60° 的双窄脉冲，如图 3.1.13 所示。

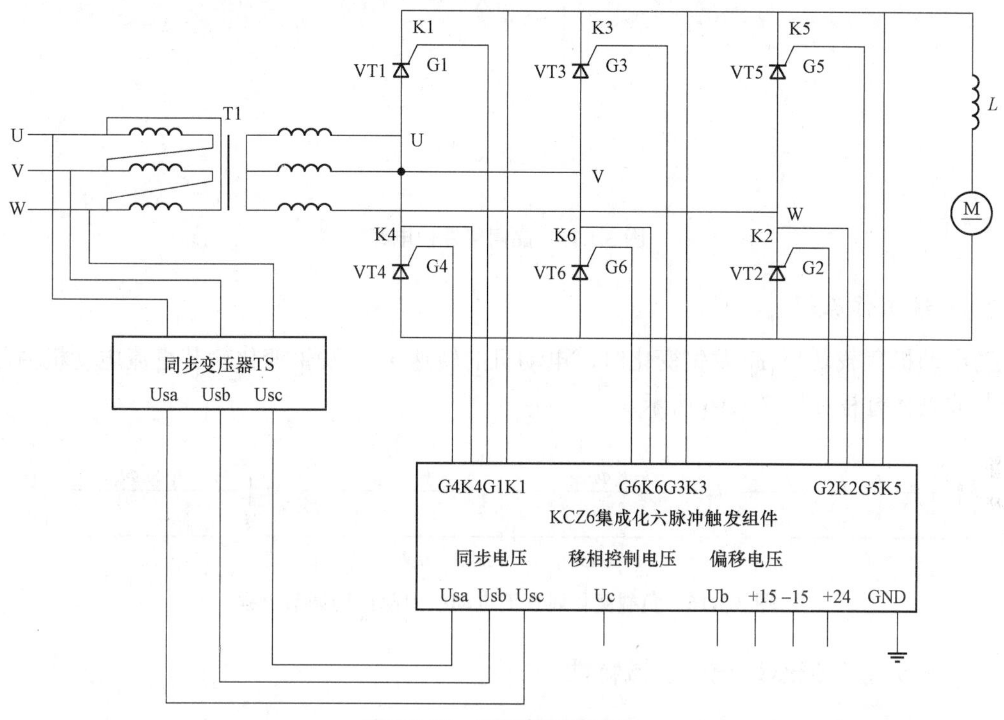

图 3.1.13　晶闸管触发电路

（4）给定电位器。给定电位器是给晶闸管触发电路提供一个 0～±15 V 的可调直流电压 U_c，从而改变触发电路输出脉冲的相位，如图 3.1.14 所示。

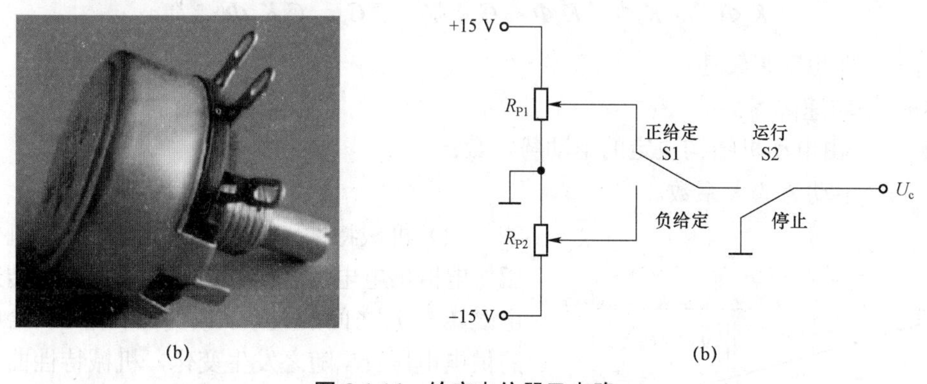

图 3.1.14　给定电位器及电路

（a）外形；（b）电路

（5）继电保护电路。继电保护电路包括过压保护、过流保护及通电顺序保护等部分，其主要作用是当电路中出现过高电压或过大电流时，通过电压互感器及过流继电器起到保护主电路中晶闸管等器件的作用。构成可控整流电路的核心器件是晶闸管，其容量大，能够承受较高的电压和流过较大的电流，如图 3.1.15 所示。

R
VT1
C
FU1

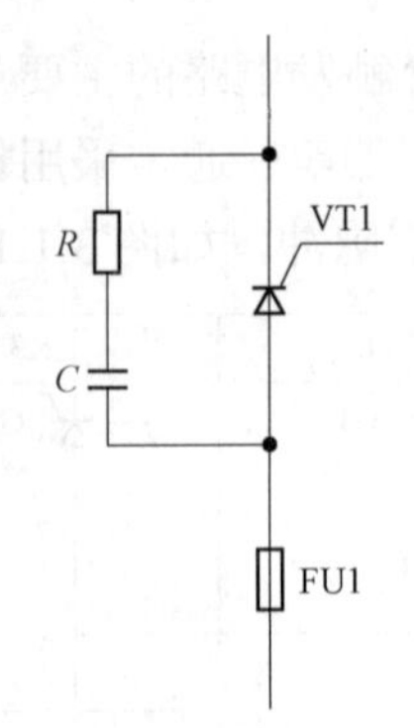

图 3.1.15　晶闸管保护电路

2. 系统工作原理

当电动机负载转矩 T_L 发生变化时，电动机的转速 n 也发生变化，其直流电动机内部自动调节的具体过程如图 3.1.16 所示。

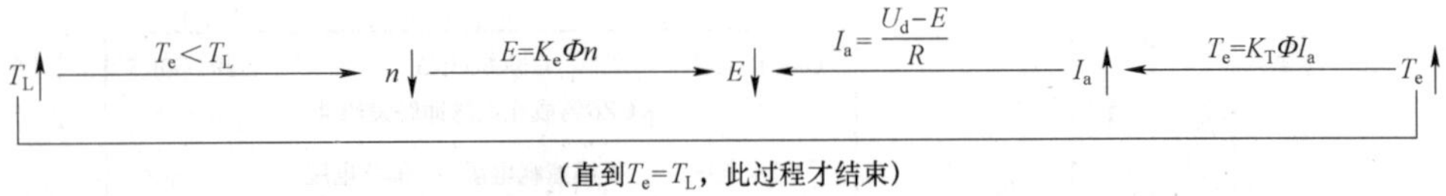

T_L↑
$T_e<T_L$
n↓
$E=K_e\Phi n$
E↓
$I_a=\frac{U_d-E}{R}$
I_a↑
$T_e=K_T\Phi I_a$
T_e↑
（直到$T_e=T_L$，此过程才结束）

图 3.1.16　负载变化时直流电动机内部自动调节过程

二、开环直流调速系统的机械特性

1. 直流电动机电流连续时的机械特性

（1）当电流连续时，开环直流调速系统的转速公式为：

$$n=\frac{U_d-I_dR}{K_e\Phi}=\frac{U_d}{K_e\Phi}-\frac{I_dR}{K_e\Phi}=\frac{U_d}{C_e}-\frac{I_dR}{C_e}=\frac{U_d}{C_e}-\frac{T_eR}{C_eK_T\Phi}=n_0-\Delta n$$

式中　n_0——理想空载转速；

Δn——转速降落；

K_e——由电动机结构决定的电动势常数；

C_e——电动势放大系数。

n
$U_1>U_2>U_3$
n_{01}
n_{02}
n_{03}
$\Delta n=I_dR/C_e$
U_1
n_1
a
U_2
n_2
U_3
n_3
O
$T_L(I_L)$
$T_e(I_d)$

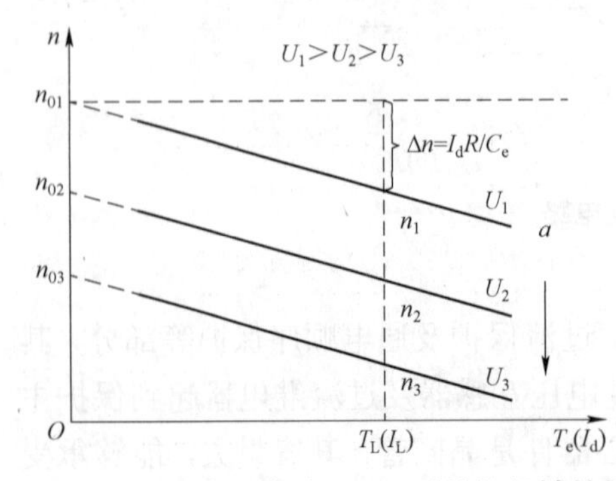

图 3.1.17　电流连续时 V－M 系统的机械特性

（2）机械特性。机械特性指直流电动机供电电压（电枢供电电压和励磁电压）不变时，转速 n 和电磁转矩 T_e 之间的关系。改变控制角 α，给电动机的供电电压 U_d 随之发生变化，机械特性曲线平行移动，得到一簇平行的直线，如图 3.1.17 所示。

2. 直流电动机电流断续时的机械特性

（1）机械特性与纵轴交点为理想空载转速 $n_0=\frac{U_d}{K_e\Phi}=\frac{Y_d}{C_e}$，电枢供电电压越大，理想空载转速越高。

（2）机械特性硬度和 Δn 有关，Δn 越小，系统的机械特性越硬，特性曲线斜率越小，如图 3.1.18 所示。

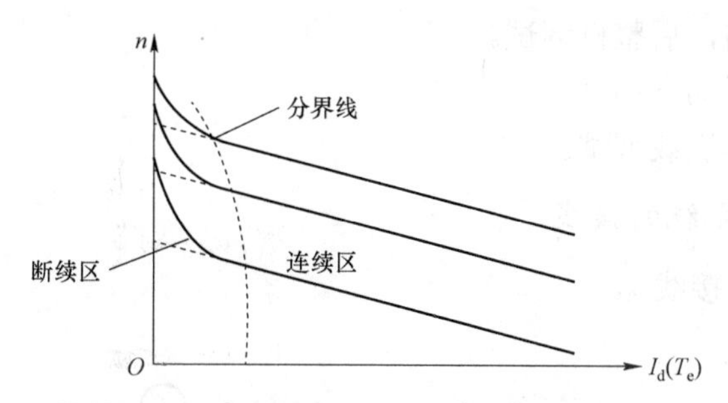

图 3.1.18　电流断续时 V－M 系统的机械特性

三、开环直流调速系统的稳态性能分析

（1）自动控制系统的性能要求：稳定性、准确性、快速性。

（2）调速系统的稳态性能指标：调速、稳速、加/减速。

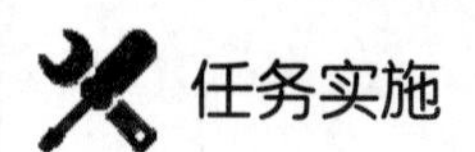

任务实施

一、准备阶段

实训设备、工具及仪表清单见表 3.1.1。

表 3.1.1　实训设备、工具及仪表清单

序号	材料	型号或规格	数量	备注
1	电力电子及电气传动实验台	THPDC－2 型电力电子及电气传动实训设备	1 台	
2	三相可调交流电源	PDC01A 电源控制屏	1 个	型号自定
3	三相整流及触发装置、可调电抗器	PWD－11（或 PDC－11）晶闸管主电路挂箱 PDC－12 三相晶闸管触发电路	1 套	
4	给定电位器	PWD－17 可调电阻器挂箱	1 个	
5	直流电动机	P_N＝185 W、U_N＝220 V、I_N＝1.1 A、n_N＝1 500 r/min	1 台	
6	测速发电机及测功机	DD03－3 组件	1 组	
7	双踪示波器	GOS—620	1 台	型号自定
8	万用表	数字式或指针式	1 只	型号自定
9	电流表、电压表	MEL—06 量程：2 A、300 V	各 1 只	
10	一字旋具		1 把	

二、操作过程

1. 晶闸管直流调速装置的调试步骤

（1）先调试主电路，后整机调试。

（2）先静态调试再动态调试。

（3）先轻载调试再满载调试。

2. 开环直流调速系统的接线

参照图 3.1.19 电路接线。

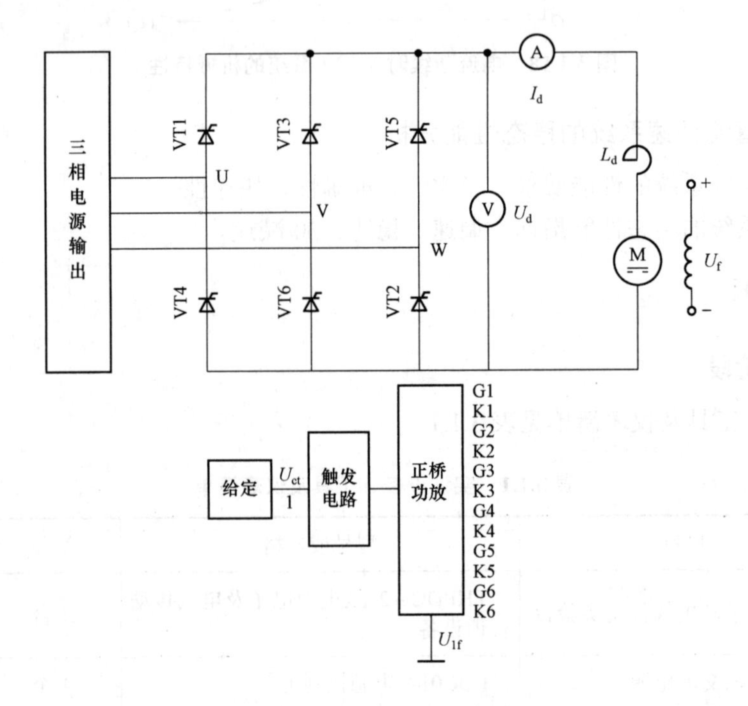

图 3.1.19 开环直流调速系统接线图

3. 开环直流调速系统控制电路的检查与调试

（1）打开控制电路的电源开关，调节电位器。用示波器观察触发电路的输出电压，应有间隔均匀、相互间隔 60° 的幅度相同的双窄脉冲。每只晶闸管的控制极 G 和阴极 K，应有幅度为 1～2 V 的双窄脉冲。

（2）将电位器的输出 U_g 接至触发电路的 U_{ct} 端，调节偏移电压 U_b，调节控制角 α 的初始值，当 $U_{ct}=0$ 时，使 $\alpha=90°$。保证触发电路的输出脉冲在 30° ～90° 范围内可调。

4. 开环直流调速系统的通电调试

（1）通电前的检查。

（2）通电调试。

（3）求取直流调速系统开环工作机械特性。

将测试相关数据填入表 3.1.2，并在图 3.1.20 中绘制系统开环机械特性曲线。

（4）断电停止。

表 3.1.2　电压 U_d、电流 I_d、转速 n 的数值变化表

参数值	1 组	2 组	3 组	4 组	5 组	6 组	7 组
电流 I_d							
转速 n							
电压 U_d							

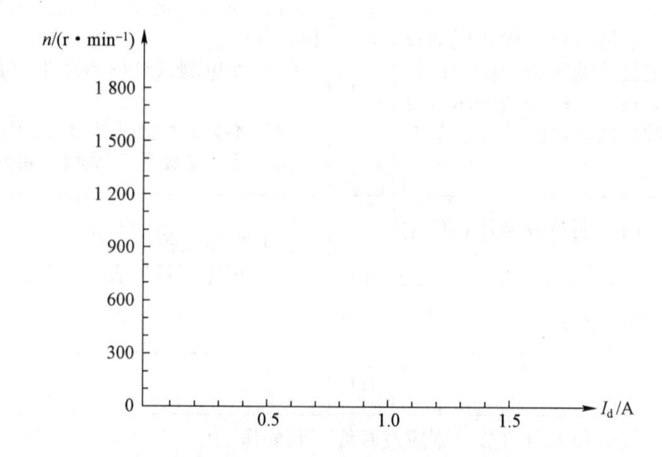

图 3.1.20　系统开环机械特性曲线

项目评价

对项目实施的完成情况进行检查，并填写项目评价表，见表 3.1.3。

表 3.1.3　开环直流调速系统的装接与调试项目评价表

序号	考核内容	考核要点	配分	评分标准	扣分	得分
1	识图与绘图	正确识图与绘制电路	20	（1）电气图形文字符号错误或遗漏，每处扣 2 分； （2）徒手绘制电路图扣 2 分； （3）电路原理错误扣 5 分		
2	工具的使用	正确使用工具	5	工具使用不正确每次扣 2 分		
3	仪表的使用	正确使用仪表	5	仪表使用不正确每次扣 2 分		

续表

序号	考核内容	考核要点	配分	评分标准	扣分	得分
4	安装接线	按接线图正确连接模块电路，模块布置要合理，安装要准确紧固，配线导线要紧固、美观	30	（1）模块布置不整齐、不合理，每处扣 2 分； （2）损坏元件扣 5 分； （3）系统运行正常，如不按电路图接线，扣 1 分； （4）主电路、控制电路布线不整齐、不美观，每根扣 0.5 分； （5）接点松动、露铜过长、压绝缘层，标记线号不清楚、遗漏或误标，引出端无接线端头，每处扣 0.5 分		
5	系统调试	熟练操作，能正确地设置直流调速系统参数；按照被试系统参数要求进行操作调试，达到系统要求	30	（1）通电测试发生短路和开路现象扣 8 分； （2）通电测试时损坏元件，每项扣 2 分； （3）不会调整测试参数，每项扣 2 分； （4）系统参数不符合要求，每处扣 2 分		
6	安全文明生产	（1）明确安全用电的主要内容； （2）操作过程符合文明生产要求	10	（1）损坏设备扣 2 分； （2）损坏工具仪表扣 1 分； （3）发生轻微触电事故扣 3 分		
合计			100			
注：若考生发生重大设备和人身事故，则应及时终止其操作						

项目二　闭环直流调速系统的装接与调试

项目提出

若晶闸管–电动机调速系统是开环调速系统，调节控制电压就可以改变电动机的转速。如果负载的生产工艺对运行时的静差率要求不高，这样的开环调速系统都能实现一定范围内的无级调速，可以找到一些用途。但是，许多需要调速的生产机械常常对静差率有一定的要求，在这些情况下，开环调速系统的稳速性能较差。稳态速降大，静差率数值高，往往不能满足生产机械的要求，需采用反馈控制的闭环调速系统来解决这个问题。

根据自动控制原理，反馈控制的闭环系统是按被调量的偏差进行控制的系统，只要被调量出现偏差，它就会自动产生纠正偏差的作用。调速系统的转速降落正是由于负载引起的转速偏差所致，显然，引入转速闭环将使调速系统能大大减少转速降落。

项目分析

闭环直流调速系统主要有两大类，即单闭环直流调速系统和双闭环直流调速系统。如图 3.2.1 所示为单闭环直流调速系统的分类。

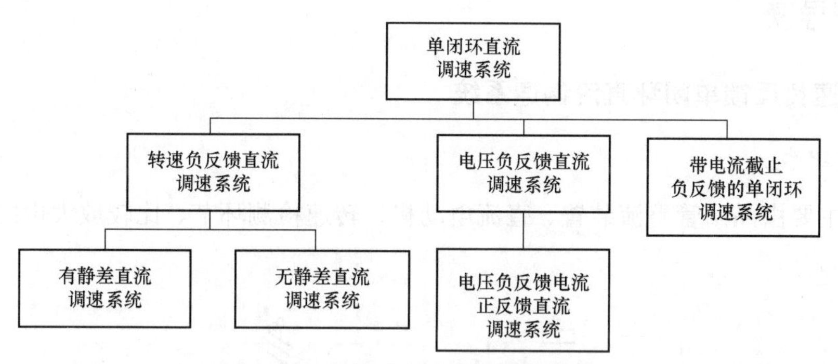

图 3.2.1　单闭环直流调速系统的分类

闭环直流调速系统就是在开环直流调速系统的基础上增加了反馈比较环节，一般引入负反馈，可以稳定系统输出。从输出端检测反馈信号并引入到输入端，与给定信号进行比较，用偏差信号调节输出量，从而控制被控对象，提高系统稳定性和精度，闭环调速系统框图如图 3.2.2 所示。

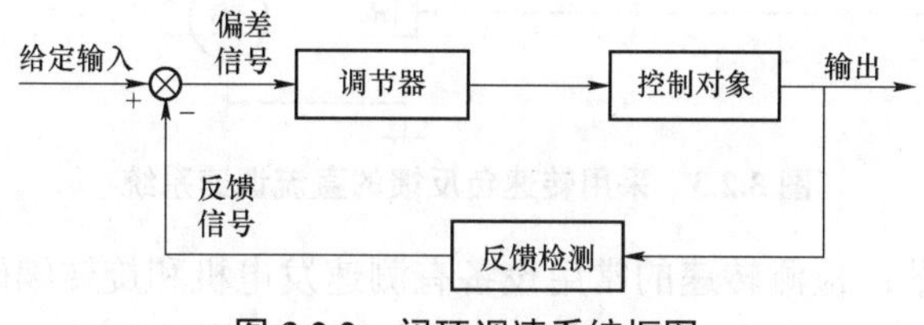

图 3.2.2　闭环调速系统框图

通过本项目的学习，了解晶闸管直流调速系统的相关知识，达成以下学习目标：

（1）掌握单闭环直流调速系统和双闭环直流调速系统的组成及工作原理。

（2）能对单闭环直流调速系统和双闭环直流调速系统的设备、器件进行检查确认。

（3）会对单闭环直流调速系统和双闭环直流调速系统设备进行安装。

（4）会观察分析单闭环直流调速系统和双闭环直流调速系统故障现象，判断故障点并排除。

（5）培养学生分析问题、解决问题的能力，以及交流沟通和团队协作能力，养成良好的职业素养。

任务 3.2.1 电压单闭环直流调速系统的装调

知识导读

一、转速负反馈单闭环直流调速系统

1. 系统组成

该系统主要由晶闸管整流装置、直流电动机、转速检测环节、比较放大电路等组成，如图 3.2.3 所示。

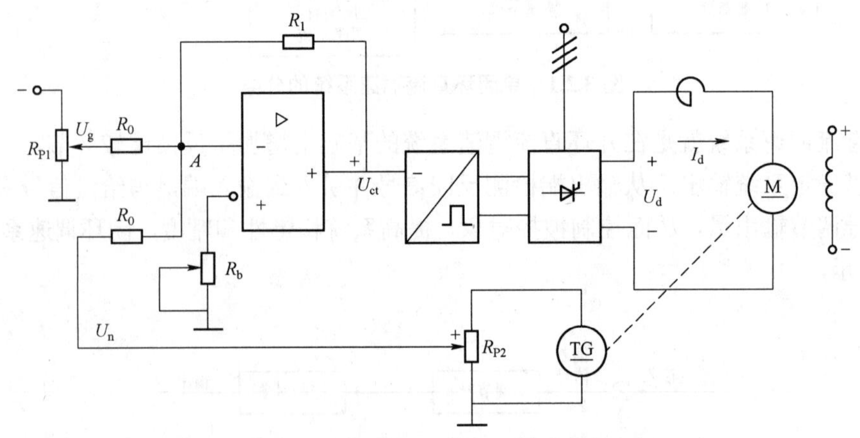

图 3.2.3 采用转速负反馈的直流调速系统

（1）转速检测环节：检测转速的常用设备有测速发电机和旋转编码器。

（2）比较放大电路：比较放大电路采用的是由集成运算放大器构成的比例调节器（也称为 P 调节器），如图 3.2.4 所示。

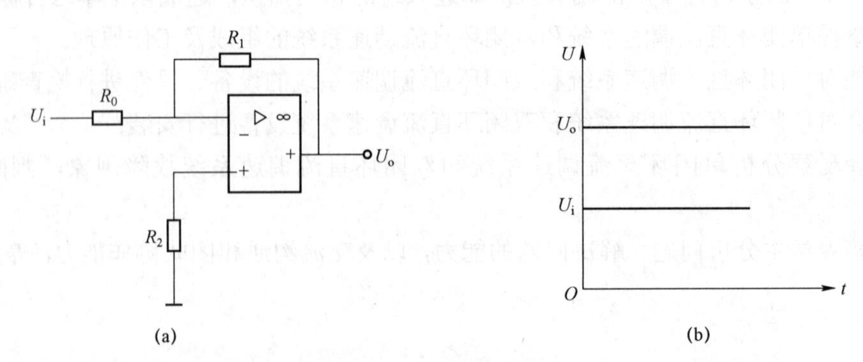

图 3.2.4 比例调节器

（a）比例调节器原理图；（b）比例调节器输入 – 输出特性曲线

其输出信号与输入信号成比例关系，即

$$U_o = -\frac{R_1}{R_0}U_i = K_p U_i$$

2. 调节原理

在反馈控制的闭环直流调速系统中，与电动机同轴安装一台测速发电机 TG，从而引出与被调量转速成正比的负反馈电压 U_n，将之与给定电压 U_g 相比较后，得到转速偏差电压 ΔU_n，经过放大器 A，产生电力电子变换器 UPE 的控制电压 U_{ct}，用以控制电动机转速 n。

二、转速负反馈单闭环无静差直流调速系统

（1）转速负反馈无静差直流调速系统的组成及原理图如图 3.2.5 所示。

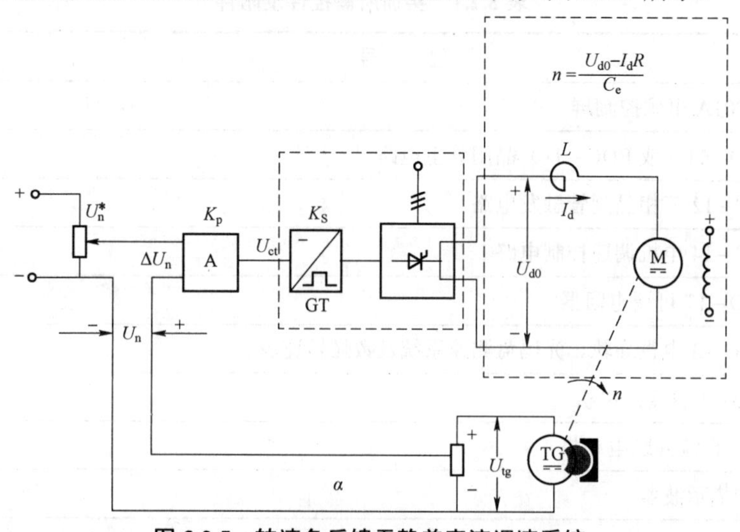

图 3.2.5　转速负反馈无静差直流调速系统

（2）转速负反馈单闭环调速系统的静特性分析：

电压比较环节　$\Delta U_n = U_n^* - U_n$

放大器　$U_{ct} = K_p \Delta U_n$

电力电子变换器　$U_{d0} = K_s U_{ct}$

调速系统开环机械特性　$n = \frac{U_{d0} - I_d R}{C_e}$

测速反馈环节　$U_n = \alpha n$

由上面 5 个关系式可以得到转速负反馈单闭环调速系统静态结构图，如图 3.2.6 所示。

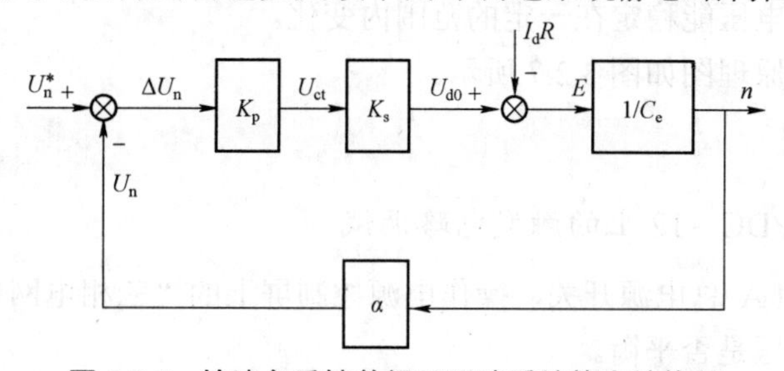

图 3.2.6　转速负反馈单闭环调速系统静态结构图

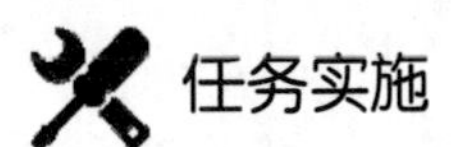

任务实施

一、准备阶段

1. 设备准备

自动控制实训室 THPDC－2 型电力电子及电气传动实训设备与配套电动机等，常用电工工具及仪器仪表，安全保护用具。

实训所需挂件及附件如表 3.2.1 所示。

表 3.2.1　实训所需挂件及附件

序号	型　　号	备注
1	PDC01A 电源控制屏	
2	PWD－11（或 PDC－11）晶闸管主电路	
3	PDC－12 三相晶闸管触发电路	
4	PDC－14 电机调速控制电路 I	
5	PWD－17 可调电阻器	
6	DD03－3 电机导轨、光码盘测速系统及数显转速表	
7	DJ13－1 直流发电机	
8	DJ15 直流并励电动机	
9	慢扫描示波器	自备
10	万用表	自备

2. 实训手册及使用说明书等技术资料

在电压单闭环中，将反映电压变化的电压隔离器输出的电压信号作为反馈信号加到电压调节器（用调节器Ⅱ作为电压调节器）的输入端，与给定的电压相比较，经放大后，得到移相控制电压 U_{ct}，控制整流桥的触发电路，改变三相全控整流的电压输出，从而构成了电压负反馈闭环系统。电动机的最高转速也由电压调节器的输出限幅所决定。调节器若采用 P（比例）调节，对阶跃输入有稳态误差，要消除该误差可将调节器换成 PI（比例－积分）调节。当给定电压恒定时，闭环系统对电枢电压变化起到了抑制作用，当电动机负载或电源电压波动时，电动机的电枢电压能稳定在一定的范围内变化。

电压单闭环系统原理图如图 3.2.7 所示。

二、操作过程

1. PDC－11 和 PDC－12 上的触发电路调试

（1）打开 PDC01 A 总电源开关，操作电源控制屏上的“三相电网电压指示”开关，观察输入的三相电网电压是否平衡。

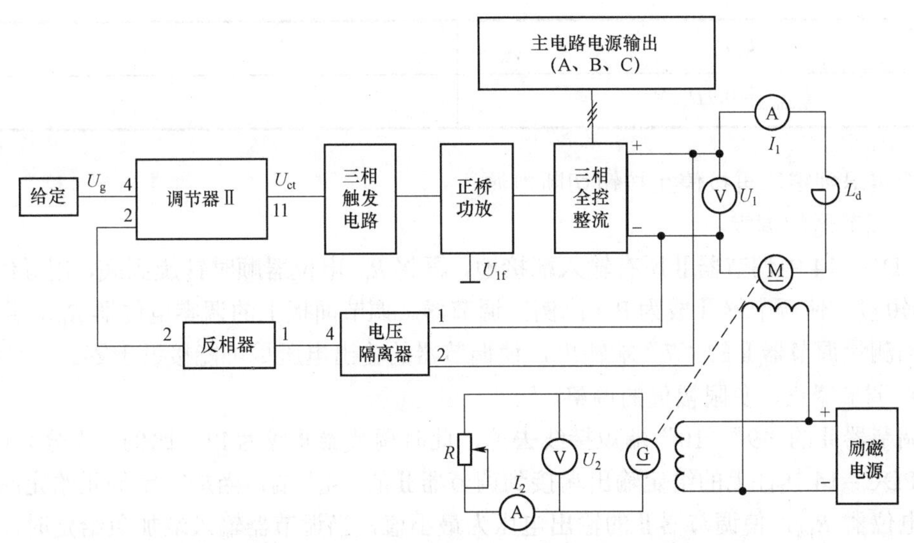

图 3.2.7 电压单闭环系统原理图（L_d=200 mH，R=2 250 Ω）

（2）用弱电导线将控制屏上的三相同步信号输出端和 PDC－12 的“三相同步信号输入”端相连，打开 PDC－12 电源开关，拨动“触发脉冲指示”钮子开关，使“窄”的发光管亮。

（3）观察 A、B、C 三相的锯齿波，并调节 A、B、C 三相锯齿波斜率调节电位器（在各观测孔下方），使三相锯齿波斜率尽可能一致。

（4）将 PDC－14 挂件上的给定输出电压 U_g 直接与 PDC－12 的移相控制电压 U_{ct} 相接，将给定开关 S_2 拨到接地位置（即 $U_{ct}=0$），调节 PDC－12 上的偏移电压电位器，用双踪示波器观察 A 相同步电压信号和“双脉冲观察孔”VT1 的输出波形，使$\alpha=150°$（注意此处的α表示三相晶闸管电路中的移相角，它的 0° 是从自然换流点开始计算，前面实训中的单相晶闸管电路的 0° 移相角表示从同步信号过零点开始计算，两者存在相位差，前者比后者滞后 30°）。

（5）适当增加给定 U_g 的正电压输出，观测 PDC－12 上“脉冲观察孔”的波形，此时应观测到单窄脉冲和双窄脉冲。

（6）将 PDC－12 面板上的 U_{1f} 端接地，用 20 芯的扁平电缆将 PDC－12 的“正桥触发脉冲输出”端与 PWD－11（或 PDC－11）的“（正桥）触发脉冲输入”端相连，观察 VT1～VT6 晶闸管门极和阴极之间的触发脉冲是否正常。

2. 基本单元部件调试

（1）移相控制电压 U_{ct} 调节范围的确定。

直接将 PDC－14 给定电压 U_g 接入 PDC－12 移相控制电压 U_{ct} 的输入端，三相全控整流输出接电阻负载 R，用示波器观察 U_d 的波形。当正给定电压 U_g 由零调大时，U_d 将随给定电压的增大而增大，当 U_g 超过某一数值 U_g' 时，U_d 的波形会出现缺相的现象，这时 U_d 反而随 U_g 的增大而减小。一般可确定移相控制电压的最大允许值 $U_{ctmax}=0.9U_g'$，即 U_g 的允许调节范围为 0～U_{ctmax}。如果我们把给定输出限幅定为 U_{ctmax}，则“三相全控整流”输出范围就被限定，不会工作到极限值状态，保证 6 只晶闸管可靠工作。记录 U_g' 于下表中：

U_g' /V	
$U_{ctmax}=0.9U_g'$ /V	

将给定退到零，再按停止按钮切断电源。

（2）调节器的调零。

将 PDC－14 中调节器Ⅱ所有输入端接地，再将 R_{P1} 电位器顺时针旋到底，用导线将“9”“10”端短接，使调节器Ⅱ成为 P（比例）调节器。调节面板上的调零电位器 R_{P2}，用万用表的毫伏挡测量调节器Ⅱ的“7”端输出，使调节器的输出电压尽可能接近于零。

（3）调节器正、负限幅值的调整。

把调节器Ⅱ的“9”“10”端短接线去掉，此时调节器Ⅱ成为 PI（比例－积分）调节器，然后将 PDC－14 挂件上的给定输出端接到调节器Ⅱ的“4”端，当加一定的正给定时，调整负限幅电位器 R_{P4}，使调节器Ⅱ的输出电压为最小值，当调节器输入端加负给定时，调整正限幅电位器 R_{P3}，使之输出正限幅值为 U_{ctmax}。

（4）电压反馈系数的整定。

直接将控制屏上的励磁电压接到电压隔离器的“1”“2”端，用直流电压表测量励磁电压，并调节电位器 R_{P1}，使得当输入电压为 220 V 时，电压隔离器输出＋6 V，这时的电压反馈系数 $\gamma=U_{fn}/U_d=0.027$。

3. 电压单闭环直流调速系统

（1）按图 3.2.7 接线，在本实训中，PDC－14 上的给定电压 U_g 为负给定，电压反馈为正电压，将调节器Ⅱ接成 P（比例）调节器或 PI（比例－积分）调节器。直流发电机接负载电阻 R，L_d 用 PWD－11（或 PDC－11）上的 200 mH，给定输出调到零。

（2）直流发电机先轻载，从零开始逐渐调大给定电压 U_g，使电动机转速接近 $n=$ 1 200 r/min。

（3）由小到大调节直流发电机负载 R，测定相应的 I_d 和 n，直至电动机电流 $I_d=I_{dN}$，即可测出系统静态特性曲线 $n=f(I_d)$，并记录于下表中：

n/（r·min^{-1}）							
I_d/A							

注意事项

（1）在记录动态波形时，可先用双踪慢扫描示波器观察波形，以便找出系统动态特性较为理想的调节器参数，再用数字存储示波器或记忆示波器记录动态波形。

（2）电动机启动前，应先加上电动机的励磁，才能使电动机启动。在启动前必须将移相控制电压调到零，使整流输出电压为零，这时才可以逐渐加大给定电压，不能在开环或电压闭环时突加给定，否则会引起过大的启动电流，使过流保护动作，告警，跳闸。

（3）通电实训时，可先用电阻作为整流桥的负载，待确定电路能正常工作后，再换成电动机作为负载。

（4）在连接反馈信号时，给定信号的极性必须与反馈信号的极性相反，确保为负反馈，否则会造成失控。

（5）直流电动机的电枢电流不要超过额定值使用，转速也不要超过 1.2 倍的额定值。以免影响电动机的使用寿命或发生意外。

（6）PDC－12 与 PDC－14 不共地，所以实训时须短接 PDC－12 与 PDC－14 的地。

任务 3.2.2　双闭环直流调速系统的装接与调试

知识导读

开环调速系统结构简单，最容易实现，但它没有抗干扰能力，负载电流变化或电网电压波动时，电动机转速都会发生变化，因此，仅适用干扰小、对调速性能要求不高的场合。

转速负反馈单闭环调速系统是对开环调速系统的改进，对作用于闭环内前向通道上的干扰均有调节作用，转速更稳定，调速性能更好，若采用 PI 调节器可以实现无静差调速。但由于系统对电枢电流没有调节作用，还存在局限性：

（1）不能全压启动，否则电流过大。

（2）当电动机过载或堵转时，没有过电流保护作用。

因此再引入一个电流调节环，对电枢电流起调节作用，构成双闭环调速系统。

一、采用 PI 调节器的单闭环无静差调速系统

1. 比例－积分调节器

如果既要稳态精度高，又要动态响应快，该怎么办呢？只要把比例和积分两种控制结合起来就行了，这便是比例－积分控制，如图 3.2.8 和图 3.2.9 所示。比例－积分控制综合了比例控制和积分控制两种规律的优点。比例部分能迅速响应控制作用，积分部分则最终消除稳态偏差。

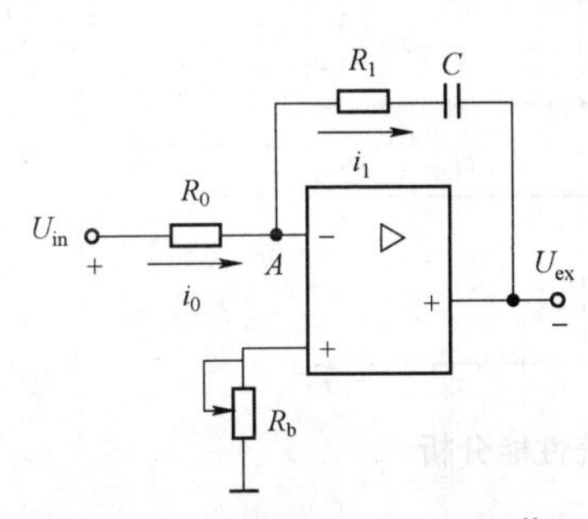

图 3.2.8　比例积分（PI）调节器

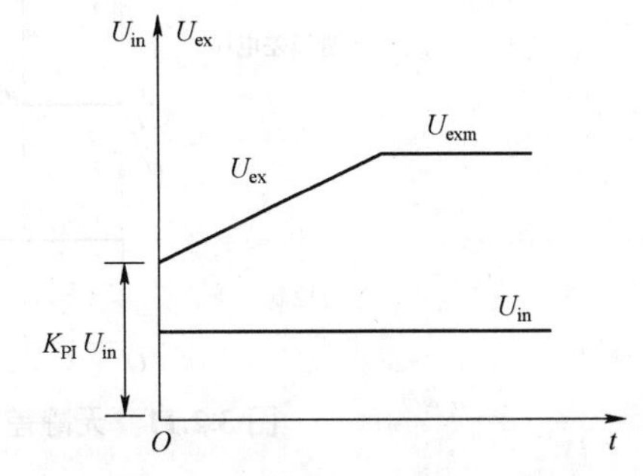

图 3.2.9　阶跃输入时的输出特性

2. 无静差直流调速系统

无静差直流调速系统由晶闸管整流装置、直流电动机、转速检测环节、放大比较电路等

组成。其电路如图 3.2.10 所示。

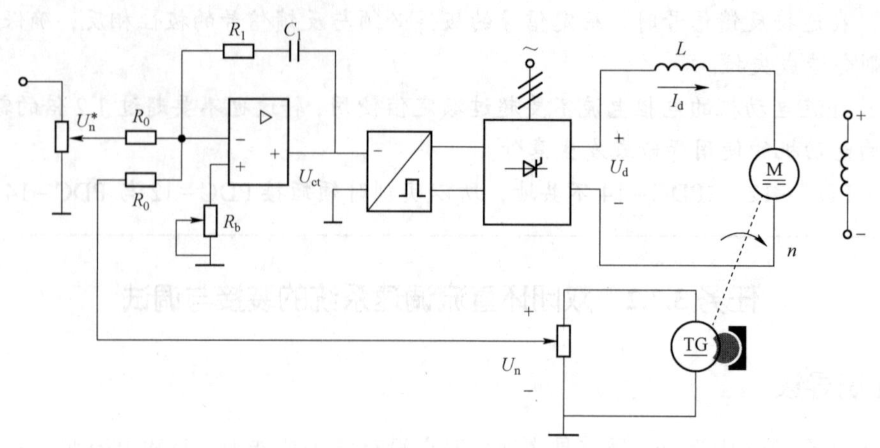

图 3.2.10　无静差直流调速系统电路

对单闭环无静差调速系统的动态抗干扰性能进行定性的分析，如图 3.2.11 所示。

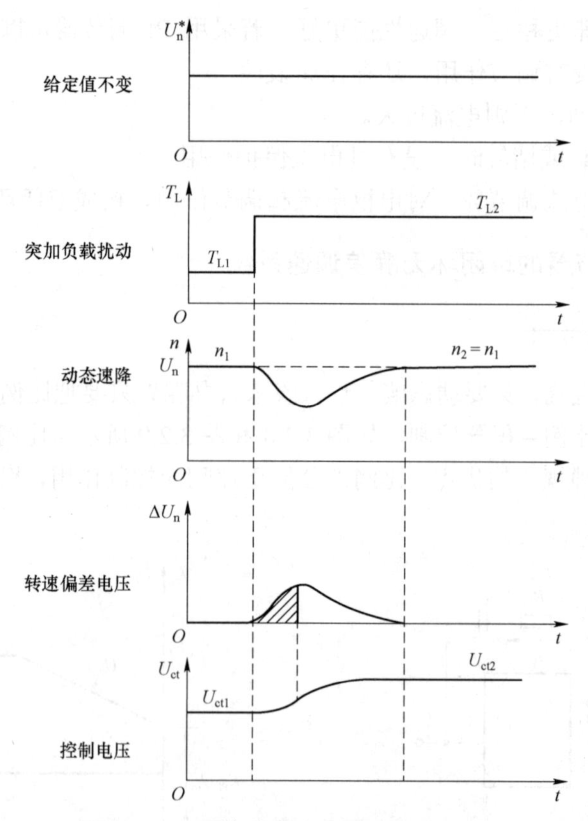

图 3.2.11　无静差直流调速系统性能分析

严格地说，“无静差”只是理论上的，实际系统在稳态时，PI 调节器积分器电容两端电压不变，相当于运算放大器的反馈回路开路，其放大系数等于运算放大器本身的开环放大系数，数值最大，但并不是无穷大。因此其输入端仍存在很小的信号，而不是零。也就是说，实际上仍存在很小的静差，只是在一般精度要求下可以忽略不计。

二、双闭环直流调速系统

1. 双闭环直流调速系统的构成（见图 3.2.12）

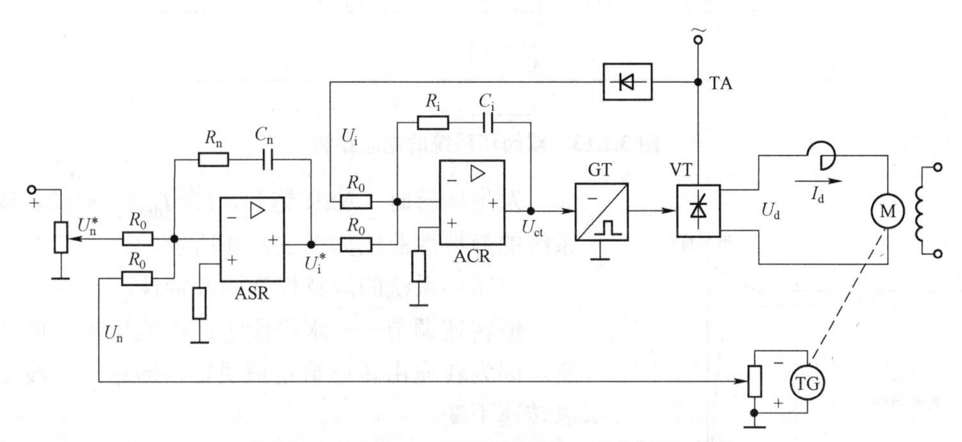

图 3.2.12　具有 PI 调节器的双闭环直流调速系统

（1）双闭环。

外环：转速环，对转速起调节控制作用；

内环：电流环，对电枢电流起调节控制作用。

（2）调节器有反相作用：触发电路控制电压为正，同一调节器反馈极性与给定极性相反。

（3）电流反馈。

在直流侧：在电动机主回路中串入一取样电阻，取样电阻上的压降能同时反映电枢电流的大小和方向。

在交流测：交流侧电流大小与电枢电流成正比，利用电流互感器、二极管整流器可得到与交流侧电流成正比的直流电压，可作为电流反馈电压，只反映电枢电流的大小。

2. 双闭环直流调速系统的特点

（1）转速调节器 ASR 与电流调节器 ACR 为串联关系，转速调节器的输出作为电流调节器的给定。

（2）系统有 2 个闭环回路，内环是电流环，外环是转速环。转速环对电动机的转速实现调节，是主要调节；电流环对电动机的电枢电流实现调节，是辅助调节。

（3）为了使系统获得较好的动态和稳态性能，2 个调节器均采用 PI 调节器。

（4）2 个调节器的输出都是带限幅的。转速调节器的输出限幅值决定了电枢电流最大值，电流调节器的输出限幅值决定了整流装置的最大输出电压。

3. 双闭环直流调速系统的静特性分析

（1）双闭环系统的稳态结构，如图 3.2.13 所示。

（2）双闭环系统的静特性。

正常工作状态下（ASR 不饱和，$I_d < I_{dm}$），即给定不变时，转速为不变，电流可为任意值。

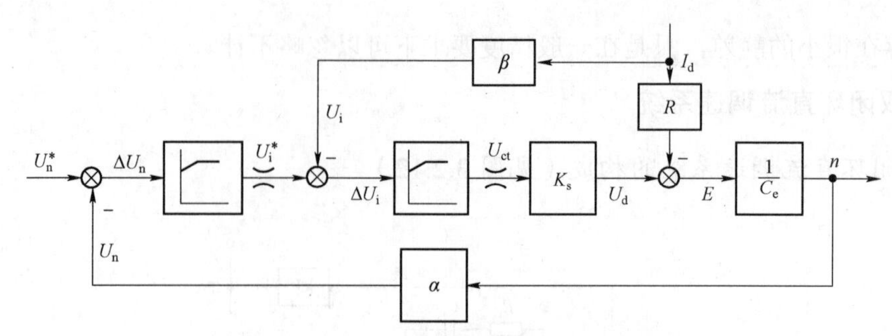

图 3.2.13　双闭环系统的稳态结构

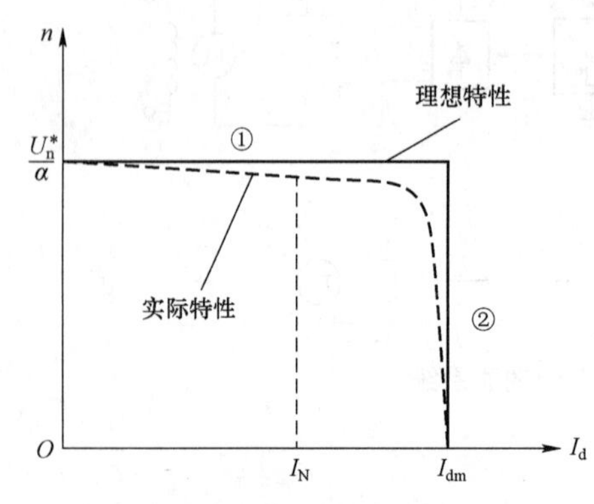

图 3.2.14　双闭环系统的静特性

发生堵转时（ASR 饱和，$I_d = I_{dm}$），$n = 0$。双闭环系统的静特性曲线如图 3.2.14 所示。

双闭环系统的静特性为两段特性：

恒转速调节——水平段①：电流增加，但转速不变。因为转速由转速给定值决定，转速给定没变，所以转速不变。

恒电流调节——竖直段②：该段可看作是电动机的启动和堵转过程。

启动时，转速从零升到给定值；堵转时，转速从给定值降为零。恒电流调节阶段，ASR 饱和，电流给定值和电枢电流均达到最大值，电流调节器起主要调节作用，系统主要表现为恒电流调节，起到自动过电流保护作用。

两段静特性是用 PI 调节器构成内、外两个闭环的控制效果。

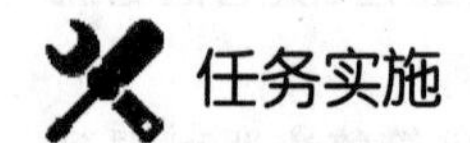

任务实施

一、准备阶段

自动控制实训室 THPDC－2 型电力电子及电气传动实训设备与配套电动机等，所需挂件及附件如表 3.2.2 所示。

表 3.2.2　所需挂件及附件

序号	型　号	备注
1	PDC01A 电源控制屏	
2	PWD－11（或 PDC－11）晶闸管主电路	
3	PDC－12 三相晶闸管触发电路	
4	PDC－14 电机调速控制电路 I	
5	PWD－17 可调电阻器	
6	DD03－3 电机导轨、光码盘测速系统及数显转速表	
7	DJ13－1 直流发电机	

续表

序号	型　　号	备注
8	DJ15 直流并励电动机	
9	慢扫描示波器	自备
10	万用表	自备

实训电路及原理如图 3.2.15 所示。

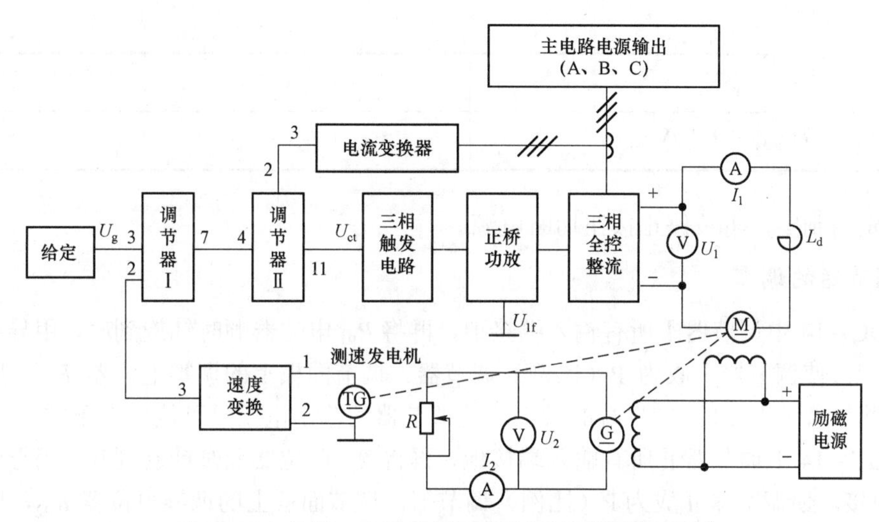

图 3.2.15　转速、电流双闭环直流调速系统原理框图

许多生产机械，由于加工和运行的要求，使电动机经常处于启动、制动、反转的过渡过程中，因此启动和制动过程的时间在很大程度上决定了生产机械的生产效率。为缩短这一部分时间，仅采用 PI 调节器的转速负反馈单闭环调速系统，其性能还不很令人满意。转速、电流双闭环直流调速系统采用由转速和电流两个调节器进行综合调节，可获得良好的静、动态性能（两个调节器均采用 PI 调节器），由于调节系统的主要参量为转速，故将转速环作为主环放在外面，电流环作为副环放在里面，这样可以抑制电网电压扰动对转速的影响。

启动时，加入给定电压 U_g，调节器Ⅰ和调节器Ⅱ即以饱和限幅值输出，使电动机以限定的最大启动电流加速启动，直到电动机转速达到给定转速（即 U_g=U_n），并在出现超调后，调节器Ⅰ和调节器Ⅱ退出饱和，最后稳定在略低于给定转速值下运行。

系统工作时，要先给电动机加励磁，改变给定电压 U_g 的大小即可方便地改变电动机的转速。调节器Ⅰ、调节器Ⅱ均设有限幅环节，调节器Ⅰ的输出作为调节器Ⅱ的给定，利用调节器Ⅰ的输出限幅可达到限制启动电流的目的。调节器Ⅱ的输出作为触发电路的控制电压 U_{ct}，利用调节器Ⅱ的输出限幅可达到限制 α_{max} 的目的。

二、操作过程

按照图 3.2.15 装接电路，然后进行基本单元部件调试。

1. 移相控制电压 U_{ct} 调节范围的确定

直接将 PDC－14 给定电压 U_g 接入 PDC－12 移相控制电压 U_{ct} 的输入端，“三相全控整流”输出接电阻负载 R，用示波器观察 U_d 的波形。当正给定电压 U_g 由零调大时，U_d 将随给定电压的增大而增大，当 U_g 超过某一数值 U'_g 时，U_d 的波形会出现缺相现象，这时 U_d 反而随 U_g 的增大而减小。一般可确定移相控制电压的最大允许值 $U_{ctmax}=0.9U'_g$，即 U_g 的允许调节范围为 0～U_{ctmax}。如果我们把给定输出限幅定为 U_{ctmax}，则“三相全控整流”输出范围就被限定，不会工作到极限值状态，可保证 6 只晶闸管可靠工作。记录 U'_g 于下表中：

U'_g/V	
$U_{ctmax}=0.9U'_g$/V	

将给定退到零，再按停止按钮切断电源。

2. 调节器的调零

将 PDC－14 中调节器 Ⅰ 所有输入端接地，再将 R_{P1} 电位器顺时针旋到底，用导线将“5”“6”端短接，使调节器 Ⅰ 成为 P（比例）调节器。调节面板上的调零电位器 R_{P2}，用万用表的毫伏挡测量调节器 Ⅰ 的“7”端的输出，使调节器的输出电压尽可能接近于零。

将 PDC－14 中调节器 Ⅱ 所有输入端接地，再将 R_{P1} 电位器顺时针旋到底，用导线将“9”“10”端短接，使调节器 Ⅱ 成为 P（比例）调节器。调节面板上的调零电位器 R_{P2}，用万用表的毫伏挡测量调节器 Ⅱ 的“11”端的输出，使调节器的输出电压尽可能接近于零。

3. 调节器正、负限幅值的调整

把调节器 Ⅰ 的“5”“6”端短接线去掉，此时调节器 Ⅰ 成为 PI（比例积分）调节器，然后将 PDC－14 挂件上的给定输出端接到调节器 Ⅰ 的“3”端，当加一定的正给定电压时，调节负限幅电位器 R_{P4}，使调节器 Ⅰ 的输出负限幅值为－6 V，当调节器 Ⅰ 输入端加负给定电压时，调节正限幅电位器 R_{P3}，使之输出电压为最小值。

把调节器 Ⅱ 的“9”“10”端短接线去掉，此时调节器 Ⅱ 成为 PI（比例积分）调节器，然后将 PDC－14 挂件上的给定输出端接到调节器 Ⅱ 的“4”端，当加一定的正给定电压时，调节负限幅电位器 R_{P4}，使之输出电压为最小值，当调节器 Ⅱ 输入端加负给定电压时，调整正限幅电位器 R_{P3}，使调节器 Ⅱ 的输出正限幅值为 U_{ctmax}。

4. 电流反馈系数的整定

直接将给定电压 U_g 接入 PDC－12 移相控制电压 U_{ct} 的输入端，整流桥输出接电阻负载 R（将两个 900 Ω电阻并联），负载电阻放在最大值，输出给定调到零。

按下启动按钮，从零增加给定电压，使输出电压升高，当 U_d=220 V 时，减小负载的阻值，调节电流变换器上的电流反馈电位器 R_{P1}，使得负载电流 I_d=0.65 A 时，“3”端 I_f 的电流反馈电压 U_{fi}=3 V，这时的电流反馈系数 $\beta=U_{fi}/I_d$=4.615 V/A。

5. 转速反馈系数的整定

直接将给定电压 U_g 接 PDC－12 上的移相控制电压 U_{ct} 的输入端，“三相全控整流”电路接直流电动机负载，L_d 用 PWD－11（或 PDC－11）上的 200 mH，输出给定调到零。

按下启动按钮，接通励磁电源，从零逐渐增加给定电压，使电动机提速到 n=1 500 r/min 时，调节速度变换上的转速反馈电位器 R_{P1}，使得该转速时反馈电压 U_n=－6 V，这时的转速反馈系数 $\alpha = U_n/n$=0.004 V/（r/min）。

6. 系统静特性测试

（1）按图 3.2.15 接线，PDC－14 挂件上的给定电压 U_g 输出为正给定，转速反馈电压为负电压，直流发电机接负载电阻 R，L_d 用 PWD－11（或 PDC－11）上的 200 mH，负载电阻放在最大值处，输出给定调到零。将调节器Ⅰ、调节器Ⅱ都接成 P（比例）调节器后，接入系统，形成双闭环不可逆系统，按下启动按钮，接通励磁电源，增加给定电压，观察系统能否正常运行，确认整个系统的接线正确无误后，将调节器Ⅰ、调节器Ⅱ均恢复成 PI（比例－积分）调节器，构成实训系统。

（2）机械特性 $n=f(I_d)$ 的测定。

① 发电机先空载，从零开始逐渐调大给定电压 U_g，使电动机转速接近 n=1 200 r/min，然后接入发电机负载电阻 R，逐渐改变负载电阻，直至 $I_d=I_{dN}$，即可测出系统静态特性曲线 $n=f(I_d)$，并记录于下表中：

n/（r·min^{-1}）							
I_d/A							

② 降低 U_g，再测试 n=800 r/min 时的静态特性曲线，并记录于下表中：

n/（r·min^{-1}）							
I_d/A							

③ 闭环控制系统 $n=f(U_g)$ 的测定。

调节 U_g 及 R，使 $I_d=I_{dN}$、n=1 200 r/min，逐渐降低 U_g，记录 U_g 和 n，即可测出闭环控制特性 $n=f(U_g)$。

n/（r·min^{-1}）							
U_g/V							

7. 系统动态特性的观察

用慢扫描示波器观察动态波形。在不同的系统参数下（调节 R_{P1}），用示波器观察、记录下列动态波形：

（1）突加给定 U_g，电动机启动时的电枢电流 I_d（“电流变换器”的“3”端）和转速 n 的波形。

（2）突加额定负载（$20\%I_{dN}\Rightarrow100\%I_{dN}$）时电动机的电枢电流波形和转速波形。

（3）突降负载（$100\%I_{dN}\Rightarrow20\%I_{dN}$）时电动机的电枢电流波形和转速波形。

注意

（1）电动机启动前，应先加上电动机的励磁，才能使电动机启动。

（2）在系统未加入电流截止负反馈环节时，不允许突加给定电压，以免产生过大的冲击电流，使过流保护动作，实训无法进行。

（3）通电实训时，可先用电阻作为整流桥的负载，待确定电路能正常工作后，再换成电动机作为负载。

（4）在连接反馈信号时，给定信号的极性必须与反馈信号的极性相反，确保为负反馈，否则会造成失控。

（5）直流电动机的电枢电流不要超过额定值使用，转速也不要超过 1.2 倍的额定值，以免影响电动机的使用寿命或发生意外。

项目评价

对项目实施的完成情况进行检查，并填写项目评价表，见表 3.2.3。

表 3.2.3　开环直流调速系统项目评价表

序号	考核内容	考核要点	配分	评分标准	扣分	得分
1	识图与绘图	正确识图与绘制电路	20	（1）电气图形文字符号错误或遗漏，每处均扣 2 分； （2）徒手绘制电路图扣 2 分； （3）电路原理错误扣 5 分		
2	工具的使用	正确使用工具	5	工具使用不正确每次扣 2 分		
3	仪表的使用	正确使用仪表	5	仪表使用不正确每次扣 2 分		
4	安装接线	按接线图正确连接模块电路，模块布置要合理，安装要准确紧固，配线导线要紧固、美观	30	（1）模块布置不整齐、不合理，每只扣 2 分； （2）损坏元件扣 5 分； （3）系统运行正常，如不按电路图接线，扣 1 分； （4）主电路、控制电路布线不整齐、不美观，每根扣 0.5 分； （5）接点松动、露铜过长、压绝缘层，标记线号不清楚、遗漏或误标，引出端无接线端头，每处扣 0.5 分		

续表

序号	考核内容	考核要点	配分	评分标准	扣分	得分
5	系统调试	熟练操作，能正确地设置直流调速系统参数；按照被试系统参数要求进行操作调试，达到系统要求	30	（1）通电测试发生短路和开路现象扣 8 分； （2）通电测试损坏元件，每项扣 2 分； （3）不会调整测试参数，每项扣 2 分； （4）系统参数不符合要求，每处扣 2 分		
6	安全文明生产	（1）明确安全用电的主要内容； （2）操作过程符合文明生产要求	10	（1）损坏设备扣 2 分； （2）损坏工具仪表扣 1 分； （3）发生轻微触电事故扣 3 分		
合计			100			
若考生发生重大设备和人身事故，则应及时终止其操作						

模块四　交流传动系统的安装、调试及维修

项目一　变频器面板的操作与运行

项目提出

电气传动系统是以交流电动机为动力拖动各种生产机械的系统，如图 4.1.1 所示。其中交流调速系统，就是以交流电动机作为电能-机械能的转换装置，并对其进行控制以产生所需要的转速。随着电力电子技术、大规模集成电路和计算机控制技术的迅速发展，交流可调传动系统得到了广泛的发展，诸如交流电动机的串级调速、各种类型的变频调速，特别是矢量控制技术的应用，使得交流调速系统逐步具备了宽的调速范围、较高的稳速精度、快速的动态响应以及在四象限做可逆运行等良好的技术性能。现在从数百瓦的伺服系统到数百千瓦的特大功率高速传动系统，从一般要求的小范围调速传动到高精度、快响应、大范围的调速传动，从单机传动到多机协调运转，几乎都可采用交流调速传动。

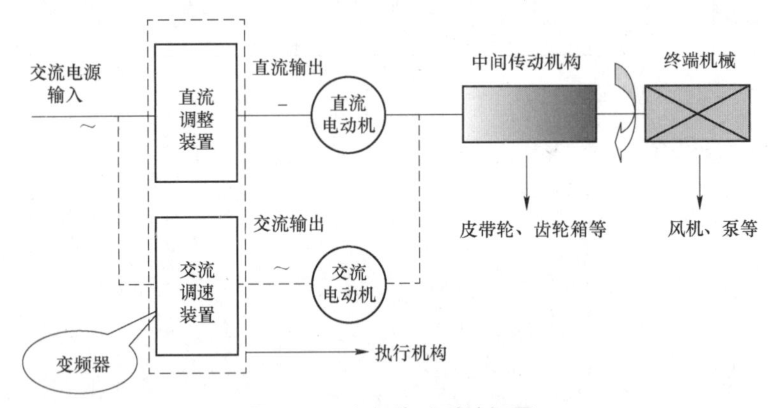

图 4.1.1　电气传动系统框图

交流调速系统分为交流异步电动机调速系统和交流同步电动机调速系统两大类。

1. 交流异步电动机调速系统

交流异步电动机调速系统可以分为三种，即转差功率消耗型调速系统、转差功率馈送型调速系统和转差功率不变型调速系统。

（1）转差功率消耗型调速系统的全部转差功率都被消耗掉，用增加转差功率的消耗来换取转速的降低，转差率 s 增大，转差功率增大，以发热形式消耗在转子电路里，使得系统效率也随之降低。定子调压调速、电磁转差离合器调速及绕线式异步电动机转子串电阻调速这

三种方法属于这一类，这类调速系统存在着调速范围越宽，转差功率越大，系统效率越低的问题，故不值得提倡。

（2）转差功率馈送型调速系统的大部分转差功率通过变流装置回馈给电网或者加以利用，转速越低回馈的功率越多，但是增设的装置也要多消耗一部分功率。绕线式异步电动机转子串级调速即属于这一类，它将转差功率通过整流和逆变作用，经变压器回馈到交流电网，但没有以发热形式消耗能量，即使在低速时，串级调速系统的效率也是很高的。

（3）转差功率不变型调速系统中，转差功率仍旧消耗在转子里，但不论转速高低，转差功率基本不变。如变极对数调速、变频调速即属于这一类，由于在调速过程中改变同步转速 n_0，转差率 s 是一定的，故系统效率不会因调速而降低。在改变 n_0 的两种调速方案中，又因变极对数调速为有极调速，且极数很有限，调速范围窄，所以，目前在交流调速方案中，变频调速是最理想，最有前途的交流调速方案。

2. 交流同步电动机调速

由于其转差功率恒为零，从定子传入的电磁功率全部变为机械轴上输出的机械功率，只能是转差功率不变型的调速系统。其表达式为

$$n_1 = \frac{60 f_1}{p}$$

同步电动机的调速只能通过改变同步转速 n_1 实现，由于同步电动机极对数 p 是固定的，只能采用变压变频调速方式。

项目分析

变频技术是一种把直流电逆变成不同频率的交流电的转换技术。它可把交流电变成直流电后再逆变成不同频率的交流电，或是把直流电变成交流电后再把交流电变成直流电。总之这一切都只有频率的变化，而没有电能的变化。随着科学的发展，变频器的使用也越来越广泛，不管是工业设备上还是家用电器上都会使用到变频器，可以说，只要有三相异步电动机的地方，就有变频器的存在。掌握变频器的使用，对电气专业的学生至关重要。本项目将以三菱变频器 FR – D700 为例讲解变频器面板的操作与运行。

变频器是应用变频技术与微电子技术，通过改变电动机工作电源的频率和幅度的方式来控制交流电动机的电力传动元件，其主电路是给异步电动机提供调压调频电源的电力变换部分，控制电路是给异步电动机供电（电压、频率可调）的主电路提供控制信号的回路。本项目通过学习变频器面板的操作与运行，达到以下目标：

（1）熟悉交流调速的几种方式及特点，掌握变频调速的工作原理。

（2）认识三菱变频器 FR – D700，了解变频器的组成结构和工作原理。

（3）能识别变频器操作面板、电源输入端、输出端、控制端。

（4）掌握变频器的接线方法和装调技术。

（5）能根据用电设备要求，参照变频器使用手册，设置变频器参数。

（6）养成 5S 管理的职业素养，培养交流沟通能力及团队协作能力。

项目实施

任务 4.1.1 变频器的基本操作

知识导读

变频器的基本组成及原理

通用变频器按照变换环节有无直流，可分为交–交变频器和交–直–交变频器。交–交变频器是把频率固定的交流电直接变换成频率可调的交流电，又称直接式变频器。交–直–交变频器是先把频率固定的交流电整流成直流电，再把直流电逆变成频率连续可调的交流电，又称为间接式变频器。

交–直–交变频器由主电路（包括整流电路、中间直流电路、制动电路、逆变电路等）和控制电路组成，如图 4.1.2 所示。

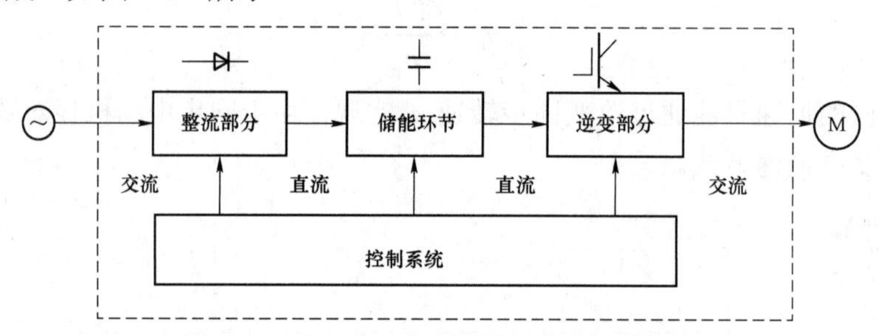

图 4.1.2 交–直–交变频器的基本组成框图

交–直–交变频器主电路如图 4.1.3 所示。

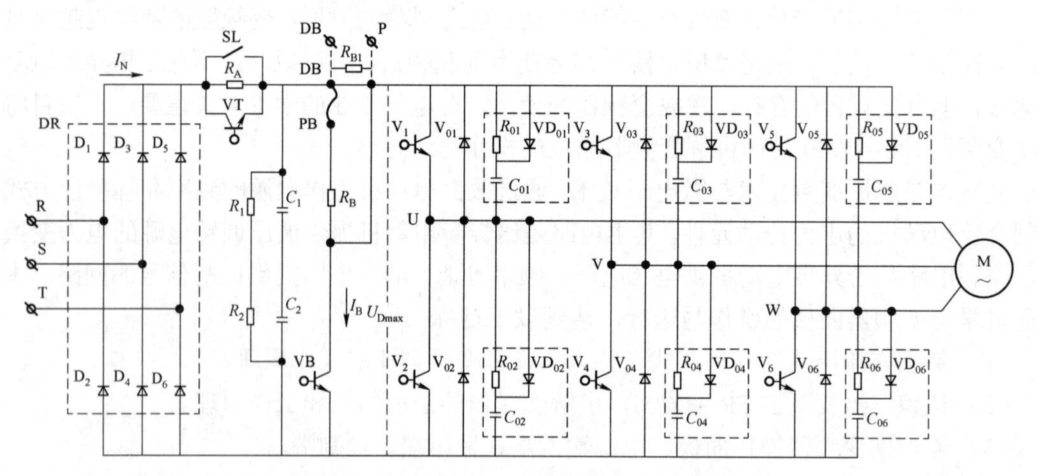

DR—三相整流桥；D_1～D_6—整流二极管；R_A—限流电阻；VT，VB—晶闸管；C_1～C_2—滤波电容；R_1～R_2—均压电阻；R_B—制动电阻；V_2～V_6—功率晶体管；V_{01}～V_{06}—续流二极管；R_{01}～R_{06}—电阻；SL—开关或触点；I_N—变频器额定电流；I_B—制动电流；U_{Dmax}—直流电压峰值；PB/DB/P—接线端子；C_{01}～C_{06}—电容（与R_{01}～R_{06}组成阻容吸收回路）

图 4.1.3 交–直–交变频器主电路原理图

1. 整流器

整流电路是将频率固定的三相交流电变成直流电，给逆变电路和控制电路提供所需的直流电源。在 SPWM 变频器中，大多采用全波整流电路。大多数中、小容量的变频器中，整流器件可采用不可控的晶体二极管或二极管模块。

在图 4.1.3 中，二极管 D_1～D_6组成三相整流桥，进行桥式整流。若三相电源线电压 U_L为 380 V，整流后的平均电压是 $U_D = 1.35U_L = 1.35 \times 380\ V = 513\ V$。

整流桥也可以由晶闸管构成三相可控整流电路，可以调节输出电压平均值的大小。

2. 中间直流电路

中间直流滤波电路一般采用大电容滤波。限流电阻 R_A 限制变频器刚合上电源时对电容器 C_1、C_2 的充电电流，当充电到一定程度后，R_A 不再起限流作用。

晶闸管 VB 在电动机再生制动的过程中导通，为制动电阻 R_B 提供能耗回路，如 R_B 阻值太大，可在接线端 P 和 DB 之间外接制动电阻。由于内 R_B 和外 R_B 并联后阻值较小，需将 PB 和 DB 之间的连线去掉，使内 R_B 不接入电路。

3. 逆变器

逆变器的作用与整流器相反，是将直流电逆变为电压和频率可变的交流电，以实现电动机变频调速。逆变电路由开关器件构成，大多采用桥式电路。在 SPWM 变频器中，开关器件接受控制电路中 SPWM 调制信号的控制，将直流电逆变成三相交流电。

V_1～V_6 功率晶体管组成三相逆变桥，将直流电逆变成三相交流电后提供给电动机 M。

V_{01}～V_{06} 续流二极管在逆变过程中，当晶体管的 e 极电位高于 c 极电位时提供续流回路，在电动机降速过程中提供能量反馈（再生）回路。

缓冲电路，逆变器在关断和导通的瞬间，集电极和发射极间的电压由近 0 V 迅速上升到直流电压值，过高的电压增长率会导致功率晶体管损坏。缓冲电路由 R_{01}～R_{06}、VD_{01}～VD_{06}、C_{01}～C_{06} 组成，其作用就是减小电压增长率，保护功率晶体管 V_1～V_6 不被损坏。

4. 控制电路

变频器控制电路是给异步电动机供电（电压、可调频率）的主电路提供控制信号回路，由运算电路、检测电路、控制信号的输入/输出电路和驱动电路等构成，一般采用大规模集成电路。其主要任务是完成对逆变器的开关控制、对整流器的电压控制以及各种保护功能等，可采用模拟控制或数字控制。高性能的变压器目前已采用嵌入式微型计算机进行数字控制，采用尽可能的硬件电路，主要靠软件来完成各种功能。

任务实施

一、准备阶段

工作环境：电气、消防、卫生等应符合实训安全要求的电工实训室，且具有投影仪等多媒体教学设备。

配套设备：电气安装与维修实训平台。

仪器仪表：每人配备电工常用工具一套（尖嘴钳一把，一字、十字螺丝刀各一把），万用表一块。

元器件及耗材：三菱变频器 FR－D700、三相异步电动机、相关电气元件及导线若干。

资料准备：三菱变频器的使用说明书。

着装要求：穿工作服、穿绝缘胶鞋、戴胸牌。

二、操作过程

1. 认识三菱变频器 FR－D700 面板及功能键

（1）三菱变频器 FR－D700 的面板如图 4.1.4 所示。

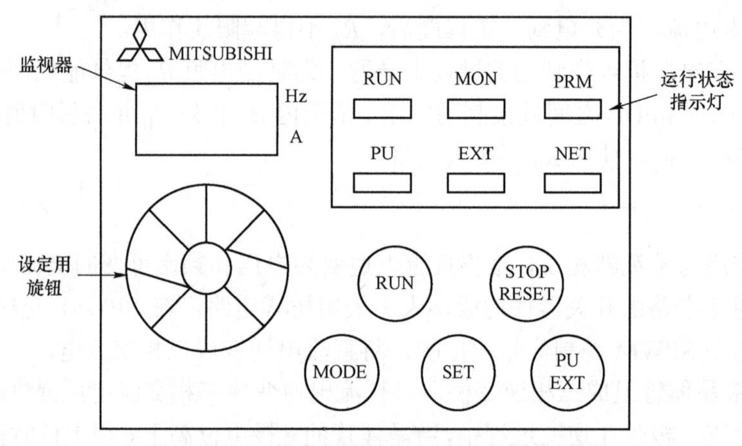

图 4.1.4　三菱变频器 FR－D700 的操作面板

（2）三菱变频器 FR－D700 操作面板各按键功能如表 4.1.1 所示。

表 4.1.1　三菱变频器 FR－D700 操作面板各按键功能

按钮/旋钮	功能	备注
PU/EXT 键	切换 PU/外部操作模式	PU：PU 操作模式； EXT：外部操作模式； 使用外部操作模式（用另外连接的频率设定旋钮和启动信号运行）时，请按下此键，使 EXT 显示为点亮状态
RUN 键	运行指令正转	反转用（Pr.40）设定
STOP/RESET 键	进行运行的停止，报警的复位	
SET 键	确定各设定	确定后会交替闪烁
MODE 键	模式切换	切换各设定
设定用旋钮	变更频率设定，参数的设定值	

（3）三菱变频器 FR－D700 操作面板单位表示及运行状态表示如表 4.1.2 所示。

表 4.1.2　三菱变频器 FR－D700 操作面板单位表示及运行状态表示

指示灯显示	说明	备注
RUN 显示	运行时点亮/闪烁	亮灯：正转运行中； 慢闪烁（1.4 s 循环）：反转运行中； 快闪烁（0.2 s 循环）：非运行中
MON 显示	监视器显示	监视模式时亮灯
PRM 显示	参数设定模式显示	参数设置模式时亮灯
PU 显示	PU 操作模式时亮灯	计算机连接运行模式时，为慢闪烁
EXT 显示	外部操作模式时亮灯	计算机连接运行模式时，为慢闪烁
NET 显示	网络运行模式时亮灯	
监视用 LED 显示	显示频率、参数序号等	

2. 认识三菱变频器端子名称及功能

认识三菱变频器端子名称及功能，如表 4.1.3 所示。

表 4.1.3　三菱变频器 FR－D700 控制电路端子说明

<table>
<tr><th colspan="2">类型</th><th>端子记号</th><th>端子名称</th><th colspan="2">说明</th></tr>
<tr><td rowspan="7">输入信号</td><td rowspan="5">接点输入</td><td>STF</td><td>正转启动</td><td>STF 信号处于 ON 便正转，处于 OFF 便停止</td><td rowspan="2">当 STF 和 STR 信号同时处于 ON 时，相当于给出停止指令</td></tr>
<tr><td>STR</td><td>反转启动</td><td>STR 信号处于 ON 时为逆转，处于 OFF 时为停止</td></tr>
<tr><td>RH、RM、RL</td><td>多段速度选择</td><td>用 RH、RM 和 RL 信号的组合可以选择多段速度</td><td rowspan="2">输入端子功能选择（Pr.180～Pr.183）用于改变端子功能</td></tr>
<tr><td>MRS</td><td>输出停止</td><td>MRS 信号为 ON（20 ms 以上）时，变频器输出停止。用电磁制动停止电动机时，用于断开变频器的输出</td></tr>
<tr><td>RES</td><td>复位</td><td colspan="2">用于解除保护回路动作的保存状态，使端子 RES 信号处于 ON 在 0.1 s 以上，然后断开</td></tr>
<tr><td colspan="2">SD</td><td>公共输入端子（漏型）</td><td colspan="2">接点输入端子的公共端。直流 24 V、0.1 A（PC 端子）电源的输出公共端</td></tr>
<tr><td colspan="2">PC</td><td>电源输出和外部晶体管公共端接点输入公共端（源型）</td><td colspan="2">当连接晶体管输出（集电极开路输出），例如可编程控制器时，若将晶体管输出用的外部电源公共端接到这个端子，可以防止因漏电引起的误动作，端子 PC—SD 之间可以用于直流 24 V、0.1 A 电源输出</td></tr>
</table>

续表

类型		端子记号	端子名称	说明
模拟	频率设定	10	频率设定用电源	5 VDC，容许负荷电流 10 mA
		2	频率设定（电压）	输入 0～5 V（或 0～10 V）时，5 V（或 10 V）对应于最大输出频率，输入、输出成比例。输入直流 0～5 V（出厂设定）和 0～10 VDC 的切换，用 Pr.73 进行。输出阻抗为 10 kΩ时，容许最大电压为 20 V
		4	频率设定（电流）	输入 DC 4～20 mA 时，20 mA 对应于最大输出频率，输入、输出成比例。只在端子 AU 信号处于 ON 时，改输入信号有效，输入阻抗约 250 Ω时，容许最大电流为 30 mA
	5		频率设定公共端	频率设定信号（端子 2、1 或 4）和模拟输出端子 AM 的公共端子。请不要接大地
输出信号	接点	A、B、C	异常输出	指示变频器因保护功能动作而输出停止的转换接点。AC 230 V、0.3 A，DC 30 V、0.3 A。异常时，B—C 间不导通（A—C 间导通）。正常时，B—C 间导通（A—C 间不导通）
	集电极开路	RUN	变频器正在运行	变频器输出频率为启动频率（出厂时为 0.5 Hz，可变更）以上时为低电平，正在停止或正在直流制动时为高电平。容许负荷为 DC 24 V、0.1 A
		FU	频率检测	输出频率为任意设定的检测频率以上时为低电平，未达到时为高电平。容许负荷为 DC 24 V、0.1 A
	SE		集电极开路输出公共端	端子 RUN、FU 的公共端子
	模拟	AM	模拟信号输出	从输出频率、电动机电流或输出电压中选择一种作为输出。输出信号与各监视项目的大小成比例；出厂设定的输出项目：频率容许负荷电流为 1 mA，输出信号为 DC 0～10 V
通信	RS－485	—	PU 接口	通过操作面板的接口，进行 RS－485 通信

3. 三菱变频器 FR－D700 主电路的连接

依照三菱变频器 FR－D700 主电路接线示意图，如图 4.1.5 所示，完成主电路接线。

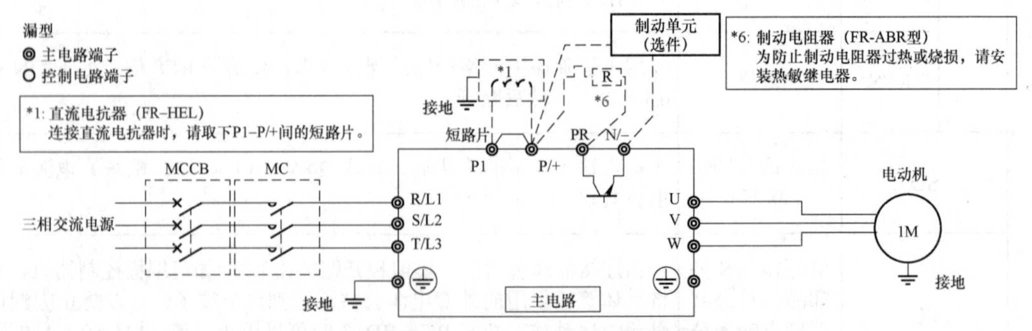

图 4.1.5　三菱变频器 FR－D700 主电路接线示意图

从示意图中得知，变频器主电路接线端口有 R、S、T、U、V、W、P/＋、P1、PR，各接线端功能如表 4.1.4 所示。

表 4.1.4　三菱变频器 FR－D700 主电路各接线端子说明

端子记号	端子名称	端子功能说明
R/L1、S/L2、T/L3	交流电源输入	连接工频电源；当使用高功率因数变流器（FR－HC）及其直流母线变流器（FR－CV）时不要连接任何东西
U、V、W	变频器输出	连接三相笼型电动机
P/＋、PR	制动电阻器连接	在端子 P/＋—PR 间连接选购的制动电阻器（FR－ABR）
P/＋、N/－	制动单元连接	连接制动单元（FR－BU2）、共直流母线变流器（FR－CV）以及高功率因数变流器（FR－HC）
P/＋、P1	直流电抗器连接	拆下端子 P/＋—P1 间的短片，连接直流电抗器
⏚	接地	变频器机架接地用，必须接大地

FR－D700 变频器主回路接线：

L1、L2、L3 端子接三相交流工频电源（市电 380V/220V）；不能接单相交流电源；

U、V、W 输出端子接三相交流异步电动机，电动机接成三角形（△）或星形（Y）。

4. 三菱变频器 FR－D700 控制电路的连接

三菱变频器 FR－D700 控制电路端子示意图如图 4.1.6 所示。

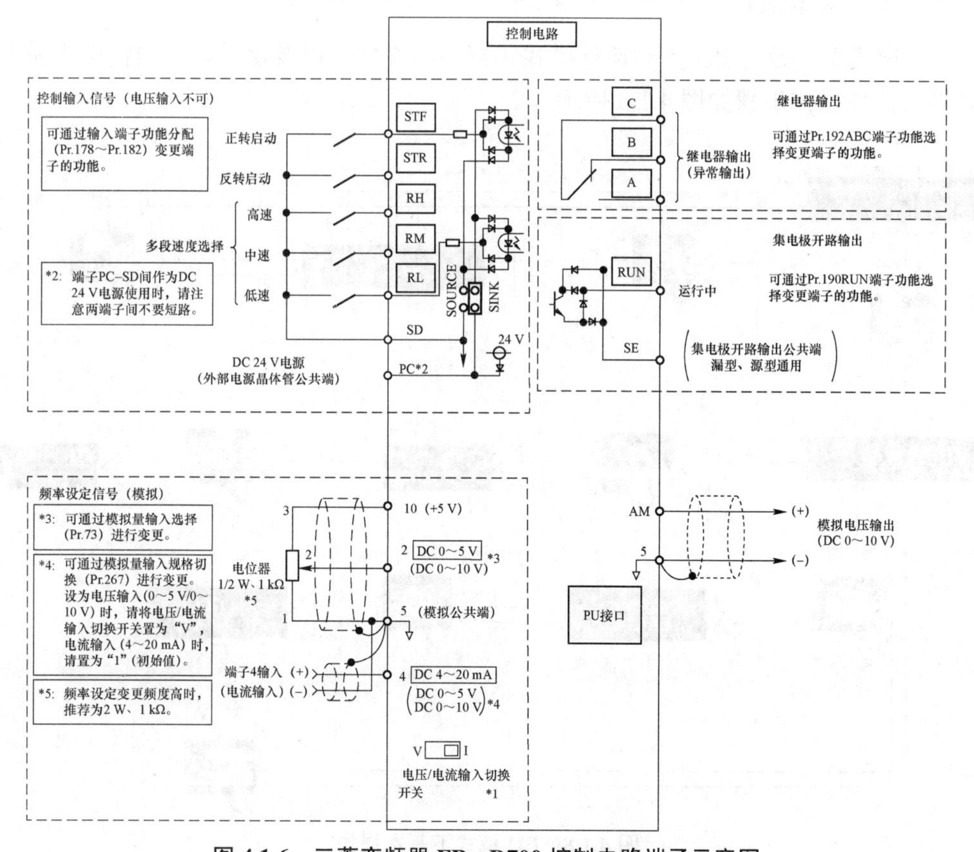

图 4.1.6　三菱变频器 FR－D700 控制电路端子示意图

5. 工作模式切换

通过按 MODE 键，变频器可以在监视模式、参数设置模式和报警查询模式之间转换，具体操作步骤如图 4.1.7 所示。

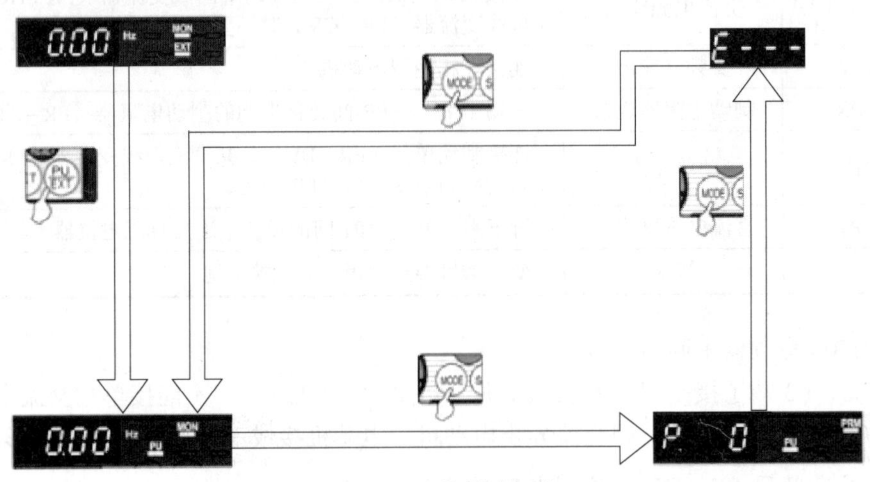

图 4.1.7　工作模式切换

6. PU 模式基本操作

在 PU 模式下，设置 PU 点动运行模式、频率的设定，以及输出电流和输出电压监视之间的切换，具体操作步骤如图 4.1.8 所示。

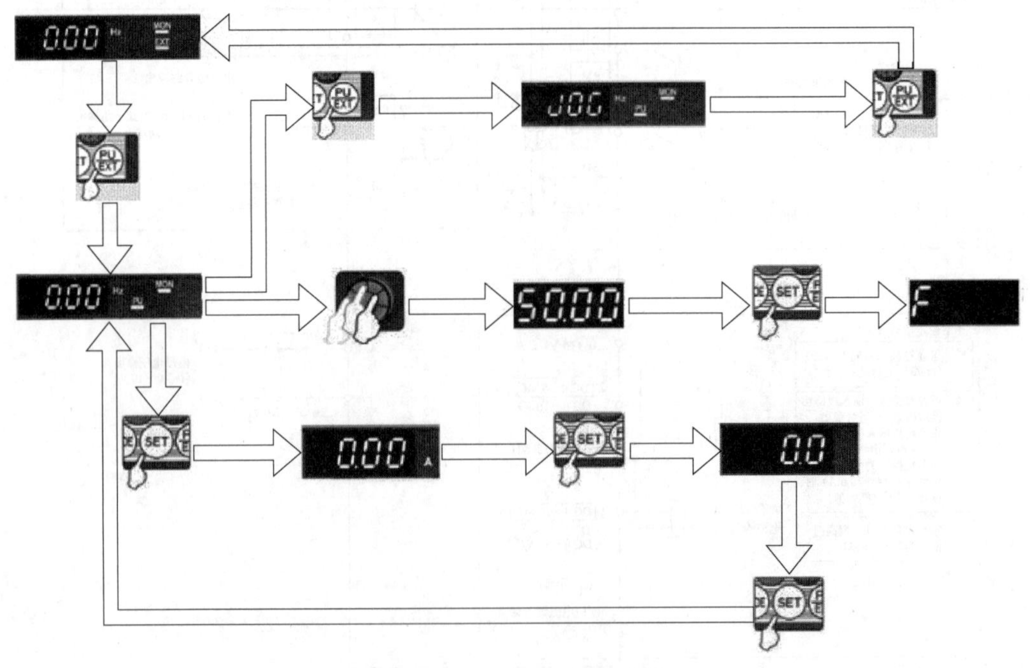

图 4.1.8　PU 模式下基本操作

任务 4.1.2　变频器参数设置模式基本操作

知识导读

一、变频器的工作原理

三相交流异步电动机调速公式为

$$n = \frac{60 f_1}{p_n}(1-s) \tag{4.1.1}$$

式中　p_n——电动机定子绕阻的磁极对数；

f_1——电动机定子电压供电频率；

s——电动机的转差率。

从式中可以看出，调节交流异步电动机的转速有变频（f_1）、变极（p_n）、变转差率（s）三种方法。

1. 变极调速

由异步电动机的同步转速可知，在供电电源频率 f_1 不变的条件下，通过改接定子绕组的连接方式来改变异步电动机定子绕组的磁极对数 p_n，即可改变异步电动机的同步转速 n_0，从而达到调速的目的。这种控制方式比较简单，只要求电动机定子绕组有多个抽头，然后通过触点的通断来改变电动机的磁极对数。采用这种控制方式，电动机转速的变化是有级的，不是连续的，一般最多只有三挡，适用于自动化程度不高，且只须有级调速的场合。

2. 变转差率调速

改变转差率调速的方法很多，常用的方案有：异步电动机定子调压调速，电磁转差离合器调速和绕线式异步电动机转子回路串电阻调速、串级调速等。

3. 变频调速

从式（4.1.1）中可以看出，当异步电动机的磁极对数 p_n 一定，转差率 s 一定时，改变定子绕组的供电频率 f_1 可以达到调速目的，电动机转速 n 基本上与电源的频率 f_1 成正比，因此，平滑地调节供电电源的频率，就能平滑无级地调节异步电动机的转速。变频调速的调速范围大，低速特性较硬，基频 f= 50 Hz 以下，属于恒转矩调速方式，在基频以上，属于恒功率调速方式，与直流电动机的降压和弱磁调速十分相似。且采用变频启动更能显著改善交流电动机的启动性能，大幅度降低电动机的启动电流，增加启动转矩。所以变频调速是交流电动机的理想调速方案。

（1）U/f 控制。

异步电动机的转速 n 与定子供电频率之间有以下关系：

$$n = n_0(1-s) = \frac{60 f_1}{n_p}(1-s)$$

从上式可知，只要平滑地调节异步电动机定子的供电频率 f_1，同步转速 n_0 随之改变，就可以平滑地调节转速 n，从而实现异步电动机的无级调速，这就是变频调速的基本原理。

在进行电动机调速时，常须考虑的一个重要因素是：希望保持电动机中每极磁通量 Φ_m 为额定值不变。如果磁通太弱，没有充分利用电动机的铁芯，是一种浪费；如果过分增大磁通，又会使铁芯饱和，从而导致过大的励磁电流，严重时会因绕组过热而损坏电动机。因此，在改变频率调速时，必须采取措施保持磁通恒定并为额定值。

由电动机理论知道，三相交流电动机定子每相电动势的有效值为

$$E_1 = 4.44 f_1 N_1 k_{N1} \Phi_m \quad (4.1.2)$$

式中 E_1——定子每相由气隙磁通感应的电动势的有效值；

f_1——定子频率；

N_1——定子每相有效匝数；

K_{N1}——基波绕组系数；

Φ_m——每极磁通量。

由上式知道，电动机选定后，则 N_1 为常数，Φ_m 由 E_1、f_1 共同决定，对 E_1、f_1 适当控制，可保持 Φ_m 为额定值不变，对此，需考虑基频以下和基频以上两种情况。

所谓调速方式，是指在电动机得到充分利用的条件下，电动机输出转矩和转速之间的关系。电动机常用的有两种典型调速方式：恒转矩调速方式和恒功率调速方式。若输出转矩和转速无关，则为恒转矩调速方式，如他励直流电动机调电枢电压调速，绕线转子异步电动机转子串电阻调速等。若输出转矩和转速成反比，则为恒功率调速方式，如他励直流电机的弱磁调速。异步电动机的调速分为基频下调和基频上调两种情况，基频下调通常采用恒转矩调速方式，而基频上调通常采用恒功率调速方式。

（2）基频以下调速。

由式（4.1.2），保持 E_1/f_1 = 常数，可保持 Φ_m 不变，但实际中 E_1 难于直接检测和控制。当值较高时定子漏阻抗可忽略不计，认为定子相电压 $U_1 \approx E_1$，保持 U_1/f_1 = 常数即可。当频率较低时，定子漏阻抗压降不能忽略，这时，可人为地适当提高定子电压补偿定子电阻压降，以保持气隙磁通基本不变。

（3）基频以上调速。

基频以上调速时，频率可以从 f_{1N} 往上增高，但电压 U_1 不能超过额定电压 U_{1N}，由式（4.1.2）可知，这将迫使磁通与频率成反比下降，相当于直流电动机弱磁升速的情况。

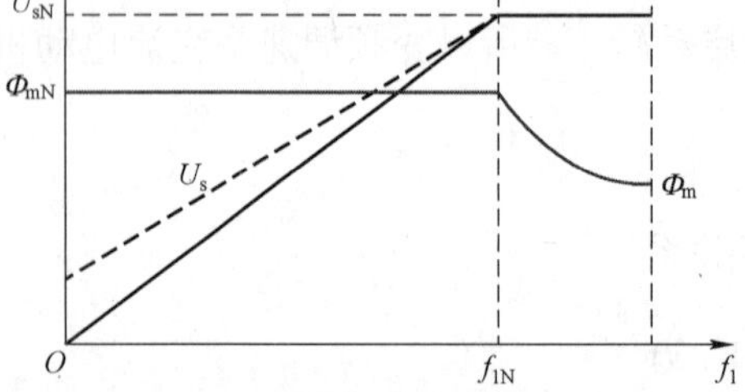

把基频以下和基频以上两种情况结合起来，可得到图 4.1.9 所示的电动机 U/f 控制特性，在基频 f_{1N} 以下为恒转矩调速区，磁通和转矩恒定，功率与频率（转速）成正比；在基频以上为恒功率调速区，功率恒定，磁通和转矩与频率（转速）成反比。

图 4.1.9 异步电动机变压变频调速的控制特性

由上面的讨论可知，异步电动机的变频调速必须按照一定的规律同时改变其定子电压和频率，即必须通过变频装置获得电压频率均可调节的供电

电源，实现所谓的 VVVF（Variable Voltage Variable Frequency）调速控制。

二、逆变器的基本工作原理

逆变就是将直流电变成交流电，与整流相对应。交流电动机调速用变频器、不间断电源、感应加热电源等电力电子装置的核心部分都是逆变电路。常用的变频器采用三相逆变电路，电路结构如图 4.1.10 所示。

180° 导电方式：每桥臂导电 180°，同一相上下两臂交替导电，各相开始导电的角度差 120°，任一瞬间有三个桥臂同时导通，每次换流都是在同一相上下两臂之间进行，也称为纵向换流。防止同一相上下两桥臂开关器件直通，采取“先断后通”的方法。

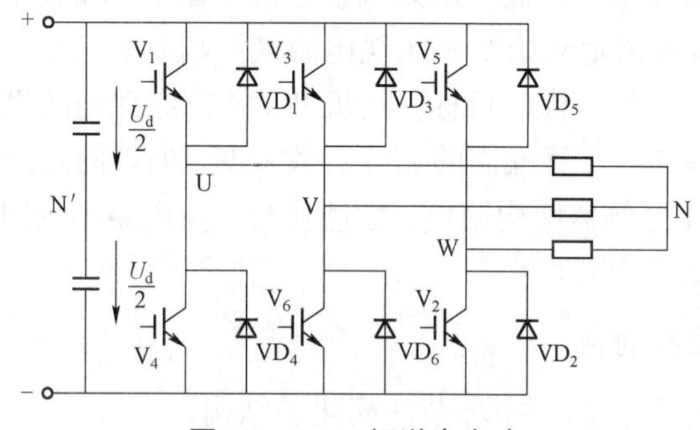

图 4.1.10　三相逆变电路

波形分析：电压型三相桥式逆变电路的工作波形如图 4.1.11 所示，通过波形可分析逆变器的工作过程。

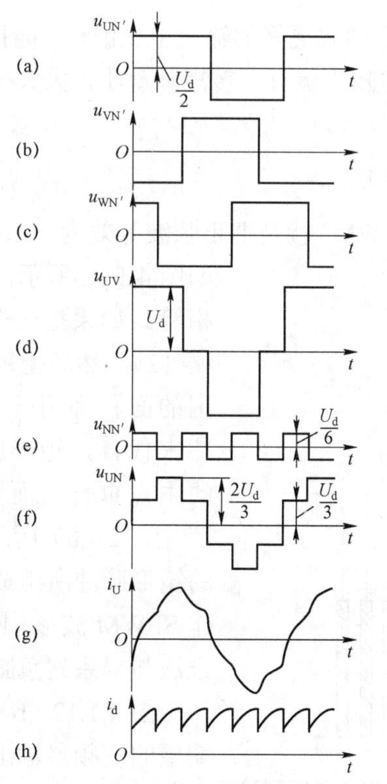

图 4.1.11　电压型三相桥式逆变电路的工作波形

三、脉冲宽度调制（PWM）技术

PWM 控制技术一直是变频技术的核心技术之一。从最初采用模拟电路完成三角调制波和参考正弦波的比较，产生正弦脉宽调制 SPWM 信号以控制功率器件的开关开始，到目前采用全数字化方案，完成优化的实时在线的 PWM 信号输出，PWM 在各种应用场合仍占主导地位，并一直是人们研究的热点。由于 PWM 可以同时实现变频变压反抑制谐波的特点，因此在交流传动乃至其他能量交换系统中得到广泛的应用。

PWM 控制技术大致可以分为三类：正弦 PWM，优化 PWM，随机 PWM。正弦 PWM 具有改善输出电压和电流波形、降低电源系统谐波的多重 PWM 技术，在大功率变频器中有其独特的优势；优化 PWM 所追求的则是实现电流谐波畸变率最小、电压利用率最高、效率最优、转矩脉动最小及其他特定优化目标；随机 PWM 的原理是随机改变开关频率使电动机电磁噪声近似为限带白噪声，尽管噪声的总分贝数未变，但以固定开关频率为特征的有色噪声强度大大削弱。SPWM 变频器结构简单，性能优良，主电路不用附加其他装置，已成为当前最有发展前途的一种结构形式。

1. SPWM 电路的主要特点

（1）主电路只有一个可控的功率环节，简化了结构。

（2）使用了不可控的整流器，使电网功率因数与变频器输出电压的大小无关而接近于 1。

（3）变频器在调频的同时实现调压，而与中间直流环节的元件参数无关，加快了系统的动态响应。

（4）可获得比常规 6 拍阶梯波更好的输出电压波形，能抑制或消除低次谐波，使负载电动机可在近似正弦波的交变电压下运行，转矩脉动小，大大扩展了拖动系统调速范围，并提高了系统的性能。

2. SPWM 电路的工作原理

所谓正弦波脉宽调制（SPWM）就是把正弦波等效为一系列等幅不等宽的矩形脉冲波形，如图 4.1.12 所示，等效的原则是每一区间的面积相等。如果把一个正弦半波分作 n 等份（图中 $n=12$），然后把每一等份的正弦曲线与横轴所包围的面积都用一个与此面积相等的等高矩形脉冲来代替，矩形脉冲的中点与正弦波每一等份的中点重合，而宽度是按正弦规律变化的，如图 4.1.12（b）所示。这样，由 n 个等幅而不等宽的矩形脉冲所组成的波形就与正弦半周等效，称作 SPWM 波形。同样，正弦波负半周也可用相同方法与一系列负脉冲波来等效。

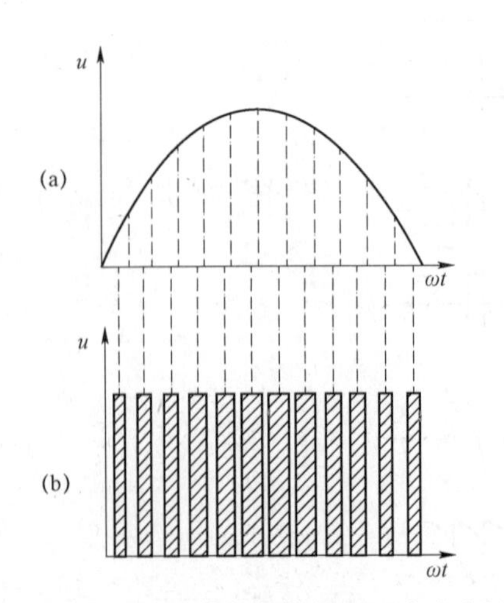

图 4.1.12　与正弦波等效的等幅矩形脉冲序列波

图 4.1.12（b）所示的一系列脉冲波形就是所期望的变频器输出 SPWM 波形。可以看到，由于各脉冲的幅值相等，所以变频器可由恒定的直流

电源供电，即这种交－直－交变频器中的整流器采用不可控的二极管整流器即可，变频器输出脉冲的幅值就是整流器的输出电压幅值。当变频器各开关器件都是在理想状态下工作时，驱动相应开关器件的信号也应为与图 4.1.12（b）所示形状相似的一系列脉冲波形。

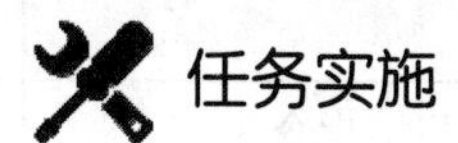

任务实施

一、准备阶段

工作环境：电气、消防、卫生等应符合实训安全要求的电工实训室，且具有投影仪等多媒体教学设备。

配套设备：电气安装与维修实训平台。

仪器仪表：每人配备电工常用工具一套（尖嘴钳一把，一字、十字螺丝刀各一把），万用表一块。

元器件及耗材：三菱变频器 FR－D700、三相异步电动机、相关电气元件及导线若干。

资料准备：三菱变频器的使用说明书。

着装要求：穿工作服、穿绝缘胶鞋、戴胸牌。

所谓运行模式，是指对输入到变频器的启动指令和设定频率的命令来源的指定。一般来说，使用控制电路端子、在外部设置电位器和开关来进行操作的是“外部运行模式”，使用操作面板以及参数单元（FR－PU04－CH/FR－PU07）输入启动指令、频率指令的是“PU 运行模式”，通过 PU 接口进行 RS－485 通信使用的是“网络运行模式（NET 运行模式）”。

运行模式的选择参数 Pr.79，可以任意变更外部指令信号执行的运行（外部运行）、通过操作面板以及 PU（FR－PU04－CH/FR－PU07）执行的运行（PU 运行）、PU 运行与外部运行组合（外部/PU 组合运行）、网络运行（使用 RS－485 通信时），其对应的参数值具体说明如表 4.1.5 所示。

表 4.1.5　Pr.79 参数值说明表

<table>
<tr><th>参数编号</th><th>名称</th><th>初始值</th><th>设定范围</th><th colspan="2">内　容</th></tr>
<tr><td rowspan="7">79</td><td rowspan="7">运行模式选择</td><td rowspan="7">0</td><td>0</td><td colspan="2">外部/PU 切换模式：通过(MODE)键可以切换 PU 与外部运行模式；接通电源时为外部运行模式</td></tr>
<tr><td>1</td><td colspan="2">固定为 PU 运行模式</td></tr>
<tr><td>2</td><td colspan="2">固定为外部运行模式；
可以在外部、网络运行模式间切换运行</td></tr>
<tr><td rowspan="3">3</td><td colspan="2">外部/PU 组合运行模式 1</td></tr>
<tr><td>频率指令</td><td>启动指令</td></tr>
<tr><td>用操作面板、PU（FR－PU04－CH/FR－PU07）设定或外部信号输入（多段速设定，只有端子 4—5 间 AU 信号处于“ON”时有效）</td><td>外部信号输入（端子 STF、STR）</td></tr>
</table>

续表

<table>
<tr><th>参数编号</th><th>名称</th><th>初始值</th><th>设定范围</th><th colspan="2">内　容</th></tr>
<tr><td rowspan="6">79</td><td rowspan="6">运行模式选择</td><td rowspan="6">0</td><td rowspan="3">4</td><td colspan="2">外部/PU 组合运行模式 2</td></tr>
<tr><td>频率指令</td><td>启动指令</td></tr>
<tr><td>外部信号输入（端子 2、4、JOG、多段速选择等）</td><td>通过操作面板的 RUN 键，PU（FR－PU04－CH/FR－PU07）的 FWD、REV 键来输入</td></tr>
<tr><td>6</td><td colspan="2">切换模式：
可以在保存运行状态的同时，进行 PU 运行、外部运行、网络运行的切换</td></tr>
<tr><td>7</td><td colspan="2">外部运行模式（PU 运行互锁）：
X12 信号 ON 时，可切换到 PU 运行模式（外部运行中输出停止）；
X12 信号 OFF 时，禁止切换到 PU 运行模式</td></tr>
</table>

二、操作过程

1. 参数设置基本操作

（1）运行模式参数设定、参数清除、参数全部清除、报警历史清除和初始值变更清单之间的切换。

（2）运行模式设置，将 Pr.79 的参数设置成 2。

操作步骤如图 4.1.13 所示。

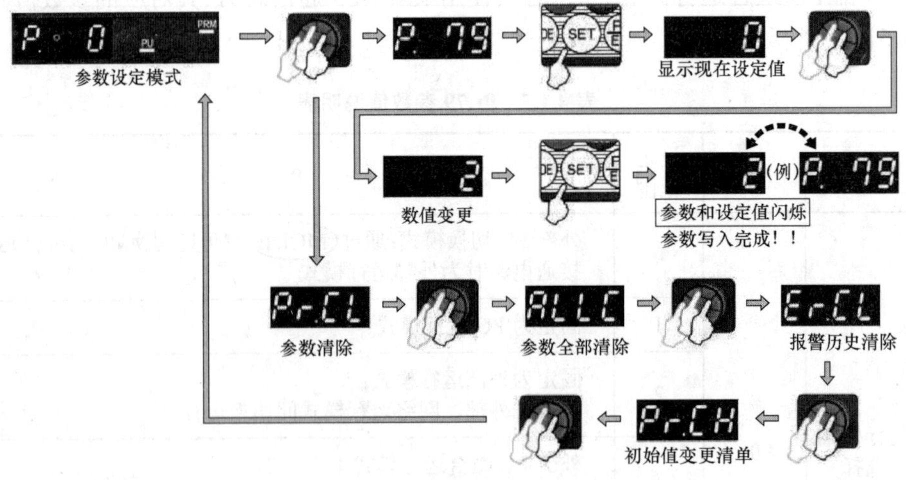

图 4.1.13　参数设置基本操作

2. 运行模式设置

依次将参数号 Pr.79 的参数值设定为“1”“3”“4”，观察操作面板信号等显示情况，其操作步骤与图 4.1.13 中参数设置相同。

3. 参数清除操作

清除的意思是恢复到出厂设定。参数清除操作只能在 PU 模式下进行。有两种清除："参数清除"和"参数全部清除"。"参数清除"是将除了校正参数、端子功能选择参数等之外的参数全部恢复，详见使用手册。

其操作步骤如图 4.1.14 所示。

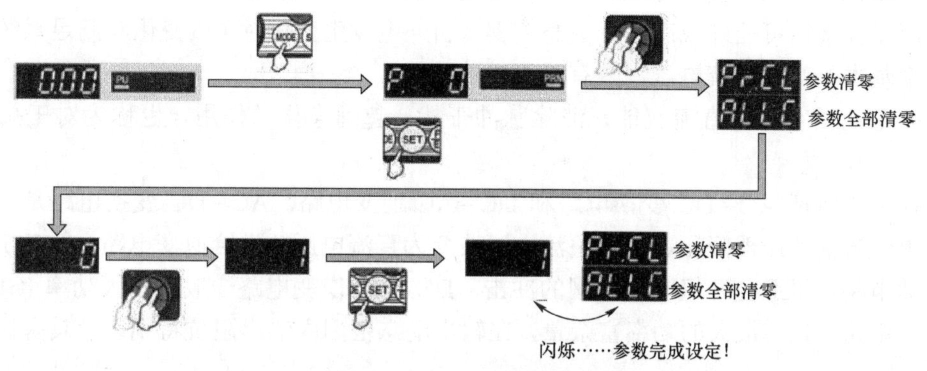

图 4.1.14　参数清除操作

任务 4.1.3　UPS 不间断电源电路的使用与检修

知识导读

一、UPS 不间断的工作原理

不间断电源简称 UPS，它是一种将蓄电池与主机进行连接，并借助主机上的逆变器等模块电路，将原本的直流电转换为市电的装置。其最大的特点是能够提供稳定、不间断的电力供应。在市电正常的状态下，UPS 主要起稳压器的作用，如果因为故障或是检修等原因导致市电中断，UPS 则会将蓄电池的直流电通过逆变器转换的方式向负载提供交流电，确保负载正常工作。UPS 不间断电源一般分为在线式和非在线式两大类。

1. 非在线式 UPS 的工作原理

非在线式 UPS 也称后备式 UPS，它的主要作用是紧急供电，此类 UPS 装置与市电连接的电路负责向负载设备进行供电，另一条电路则向 UPS 中蓄电池供电，当市电意外中断时，UPS 装置上的开关会自行将市电的回路切断，同时蓄电池启动，通过逆变器将直流电转换为 220 V 交流电供给负载设备。

2. 在线式 UPS 的工作原理

在线式 UPS 由逆变器、静态开关、充电电路、蓄电池（组）、保护电路等元器件组合而成，此类 UPS 能够对电流进行中转，即将市电提供的电流引入到 UPS 装置中，再将电流分出进行供电，它的加入使市电不直接向负载设备供电，而是向 UPS 进行供电，由 UPS 将市电转换为直流电，一路用于蓄电池充电，另一路转换为交流电后供给负载设备。如果市电电压出现不稳定的情况，UPS 中的蓄电池会自动将存储的直流电转换为交流电供负载设备使用，直至市电电压恢复正常后，蓄电池会自动转换为充电状态。加装在线式 UPS 的负载设备在运行过程中，UPS 始终处于工作状态，其不供电时，起稳压器的作用。

二、UPS 电源系统

UPS 电源系统由 4 部分组成：整流、储能、变换和开关控制。

整流器件采用可控硅或高频开关整流器，当外电发生变化时（该变化应满足系统要求），输出幅度基本不变的整流电压，具有稳压功能。

储能电池具有存储直流直能，消除脉冲干扰，起到净化的作用，也称为对干扰的屏蔽作用。

变换电路包括 AC－DC 变换电路和 DC－AC 逆变电路。AC－DC 变换电路是将电网来的交流电经自耦变压器降压、全波整流、滤波变为直流电压，供给逆变电路。AC－DC 输入有软启动电路，可避免开机时对电网的冲击。DC－AC 逆变电路一般采用大功率 IGBT 模块全桥逆变电路，具有很大的功率富余量，在输出动态范围内输出阻抗特别小，具有快速响应特性。

控制驱动电路是完成整机功能控制的核心，它除了提供检测、保护、同步以及各种开关和显示驱动信号外，还完成 SPWM 正弦脉宽调制的控制，由于采用静态和动态双重电压反馈，极大地改善了逆变器的动态特性和稳定性。

任务实施

一、准备阶段

工作环境：电气、消防、卫生等应符合实训安全要求的电工实训室，且具有投影仪等多媒体教学设备。

配套设备：电气安装与维修实训平台。

仪器仪表：每人配备电工常用工具一套（尖嘴钳一把，一字、十字螺丝刀各一把），万用表一块。

元器件及耗材：UPS 不间断电源、相关电气元件及导线若干。

资料准备：UPS 不间断电源的使用说明书。

着装要求：穿工作服、穿绝缘胶鞋、戴胸牌。

二、操作过程

1. UPS 电源系统开、关机

（1）第一次开机。

① 按以下顺序合闸：储能电池开关→自动旁路开关→输出开关依次置于“ON”。

② 按 UPS 启动面板“开”键，UPS 电源系统将徐徐启动，“逆变”指示灯亮，延时 1 min 后，“旁路”灯熄灭，UPS 转为逆变供电，完成开机。

③ 经空载运行约 10 min 后，按照负载功率由小到大的开机顺序启动负载。

（2）日常开机。

只需按 UPS 面板“开”键，约 20 min 后，即可开启计算机或其他仪器使用。通常等 UPS 启动进入稳定工作后，方可打开负载设备电源开关（注：手动维护开关在 UPS 正常运行时，呈“OFF”状态）。

（3）关机。

先将计算机或其他仪器关闭，让 UPS 空载运行 10 min，待机内热量排出后，再按面板“关”键。

2. UPS 电源系统使用注意事项

（1）UPS 电源主机对环境温度要求不高，在 +5～40 ℃都能正常工作，但要求室内清洁，少尘，否则灰尘加上潮湿会引起主机工作紊乱。储能蓄电池则对温度要求较高，标准使用温度为 25 ℃，平时不能超过 +15～+30 ℃。温度太低，会使蓄电池容量下降，温度每下降 1 ℃，其容量下降 1%。其放电容量会随温度升高而增加，但寿命降低。如果在高温下长期使用，温度每升高 10 ℃，电池寿命约降低一半。

（2）主机中设置的参数在使用中不能随意改变。特别是对电池组的参数，会直接影响其使用寿命，但随着环境温度的改变，对浮充电压要做相应调整。通常以 25 ℃为标准，环境温度每升高或降低 1 ℃时，浮充电压应增加 18 mV（相对于 12 V 蓄电池）。

（3）在无外电而靠 UPS 电源系统自行供电时，应避免带负载启动 UPS 电源，应先关断各负载，等 UPS 电源系统启动后再开启负载。因负载瞬间供电时会有冲击电流，多负载的冲击电流和加上所需的供电电流会造成 UPS 电源瞬间过载，严重时将损坏变换器。

（4）UPS 电源系统按使用要求功率余量不大，在使用中要避免随意增加大功率的额外设备，也不允许在满负载状态下长期运行。但工作性质决定了 UPS 电源系统几乎是在不间断状态下运行的，增加大功率负载，即使是在基本满载状态下工作，都会造成主机出故障，严重时将损坏变换器。

（5）自备发电机的输出电压，其波形、频率、幅度应满足 UPS 电源对输入电压的要求，另外发电机的功率要远大于 UPS 电源的额定功率，否则任一条件不满足，将会造成 UPS 电源工作异常或损坏。

（6）由于组合电池组电压很高，存在电击危险，因此装卸导电连接条、输出线时应有安全保障，工具应采用绝缘措施，特别是输出接点应有防触摸措施。

（7）不论是在浮充工作状态还是在充电、放电检修测试状态，都要保证电压、电流符合规定要求。过高的电压或电流可能会造成电池热失控或失水，电压、电流过小造成电池亏电，这都会影响电池的使用寿命，前者的影响更大。

（8）在任何情况下，都应防止电池短路或深度放电，因为电池的循环寿命和放电深度有关。放电深度越深，循环寿命越短。在容量试验中或是放电检修中，通常放电达到容量的 30%～50%就可以了。

（9）对电池应避免大电流充放电，虽说在充电时可以接受大电流，但在实际操作中应尽量避免，否则会造成电池极板膨胀变形，使得极板活性物质脱落，电池内阻增大，温度升高，严重时将造成容量下降，寿命提前终止。

3. UPS 电源系统的日常维护与检修

（1）防尘和除尘。UPS 电源在正常使用情况下，主机的维护工作很少，气候干燥的地区，机内的风机会将灰尘带入机内沉积、当遇空气潮湿时会引起主机控制紊乱造成主机工作失常，并发生不准确告警，大量灰尘也会造成器件散热不好，一般每季度应彻底清洁一次，同时检查各连接件和插接件有无松动和接触不牢现象，并进行除尘。

（2）电池部分的维修。

① 储能电池的工作全部是在浮充状态，至少应每年进行一次放电。放电前应先对电池组进行均衡充电，以达全组电池的均衡。要清除放电前电池组已存在的落后电池。放电过程中如有一只达到放电终止电压时，应停止放电，继续放电时应先消除落后电池后再放。

② 核对性放电，不是首先追求放出容量的百分之多少，而是先要找到并处理落后电池，经对落后电池处理后再做核对性放电实验。这样可防止事故，以免放电中落后电池恶化为反极电池。

③ 平时每组电池至少应有 8 只电池作标示电池，作为了解全电池组工作情况的参考，对标示电池应定期测量并做好记录。

④ 日常维护中需经常检查的项目有：清洁并检测电池两端电压、温度；连接处有无松动、腐蚀现象，检测连接条压降；电池外观是否完好，有无壳变形和渗漏；极柱、安全阀周围是否有酸雾逸出；主机设备是否正常。

（3）UPS 电池系统故障检修。

① 根据故障现象查明原因，判断是负载还是 UPS 电源系统故障，是主机还是电池组故障。

② 对于主机出现击穿、断保险或烧毁器件的故障现象，要查明原因并排除故障后才能重新启动，否则会接连发生相同的故障。

③ 电池组中发现电压反极、压降大、压差大和酸雾泄漏现象时，应及时采用相应的方法恢复和修复，对不能恢复和修复的要更换，但不能把不同容量、不同性能、不同厂家的电池连在一起，否则可能会对整组电池带来不利影响。对寿命已过期的电池组要及时更换，以免影响到主机。

项目评价

完成实训项目，填写表 4.1.6 所列考核评价表。

表 4.1.6　变频器面板的操作与运行考核评价表

序号	考核内容	考核要点	配分	评分标准	扣分	得分
1	变频器参数设置	正确选择变频器模式、参数设置	20	（1）变频器工作模式设置错误扣 2 分； （2）参数设置错误每个扣 2 分；		
2	工具的使用	正确使用工具	5	工具使用不正确每次扣 2 分		

续表

序号	考核内容	考核要点	配分	评分标准	扣分	得分
3	仪表的使用	正确使用仪表	5	仪表使用不正确每次扣2分		
4	安装接线	正确连接变频器的电源线，正确连接变频器与负载，正确连接变频器其他控制线	30	（1）线路连接错误每处扣2分； （2）损坏元件扣5分； （3）系统运行正常，如不按电路图接线，扣1分； （4）主电路、控制电路布线不整齐、不美观，每根扣0.5分； （5）接点松动、露铜过长、压绝缘层，标记线号不清楚、遗漏或误标，引出端无接线端头，每处扣0.5分		
5	系统调试	熟练操作，能正确地设置变频器参数；按照被试系统参数要求进行操作调试，达到系统要求	30	（1）通电测试发生短路和开路现象扣8分； （2）通电测试损坏元件，每项扣2分； （3）不会调整测试参数，每项扣2分； （4）系统参数不符合要求，每处扣2分		
6	安全文明生产	（1）明确安全用电的主要内容； （2）操作过程符合文明生产要求	10	（1）损坏设备扣2分； （2）损坏工具仪表扣1分； （3）发生轻微触电事故扣3分		
合计						
若考生发生重大设备和人身事故，应及时终止操作						

项目二　交流变频调速系统的装调与检修

项目提出

在实际生产中，有很多生产机械正反转的运行速度需要经常改变，变频器如何对这种生产机械特性进行运行控制呢？基本的方法是利用“参数预置”功能将多种运行速度（频率）先行设定（FR－D700三菱变频器最多可以设置15种），运行时由变频器的控制端子进行切换，得到不同的运行速度。多挡速度控制必须在外部运行模式下才有效。

项目分析

变频器在外部操作模式或组合操作模式之下，变频器可以通过外接开关器件的组合通断改变输入端子的状态来实现。这种控制频率的方式称为多段速控制功能。三菱FR－D700变频器的速度控制端子是RH、RM和RL。通过这些开关的组合可以实现3段、7段的控制。

本项目依托交流变频调速系统装调与检修实训，以达到以下目标：

（1）能参照变频器使用手册，学会三菱变频器 FR－D700 外部操作运行装调。

（2）学会三菱变频器 FR－D700 运行的组合运行操作模式。

（3）学会三菱变频器 FR－D700 运行组合操作的接线、参数设置及调试运行步骤。

（4）学会变频器多挡速度运行的各参数的设定方法。

（5）学会变频器多挡速度运行的外部接线。

（6）理解多挡速度各参数的意义。

（7）养成良好的职业素养，培训培养团队协作能力和交流沟通能力。

项目实施

任务 4.2.1　变频器外部操作运行装调

知识导读

一、从外部进行点动运行

点动运行通过外部可以进行，可以用于运输机械的位置调整和试运行等。点动运行必须满足两个条件，即点动信号和启动信号，两者都具备变频器才能进行点动运行。点动信号“ON”时通过启动信号（STR、STR）启动、停止。

三菱变频器 FR－D700 系列没有专门的点动端“JOG”，通过对 Pr.178～Pr.182（输入端子功能选择）参数设置，定义 STF、STR、RL、RM、RH 之一为点动运行信号端。输入端子功能选择（Pr.178～Pr.182）如表 4.2.1 所示。

表 4.2.1　Pr.178～Pr.182（输入端子功能选择）参数表

参数编号	名称	初始值	初始信号	设定范围
178	STF 端子功能选择	60	STF（正转指令）	0～5、7、8、10、12、14、16、18、24、25、37、60、62、65～67、9 999
179	STR 端子功能选择	61	STR（反转指令）	0～5、7、8、10、12、14、16、18、24、25、37、61、62、65～67、9 999
180	RL 端子功能选择	0	RL（低速运行指令）	0～5、7、8、10、12、14、16、18、24、25、37、62、65～67、9 999
181	RM 端子功能选择	1	RM（中速运行指令）	
182	RH 端子功能选择	2	RH（高速运行指令）	

注：上述参数在 Pr.160 扩展功能显示选择等于 0 时可以设定。

输入端子的功能分配，如表 4.2.2 所示。

表 4.2.2 输入端子的功能

设定值	信号名	功能	
0	RL	Pr.59＝0（初始值）	低速运行指令
		Pr.59≠0	遥控设定（设定清零）
1	RM	Pr.59＝0（初始值）	中速运行指令
		Pr.59≠0	遥控设定（减速）
2	RH	Pr.59＝0（初始值）	高速运行指令
		Pr.59≠0	遥控设定（加速）
3	RT	第 2 功能选择	
4	AU	端子 4 输入选择	
5	JOG	点动运行选择	
7	OH	外部电子过电流保护输入	
8	REX	15 段速选择（同 RL、RM、RH 的多段速组合）	
10	X10	变频器运行许可信号（连接 FR－HC/FR－CV）	
12	X12	PU 运行外部互锁	
14	X14	PID 控制有效端子	
16	X16	PU—外部运行切换（X16—“ON”时外部运行）	
18	X18	V/F 切换（X18—“ON”时 *U/f* 控制）	
24	MRS	输出停止	
25	STOP	启动自保持选择	
37	X37	三角波功能（摆频功能）	
60	STF	正转指令（仅 STF 端子可分配）	
61	STR	反转指令（仅 STR 端子可分配）	
62	RES	变频器复位	
65	X65	PU—NET 运行切换（X65—“ON”时 PU 运行）	
66	X66	外部—NET 运行切换（X66—“ON”时 NET 运行）	
67	X67	指令权切换（X67—“ON”时通过 Pr.338、Pr.339 使指令生效）	
9 999	—	无功能	

二、从 PU 进行点动运行

通过操作面板以及 PU（FR－PU04－CH/FR－PU07）设置点动运行模式。仅在按下启动按钮时运行。

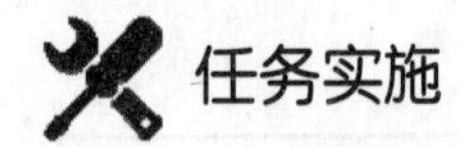

任务实施

一、准备阶段

工作环境：电气、消防、卫生等应符合实训安全要求的电工实训室，且具有投影仪等多媒体教学设备。

配套设备：电气安装与维修实训平台。

仪器仪表：每人配备电工常用工具一套（尖嘴钳一把，一字、十字螺丝刀各一把），万用表一块。

元器件及耗材：三菱变频器 FR－D700、三相异步电动机、相关电气元件及导线若干。

资料准备：三菱变频器的使用说明书。

着装要求：穿工作服、穿绝缘胶鞋、戴胸牌。

二、操作过程

1. 外部操作运行（点动运行）

以定义 RH 为“JOG”为例，其外部操作点动运行接线示意图，如图 4.2.1 所示。

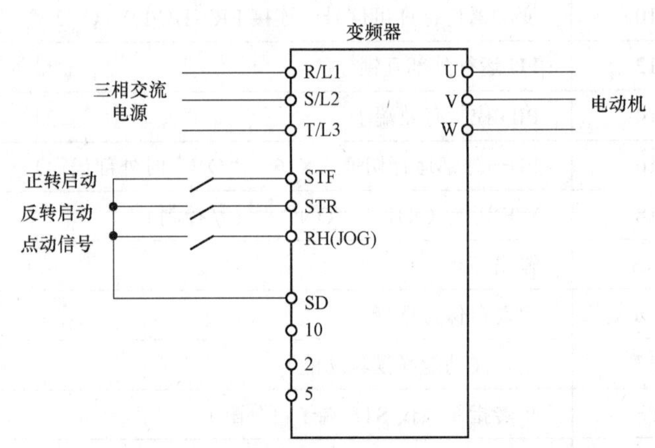

图 4.2.1　外部操作点动运行接线示意图

操作步骤如下：

（1）按照图 4.2.1 接线。

（2）接通电源，确认处于外部运行模式，EXT 指示灯亮，若不是显示为“EXT”，请使用 PU/EXT 键设为外部“EXT”运行模式。上述操作仍不能切换运行模式时，请通过参数 Pr.79 设为外部运行模式。

（3）将点动开关设置为“ON”。

（4）将启动开关“STF”（或“STR”）设置为“ON”。观察启动开关为“ON”的期间内电动机是否正转（或反转），变频器是否显示为 5 Hz（Pr.15 的初始值）。

（5）将启动开关设置为“OFF”，观察电动机是否停止。

2. 从 PU 进行点动运行

从 PU 进行点动运行的接线示意图如图 4.2.2 所示。

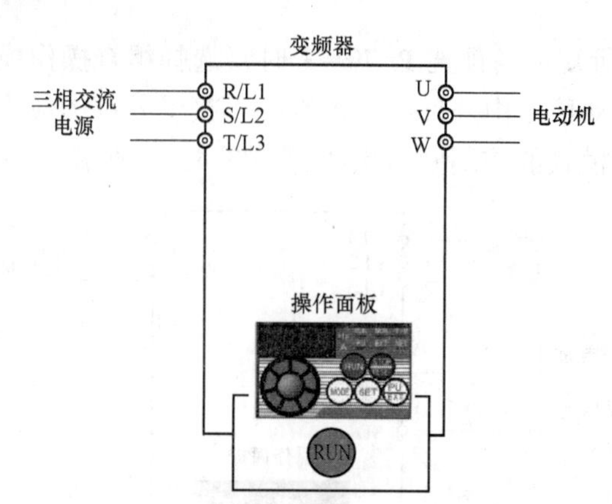

图 4.2.2　从 PU 进行点动运行接线示意图

操作步骤如下：

（1）按照图 4.2.2 接线。

（2）接通电源，确认运行显示和运行模式是否为监视模式，并且为停止状态。

（3）按下操作面板上的“RNU”键，观察电动机是否旋转，变频器是否显示为 5 Hz。

（4）松开“RUN”键，电动机是否停止。

任务 4.2.2　变频器组合运行的操作装调

知识导读

变频器运行的组合操作是应用面板键盘和外部接线开关共同操作变频器运行的一种方法。其特征是面板上的“PU”灯和“EXT”灯同时发亮，通过预置 Pr.79 的值，可以选择组合操作模式。当预置 Pr.79＝3 时，选择组合操作模式 1；当预置 Pr.79＝4 时，选择组合操作模式 2。

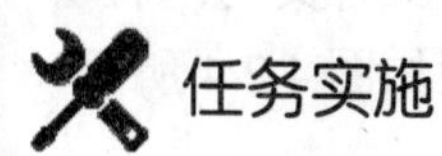

一、准备阶段

工作环境：电气、消防、卫生等应符合实训安全要求的电工实训室，且具有投影仪等多媒体教学设备。

配套设备：电气安装与维修实训平台。

仪器仪表：每人配备电工常用工具一套（尖嘴钳一把，一字、十字螺丝刀各一把），万用表一块。

元器件及耗材：三菱变频器 FR－D700、三相异步电动机、相关电气元件及导线若干。

资料准备：三菱变频器的使用说明书。

着装要求：穿工作服、穿绝缘胶鞋、戴胸牌。

二、操作过程

1. 组合操作模式 1

从项目一中表 4.1.5 所知，当预置 Pr.79＝3 时，选择组合操作模式 1，其含义为：运行频率由面板键盘给定，启动信号由外部开关控制。不接受外部的频率设定信号和 PU 的正反转、停止键的控制。这种模式的控制回路接线图如图 4.2.3 所示。

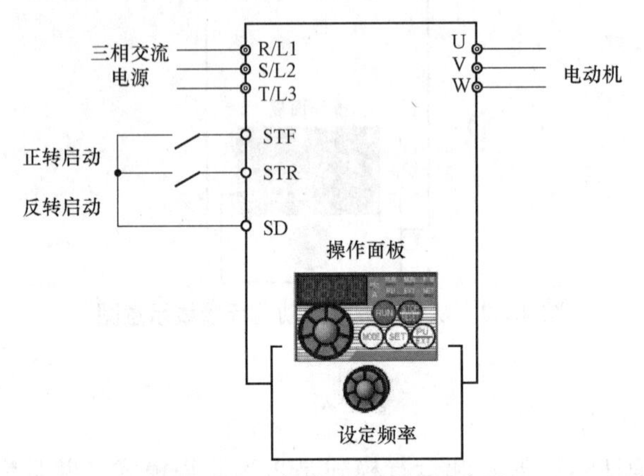

图 4.2.3　组合模式 1 接线示意图

操作步骤如下：

（1）按照图 4.2.3 接线。

（2）给变频器通电，将 Pr.79 的参数设置为“3”，断电重启。

（3）将正转启动 STF（或反转启动 STR）开关设置为“ON”。

（4）缓慢旋动操作面板上的旋钮，观察电动机的转速是否随着频率的增大而变快，随着频率的减小而变慢。

（5）将正转启动 STF（或反转启动 STR）开关设置为“OFF”，观察电动机是否停止。

2. 组合操作模式 2

从项目一中表 4.1.5 所知，当预置 Pr.79＝4 时，选择组合操作模式 2，其含义为：启动信号由 PU 控制，运行频率由外部电位器调节。这种模式的控制回路接线图如图 4.2.4 所示。

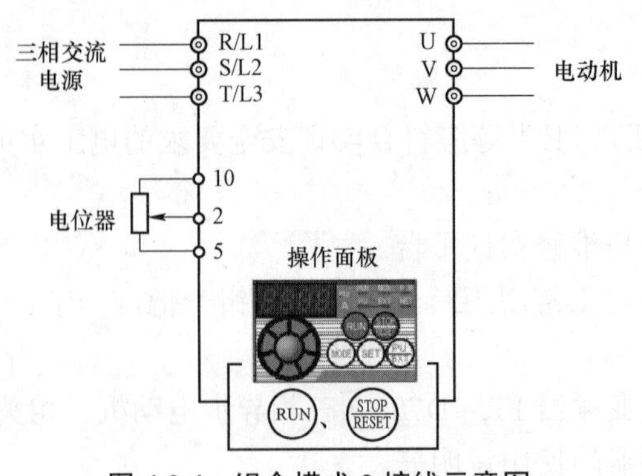

图 4.2.4　组合模式 2 接线示意图

操作步骤如下：

（1）按照图 4.2.4 接线。

（2）给变频器通电，将 Pr.79 的参数设置为“4”，断电重启。

（3）按下操作面板上的 RUN 键。

（4）旋动电位器，观察变频器的频率是否随着电位器旋动而变化，电动机的转速是否随着频率的增大而变快，随着频率的减小而变慢。

（5）按下操作面板上的 STOP 键，电动机是否停止。

任务 4.2.3　变频器多段速度控制应用

知识导读

对于变频器的多段速控制，预先通过参数设定运行速度，并通过接点端子来切换速度，通过接点 RH、RM、RL、REX 信号的 ON、OFF 操作即可选择各个速度。此任务涉及参数 Pr.4～Pr.6，Pr.24～Pr.27，Pr.232～Pr.239，参数的具体说明如表 4.2.3 所示。

表 4.2.3　多段速参数说明表

<table>
<tr><th>参数编号</th><th>名称</th><th>初始值</th><th>设定范围</th><th>内容</th></tr>
<tr><td>4</td><td>多段速设定（高速）</td><td>50 Hz</td><td>0～400 Hz</td><td>RH—“ON”时的频率</td></tr>
<tr><td>5</td><td>多段速设定（中速）</td><td>30 Hz</td><td>0～400 Hz</td><td>RM—“ON”时的频率</td></tr>
<tr><td>6</td><td>多段速设定（低速）</td><td>10 Hz</td><td>0～400 Hz</td><td>RL—“ON”时的频率</td></tr>
<tr><td>24</td><td>多段速设定（4 速）</td><td>9 999</td><td>0～400 Hz、9 999</td><td rowspan="12">通过 RH、RM、RL、REX 信号的组合可以进行 4～15 段速的频率设定。
9 999：未选择</td></tr>
<tr><td>25</td><td>多段速设定（5 速）</td><td>9 999</td><td>0～400 Hz、9 999</td></tr>
<tr><td>26</td><td>多段速设定（6 速）</td><td>9 999</td><td>0～400 Hz、9 999</td></tr>
<tr><td>27</td><td>多段速设定（7 速）</td><td>9 999</td><td>0～400 Hz、9 999</td></tr>
<tr><td>232</td><td>多段速设定（8 速）</td><td>9 999</td><td>0～400 Hz、9 999</td></tr>
<tr><td>233</td><td>多段速设定（9 速）</td><td>9 999</td><td>0～400 Hz、9 999</td></tr>
<tr><td>234</td><td>多段速设定（10 速）</td><td>9 999</td><td>0～400 Hz、9 999</td></tr>
<tr><td>235</td><td>多段速设定（11 速）</td><td>9 999</td><td>0～400 Hz、9 999</td></tr>
<tr><td>236</td><td>多段速设定（12 速）</td><td>9 999</td><td>0～400 Hz、9 999</td></tr>
<tr><td>237</td><td>多段速设定（13 速）</td><td>9 999</td><td>0～400 Hz、9 999</td></tr>
<tr><td>238</td><td>多段速设定（14 速）</td><td>9 999</td><td>0～400 Hz、9 999</td></tr>
<tr><td>239</td><td>多段速设定（15 速）</td><td>9 999</td><td>0～400 Hz、9 999</td></tr>
</table>

1. 3 段速设定（Pr.4～Pr.6）

RH 信号为“ON”时以 Pr.4 中设定的频率运行。

RM 信号为“ON”时以 Pr.5 中设定的频率运行。

RL 信号为“ON”时以 Pr.6 中设定的频率运行。

2. 7 段速设定（Pr.24～Pr.27）

4～7 段速是通过 RH、RM、RL 信号的组合来实现的，在 Pr.24～Pr.27 中设定运行频率，具体组合如图 4.2.5 所示。

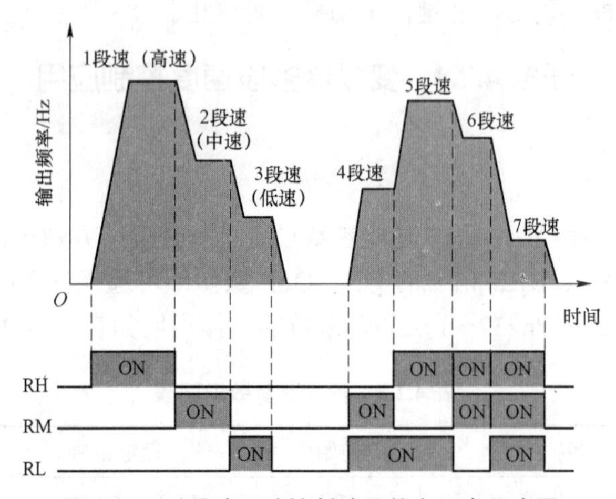

图 4.2.5　7 段速调试控制端子状态组合示意图

3. 8 段速以上的多段速设定（Pr.232～Pr.239）

8～15 段速是通过 RH、RM、RL、REX 信号的组合来实现的，在 Pr.232～Pr.239 中设定运行频率，REX 信号输入所使用的端子，通过将 Pr.178～Pr.182 输入端子功能选择设定为“8”来分配功能，具体组合如图 4.2.6 所示。

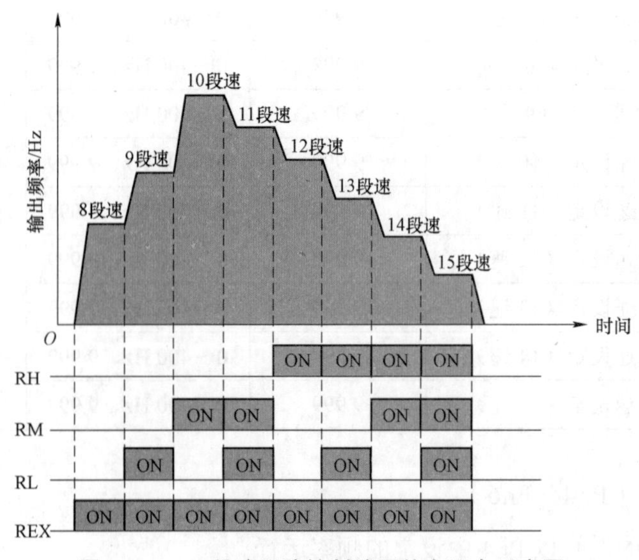

图 4.2.6　15 段速调速控制端子状态组合示意图

任务实施

一、准备阶段

工作环境：电气、消防、卫生等应符合实训安全要求的电工实训室，且具有投影仪等多媒体教学设备。

配套设备：电气安装与维修实训平台。

仪器仪表：每人配备电工常用工具一套（尖嘴钳一把，一字、十字螺丝刀各一把），万用表一块。

元器件及耗材：三菱变频器 FR－D700、三相异步电动机、相关电气元件及导线若干。

资料准备：三菱变频器的使用说明书。

着装要求：穿工作服、穿绝缘胶鞋、戴胸牌。

二、操作过程

1. 3 段速调试运行操作

通过开关设定频率（3 段速设定），即多段速调速。多段速采用外部输入端子 SD、STF、RL、RM、RH，进行 3 段速调速。RL、RM、RH 是低、中、高 3 段速速度选择端子，SD 是输入公共端，STF 是正转启动信号，STR 是反转启动信号。变频器控制端子接线如图 4.2.7 所示。

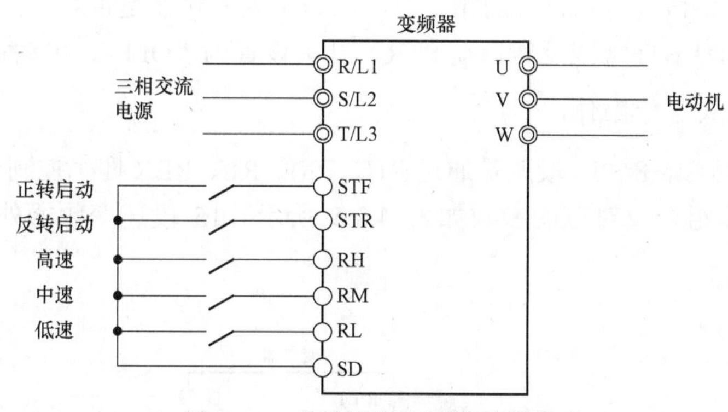

图 4.2.7　多段速调速接线示意图

操作步骤如下：

（1）按照图 4.2.7 接线。

（2）给变频器通电，将 Pr.79 的参数设置为“3”，Pr.4、Pr.5、Pr.6 的参数采用系统默认值（也可以自行定义高、中、低速的频率值），断电重启。

（3）将正转启动 STF（或反转启动 STR）开关设置为“ON”。

（4）分别将高、中、低速的开关设置为“ON”，观察变频器显示的频率值是否和设置的相一致，以及电动机转速是否对应。

（5）将正转启动 STF（或反转启动 STR）开关设置为“OFF”，电动机停止。

2. 7 段速调试运行操作

根据图 4.2.5 可知，4～7 段速是通过 RH、RM、RL 三个控制端子之间相互组合来实现的，其具体组合及对应的参数如表 4.2.4 所示。

表 4.2.4　7 段速各控制端子的组合及对应的参数号

速度段	高速	中速	低速	4 段速	5 段速	6 段速	7 段速
控制端子	RH	RM	RL	RL＋RM	RL＋RH	RM＋RH	RL＋RM＋RH
参数号	Pr.4	Pr.5	Pr.6	Pr.24	Pr.25	Pr.26	Pr.27
设定的频率值/Hz	6	8	10	12	14	16	18

操作步骤如下：

（1）按照图 4.2.7 接线。

（2）给变频器通电，将 Pr.79 的参数设置为“3”，按照表 4.2.4 中所提供的频率参数来设置 Pr.4～Pr.6、Pr.24～Pr.27 的参数，断电重启。

（3）将正转启动 STF（或反转启动 STR）开关设置为“ON”。

（4）根据表 4.2.4，分别将 RH、RM、RL 的开关按照表中提供的组合设置为“ON”，观察变频器显示的频率值是否和设置的相一致，以及电动机转速是否对应。

（5）将正转启动 STF（或反转启动 STR）开关设置为“OFF”，电动机停止。

3. 15 段速调试运行操作

根据图 4.2.6 可知，8～15 段速是通过 RH、RM、RL、REX 四个控制端子之间相互组合来实现的，其具体组合及对应的参数如表 4.2.5 所示。15 段速变频器外部接线如图 4.2.8 所示。

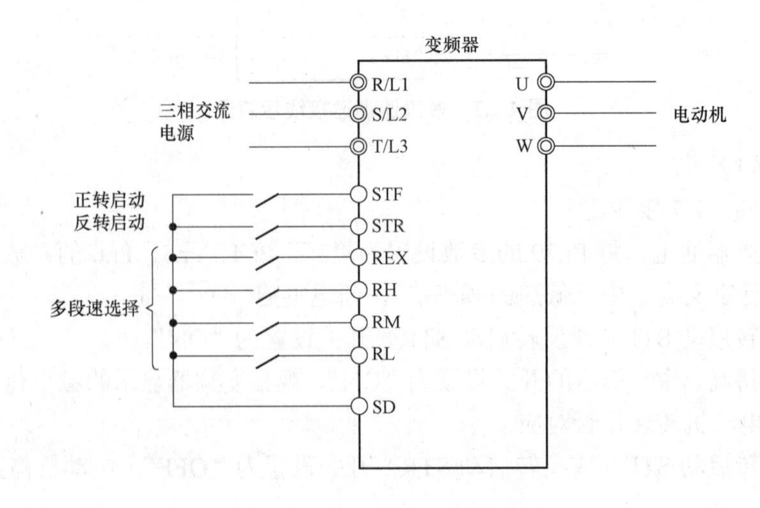

图 4.2.8　15 段速调速接线示意图

表 4.2.5 15 段速各控制端子的组合及对应的参数号

速度段	8 段速	9 段速	10 段速	11 段速	12 段速	13 段速	14 段速	15 段速
控制端子	REX	REX+RL	REX+RM	REX+RL+RM	REX+RH	REX+RL+RH	REX+RM+RH	REX+RL+RM+RH
参数号	Pr.232	Pr.233	Pr.234	Pr.235	Pr.236	Pr.237	Pr.238	Pr.239
设定的频率值/Hz	20	24	28	32	36	40	44	48

操作步骤如下：

（1）按照图 4.2.8 接线。

（2）给变频器通电，将 Pr.79 的参数设置为“3”，按照表 4.2.5 中所提供的频率参数来设置 Pr.232～Pr.239 的参数，断电重启。

（3）将正转启动 STF（或反转启动 STR）开关设置为“ON”。

（4）根据表 4.2.5，分别将 RH、RM、RL、REX 的开关按照表中提供的组合设置为“ON”，观察变频器显示的频率值是否和设置的相一致，以及电动机转速是否对应。

（5）将正转启动 STF（或反转启动 STR）开关设置为“OFF”，电动机停止。

项目评价

对项目完成的情况进行检测评价，填写表 4.2.6。

表 4.2.6 交流变频调速系统的装调与检修考核评价表

序号	考核内容	考核要点	配分	评分标准	扣分	得分
1	识图与绘图	正确识图与绘制电路	20	（1）电气图形文字符号错误或遗漏，每处均扣 2 分； （2）徒手绘制电路图扣 2 分； （3）电路原理错误扣 5 分		
2	工具的使用	正确使用工具	5	工具使用不正确每次扣 2 分		
3	仪表的使用	正确使用仪表	5	仪表使用不正确每次扣 2 分		
4	安装接线	按接线图正确连接变频器模块电路，模块布置要合理，安装要准确紧固，配线导线要紧固、美观	30	（1）模块布置不整齐、不合理，每只扣 2 分； （2）损坏元件扣 5 分； （3）系统运行正常，如不按电路图接线，扣 1 分； （4）主电路、控制电路布线不整齐、不美观，每根扣 0.5 分； （5）接点松动、露铜过长、压绝缘层，标记线号不清楚、遗漏或误标，引出端无接线端头，每处扣 0.5 分		

续表

序号	考核内容	考核要点	配分	评分标准	扣分	得分
5	系统调试	熟练操作，能正确地设置变频器参数；按照被试系统参数要求进行操作调试，达到系统要求	30	（1）通电测试发生短路和开路现象扣 8 分； （2）通电测试损坏元件，每项扣 2 分； （3）不会设置参数，每项扣 2 分； （4）系统参数不符合要求，每处扣 2 分		
6	安全文明生产	（1）明确安全用电的主要内容； （2）操作过程符合文明生产要求	10	（1）损坏设备扣 2 分； （2）损坏工具仪表扣 1 分； （3）发生轻微触电事故扣 3 分		
合计						
若考生发生重大设备和人身事故，应及时终止操作						

拓展知识

1. 模拟量输入选择

电压、电流输入的选择（端子 2、4），通过模拟量输入来控制正转、反转，涉及的参数有 Pr.73、Pr.267，具体说明如表 4.2.7 所示。

表 4.2.7　参数 Pr.73、Pr.267 模拟量输入说明

参数编号	名称	初始值	设定范围	内容	
73	模拟量输入选择	1	0	端子 2 输入 0～10 V	无可逆运行
			1	端子 2 输入 0～5 V	
			10	端子 2 输入 0～10 V	有可逆运行
			11	端子 2 输入 0～5 V	
267	端子 4 输入选择	0		电压/电流输入切换开关	内容
			0	V　I	端子 4 输入 4～20 mA
			1	V　I	端子 4 输入 0～5 V
			2		端子 4 输入 0～10 V

2. 模拟量输入规格的选择

模拟量电源输入所使用的端子 2 可以选择 0～5 V（初始值）或 0～10 V。

模拟量输入所使用的端子 4 可以选择电压输入（0～5 V、0～10 V）或电流输入（4～20 mA 初始值），变更输入规格时，请变更 Pr.267 和电源/电流输入切换开关。端子 4 的额定规格随电压/电流输入切换开关的设定而变更。

3. 以模拟量输入电压运行

（1）频率设定信号在端子 2—5 之间输入 DC 0～5 V（或者 DC 0～10 V）的电压。输入 5 V（10 V）时对应于最大输出频率。5 V 的电源既可以使用内部电源，也可以使用外部电源输入，内部电源在端子 10—5 间输出 DC 5 V。10 V 的电源，请使用外部电源输入。其接线分别如图 4.2.9、图 4.2.10 所示。

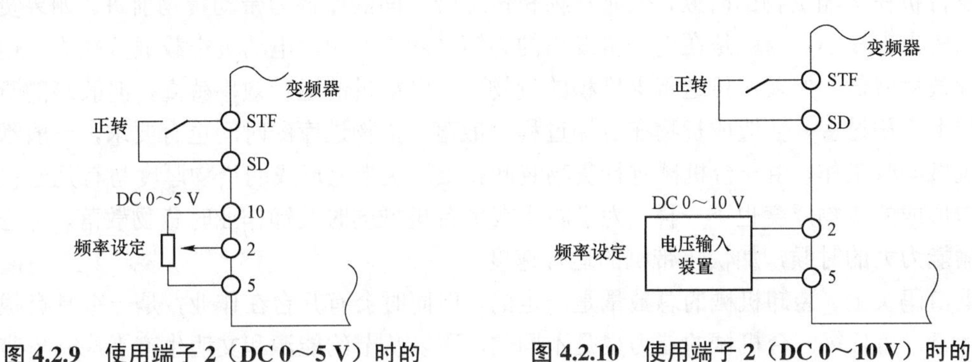

图 4.2.9　使用端子 2（DC 0～5 V）时的接线示意图

图 4.2.10　使用端子 2（DC 0～10 V）时的接线示意图

在端子 2 上输入 DC 10 V 时，请将 Pr.73 设定为“0”或者“10”（初始值为 0～5 V）。

（2）将端子 4 设为电压输入规格时，请将 Pr.267 设定为“1”（DC 0～5 V）或者“2”（DC 0～10 V），同时将电压/电流输入切换开关置于“V”。AU 信号为“ON”时端子 4 输入有效。

4. 以模拟量输入电流运行

在应用于风扇、泵等恒温、恒压控制时，将调节器的输出信号 DC 4～20 mA 输入到端子 4—5 之间，可实现自动运行。要使用端子 4 前将 AU 信号设置为“ON”。其接线如图 4.2.11 所示。

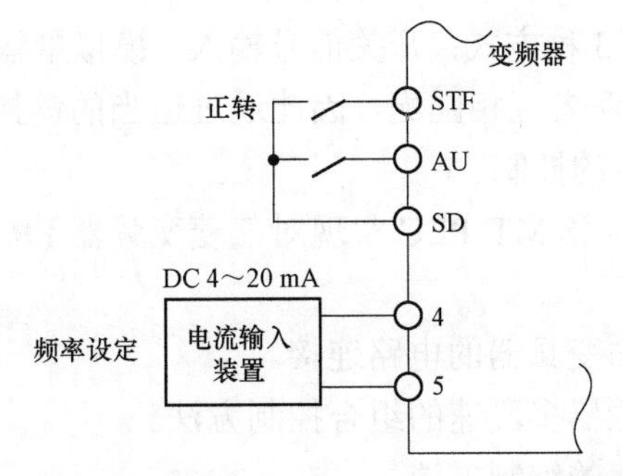

图 4.2.11　使用端子 4（DC 4～20 mA）时的接线示意图

项目三　可编程控制器与变频器对电动机多段速控制

项目提出

案例：港口码头上，用皮带机进行煤炭、矿砂等货物的连续运输，把由货轮运输来的货物，转运到临时仓库存放。

皮带机在运输货物的时候，依靠货物和传送带之间的摩擦力带动货物前进。如果货物较少，摩擦力也较小，也就是在电动机发出的力矩（功率）中，电动机空载成分较大，电动机的运行效率就低。如果在传送带上堆积的货物多，电动机的运行效率就高，但散装的货物在传送带上堆积过多，会造成货物在运输过程中散落。货物进库的时间也有要求，一般都会有几台机械同时工作，由一台机械进行货物装卸。在传送带上形成的货物厚度与有几台机械同时工作形成的货物厚度也不一样，为了防止在多台机械同时装卸作业时货物散落，考虑在要求运输能力大的时候，加快皮带机的运行速度。

港口码头上，装卸机械的总数量是一定的，但同时会有几台在作业，是一个具有很大变化的因素，而且每一台机械的能力也是不同的，所以从节约能源和文明生产考虑，皮带机需要在多段速上运行，而 PLC 与变频器的结合可以实现皮带机的多段速控制。

项目分析

在工业自动化控制系统中，PLC 和变频器单独使用，只能对电动机做一些简单的控制。最为常见的是 PLC 和变频器的组合运用，并且产生了多种多样的 PLC 控制变频器的方式，比如可以利用 PLC 的模拟量输出模块控制变频器，PLC 还可以通过 RS－485 通信接口控制变频器，也可以利用 PLC 的开关量输入/输出模块控制变频器。通过 PLC 与变频器的组合对生产过程进行控制，具有较强的抗干扰、传输速率高、传输距离远、节能环保等优点。PLC 和变频器的组合运用，更能有效地反应故障信息，控制精准，操作简单方便，广泛应用于工业控制的各个领域。

变频器接收外部信号有 3 种方式：开关信号输入、模拟量输入和通信接口输入，而 PLC 也有这 3 种方式的输出，且两者互相匹配，因此通过适当的链接，配以相应的软件，就可以通过 PLC 对变频器进行灵活的控制。

本项目依托三菱 FX2N－48 MT PLC 实现对三菱变频器 FR－D700 多段速控制实训，以达到以下目标：

（1）能正确进行 PLC 与变频器的电路连接。

（2）学会 PLC 控制变频器多段速的组合控制方法。

（3）巩固 PLC 控制程序的编制方法。

（4）培养爱岗敬业的责任感和团队协作精神，养成良好的职业素养。

项目实施

任务　可编程控制器与变频器对电动机多段速控制

知识导读

变频器和 PLC 进行配合时所需注意的事项

1. 开关指令信号的输入

变频器的输入信号中包括对运行/停止、正转/反转、微动等运行状态进行操作的开关型指令信号。变频器通常利用继电器接点或具有继电器接点开关特性的元器件（如晶体管）与 PLC 相连，得到运行状态指令。

在使用继电器接点时，常常因为接触不良而带来误动作；使用晶体管进行连接时，则需考虑晶体管本身的电压、电流容量等因素，保证系统的可靠性。

当输入开关信号进入变频器时，有时会发生外部电源和变频器控制电源（DC 24 V）之间的串扰。正确的连接是利用 PLC 电源，将外部晶体管的集电极经过二极管接到 PLC。

2. 数值信号的输入

当变频器和 PLC 的电压信号范围不同时，如变频器的输入信号为 0～10 V，而 PLC 的输出电压信号范围为 0～5 V 时，或 PLC 一侧的输出信号电压范围为 0～10 V，而变频器的输入电压信号范围为 0～5 V 时，由于变频器和晶体管的允许电压、电流等因素的限制，需用串联的方式接入限流电阻及分压方式，以保证进行开闭时不超过 PLC 和变频器相应的容量。此外，在连线时还应注意将布线分开，保证主电路一侧的噪声不传到控制电路。

通常变频器也通过接线端子向外部输出相应的监测模拟信号。电信号的范围通常为 0～10 V/0～5 V 及 4～20 mA 电流信号。无论哪种情况，都应注意：PLC 一侧的输入阻抗的大小要保证电路中电压和电流不超过电路的允许值，以保证系统的可靠性和减少误差。

任务实施

一、准备阶段

工作环境：电气、消防、卫生等应符合实训安全要求的电工实训室，且具有投影仪等多媒体教学设备。

配套设备：电气安装与维修实训平台。

仪器仪表：每人配备电工常用工具一套（尖嘴钳一把，一字、十字螺丝刀各一把），万用表一块。

元器件及耗材：三菱 PLC、三菱变频器 FR－D700、三相异步电动机、相关电气元件及导线若干。

资料准备：三菱变频器的使用说明书。

着装要求：穿工作服、穿绝缘胶鞋、戴胸牌。

二、操作过程

1. 任务要求描述

利用 PLC 控制变频器，使电动机按图 4.3.1 的运行曲线运行。

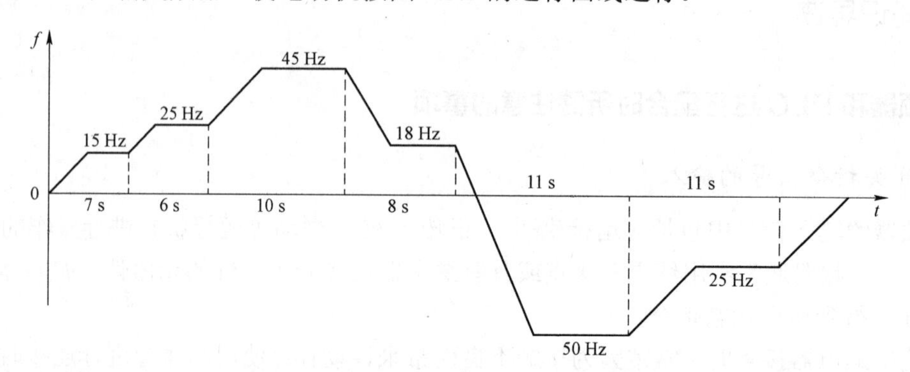

图 4.3.1　PLC 控制变频器多段速控制要求

根据曲线图，按下启动按钮 SB1，电动机以 15 Hz 正转，7 s 后电动机以 25 Hz 正转，6 s 后电动机以 45 Hz 正转，10 s 后电动机以 18 Hz 正转，8 s 后电动机以 50 Hz 反转，11 s 后电动机以 25 Hz 反转，11 s 后电动机停止。由此得出，本任务用到 6 段速，其 RH、RM、RL 的组合及频率的分配如表 4.3.1 所示。

表 4.3.1　变频器控制端子分配表

项目	第一速	第二速	第三速	第四速	第五速	第六速
频率/Hz	15	25	45	18	50	25
参数号	Pr.6	Pr.5	Pr.4	Pr.24	Pr.25	Pr.26
控制端子	RL	RM	RH	RL＋RM	RL＋RH	RM＋RH

2. PLC 的 I/O 口分配

根据任务要求，分配 PLC 的输入端和输出端，具体分配如表 4.3.2 所示。

表 4.3.2　I/O 口分配表

输入端			输出端		
设备名称	符号	端口号	设备名称	符号	端口号
启动按钮	SB1	X0	公共端	SD	COM5
			正转信号	STF	Y20
			反转信号	STR	Y21
			低速	RL	Y22
			中速	RM	Y23
			高速	RH	Y24

3. PLC 与变频器接线示意图

根据 I/O 口的分配表完成 PLC 与变频器外部接线，其接线示意图如图 4.3.2 所示。

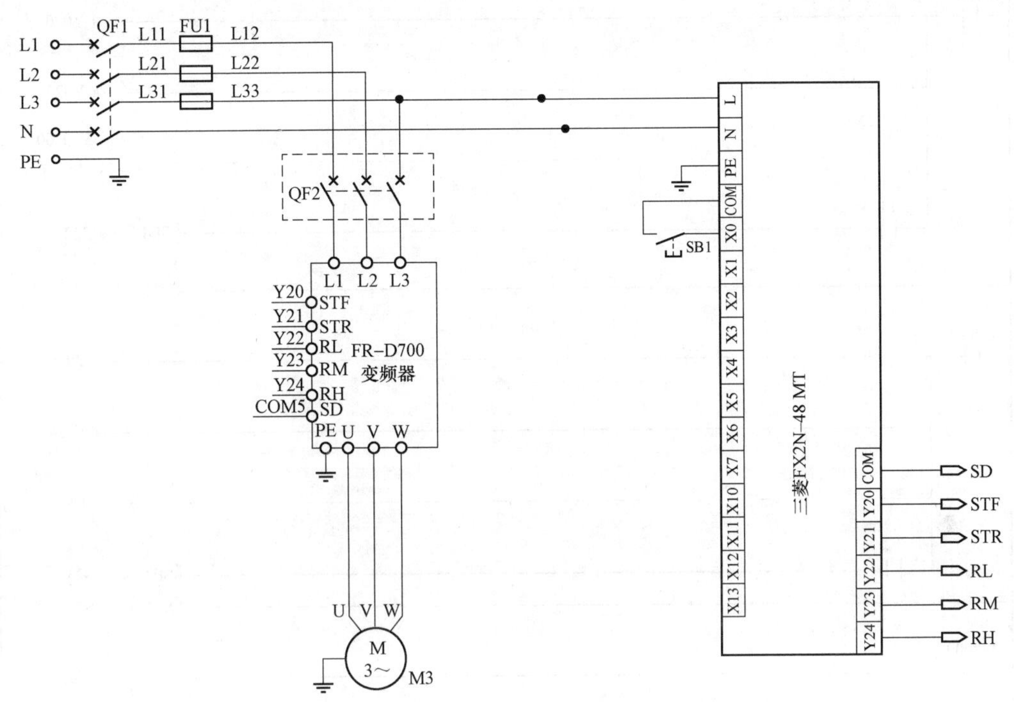

图 4.3.2　PLC 与变频器外部接线示意图

4. 编写 PLC 控制程序

根据控制要求编写 PLC 控制程序，如图 4.3.3 所示。

```
0   M8002
    ─┤ ├──────────────────────────────[SET   S0  ]
3   ──────────────────────────────────[STL   S0  ]
4   M8000   X000
    ─┤ ├─────┤ ├──────────────────────[SET   S20 ]

8   ──────────────────────────────────[STL   S20 ]
9   M8000
    ─┤ ├──┬───────────────────────────(Y020      )
          ├───────────────────────────(Y022      )
          │                               K70
          ├───────────────────────────(T0        )
          │  T0
          └──┤ ├──────────────────────[SET   S21 ]
```

图 4.3.3　PLC 控制程序

```
18 ──────────────────────────────────────[STL    S21]
   M8000
19 ─┤├──┬────────────────────────────────(Y020)
        ├────────────────────────────────(Y023)
        │                                  K60
        ├────────────────────────────────(T1)
        │  T1
        └─┤├─────────────────────────────[SET    S22]
28 ──────────────────────────────────────[STL    S22]
   M8000
29 ─┤├──┬────────────────────────────────(Y020)
        ├────────────────────────────────(Y024)
        │                                  K100
        ├────────────────────────────────(T2)
        │  T2
        └─┤├─────────────────────────────[SET    S23]
38 ──────────────────────────────────────[STL    S23]
   M8000
39 ─┤├──┬────────────────────────────────(Y020)
        ├────────────────────────────────(Y022)
        ├────────────────────────────────(Y023)
        │                                  K80
        ├────────────────────────────────(T3)
        │  T3
        └─┤├─────────────────────────────[SET    S24]
49 ──────────────────────────────────────[STL    S24]
   M8000
50 ─┤├──┬────────────────────────────────(Y021)
        ├────────────────────────────────(Y022)
        ├────────────────────────────────(Y024)
        │                                  K110
        ├────────────────────────────────(T4)
        │  T4
        └─┤├─────────────────────────────[SET    S25]
```

图 4.3.3 PLC 控制程序（续）

```
60 ──────────────────────────────────────────[STL      S25   ]
   M8000
61 ─┤├──┬──────────────────────────────────────( Y021  )
        ├──────────────────────────────────────( Y023  )
        ├──────────────────────────────────────( Y024  )
        │                                           K110
        ├──────────────────────────────────────( T5    )
        │  T5
        └─┤├───────────────────────────────────[SET      S0   ]
71 ────────────────────────────────────────────[RET           ]
```

图 4.3.3 PLC 控制程序（续）

项目评价

完成实训项目，填写表 4.3.3 所列考核评价表。

表 4.3.3 可编程控制器与变频器对电动机多段速控制项目考核评价表

序号	考核内容	考核要点	配分	评分标准	扣分	得分
1	识图与绘图	正确识图与绘制电路	20	（1）电气图形文字符号错误或遗漏，每处均扣 2 分； （2）徒手绘制电路图扣 2 分； （3）电路原理错误扣 5 分		
2	工具的使用	正确使用工具	5	工具使用不正确每次扣 2 分		
3	仪表的使用	正确使用仪表	5	仪表使用不正确每次扣 2 分		
4	安装接线	按接线图正确连接模块电路，模块布置要合理，安装要准确、紧固，配线导线要紧固、美观	30	（1）模块布置不整齐、不合理，每只扣 2 分； （2）损坏元件扣 5 分； （3）系统运行正常，如不按电路图接线，扣 1 分； （4）主电路、控制电路布线不整齐、不美观，每根扣 0.5 分； （5）接点松动、露铜过长、压绝缘层，标记线号不清楚、遗漏或误标，引出端无接线端头，每处扣 0.5 分		
5	系统调试	熟练操作，能正确地设置变频器参数；按照被试系统参数要求进行操作调试，达到系统要求	30	（1）通电测试发生短路和开路现象扣 8 分； （2）通电测试损坏元件，每项扣 2 分； （3）不会调整测试参数，每项扣 2 分； （4）系统参数不符合要求，每处扣 2 分		

续表

序号	考核内容	考核要点	配分	评分标准	扣分	得分
6	安全文明生产	（1）明确安全用电的主要内容； （2）操作过程符合文明生产要求	10	（1）损坏设备扣 2 分； （2）损坏工具仪表扣 1 分； （3）发生轻微触电事故扣 3 分		
合计						
若考生发生重大设备和人身事故，则应及时终止操作						

拓展知识

1. FX0N－3A 概述

FX0N－3A 包含两路输入通道和一路输出通道。输入通道将外部输入的模拟信号转换成内部的数字信号（A/D 转换），输出通道将内部的数字信号转换成外部的模拟信号（D/A 转换）。根据接线不同，可以选择电压信号或电流信号的模拟输入或模拟输出，模拟输入通道或模拟输出通道的可接受范围为 DC 0～10 V、DC 0～5 V 或 DC 4～20 mA。FX0N－3A 可以连接到 FX1N、FX2N 等系列的可编程控制器。所有的数据传输和参数设置均通过 PLC 程序进行控制与调整。

2. 模拟量输入规格

模拟量输入规格，如表 4.3.4 所示。

表 4.3.4 模拟量输入规格表

项目	电压输入	电流输入
模拟输入范围	DC 0～10 V、DC 0～5 V （输入电阻 200 kΩ） 绝对最大输入：－0.5～15 V	DC 4～20 mA （输入电阻 250 kΩ） 绝对最大输入：－2～60 mA
输入特性	不可以混合使用电压输入和电流输入，两路通道均为同一特性	
扫描执行时间	（TO 命令处理时间×2）＋FROM 命令处理时间	

输入模拟电压转换数字值：$255\times10\div10.2=250$

输入模拟电流转换数字值：$255\times(20-4)\div(20.32-4)=250$

3. 模拟量输出规格

模拟量输出规格如表 4.3.5 所示。

表 4.3.5 模拟量输出规格表

项目	电压输入	电流输入
模拟输入范围	DC 0～10 V、DC 0～5 V （负载电阻 1 kΩ～1 MΩ）	DC 4～20 mA （负载电阻 500 Ω以下）
扫描执行时间	TO 命令处理时间 × 3	

输出数字值转换模拟电压值：$255 \times 10 \div 250 = 10.2$

输出数字值转换模拟电流值：$255 \times (20 - 4) \div 250 + 4 = 20.32$

4. 缓冲存储器（BFM）分配

缓冲存储器分配如表 4.3.6 所示。

表 4.3.6 缓冲存储器分配表

BFM No.	b15～b8	b7	b6	b5	b4	b3	b2	b1	b0
#0		当前 A/D 转换输入通道 8 位数据							
#1～#15									
#16		当前 A/D 转换输出通道 8 位数据							
#17				D/A 转换启动		A/D 转换启动		A/D 转换通道选择	
#18～#31									

注：表格留空部分为缓冲存储器存储保留区域。

（1）#0：输入通道 1（CH1）与输入通道 2（CH2）转换数据以二进制形式交替存储。

（2）#17 的含义如表 4.3.7 所示。

表 4.3.7 #17 功能含义

十六进制	二进制			说明
	b2	b1	b0	
H000	0	0	0	选择输入通道 1 且复位 A/D 和 D/A 转换
H001	0	0	1	选择输入通道 2 且复位 A/D 和 D/A 转换
H002	0	1	0	保持输入通道 1 的选择且启动 A/D 转换
H003	0	1	1	保持输入通道 2 的选择且启动 A/D 转换
H004	1	0	0	启动 D/A 转换

其中，b0 = 0 表示选择输入通道 1；

b0 = 1 表示选择输入通道 2；

b1 = 0→1 表示启动 A/D 转换；

b1 = 1→0 表示复位 A/D 转换；

b2－0→1 表示启动 D/A 转换；

b2＝1→0 表示复位 D/A 转换；

模拟量连续输入输出条件：0→1→0。

5. A/D 输入程序

主机单元将数据读出或写入 FX0N－3A 缓冲存储器（BFM），当 X1＝ON 时，实现输入通道 1 的 A/D 转换，并将 A/D 转换对应值存储于主机电源 D01 中。当 X2＝ON 时，实现输入通道 2 的 A/D 转换，并将 A/D 转换对应值存储于主机单元 D02 中，其 PLC 程序如图 4.3.4 所示。

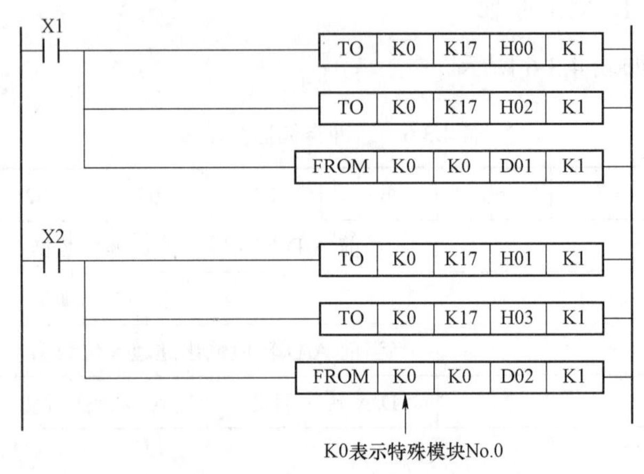

图 4.3.4　A/D 输入程序

当 X1 闭合时：

［TO K0 K17 H00 K1］→（H00）写入 BMF#17，选择输入通道 1 且复位 A/D 转换；

［TO K0 K17 H02 K1］→（H02）写入 BMF#17，保持输入通道 1 的选择且启动 A/D 转换；

［FROM K0 K0 D01 K1］→读取 BFM#0，将输入通道 1 当前 A/D 转换对应值存储于主机单元 D01 中。

当 X2 闭合时：

［TO K0 K17 H01 K1］→（H01）写入 BMF#17，选择输入通道 2 且复位 A/D 转换；

［TO K0 K17 H03 K1］→（H03）写入 BMF#17，保持输入通道 2 的选择且启动 A/D 转换；

［FROM K0 K0 D02 K1］→读取 BFM#0，将输入通道 2 当前 A/D 转换对应值存储于主机单元 D02 中。

6. D/A 输出程序

当 X0＝ON 时，实现输出通道的 D/A 转换，D/A 转换对应值为主机单元 D00。其 PLC 程序如图 4.3.5 所示。

当 X0 闭合时：

［TO K0 K16 D00 K1］→D/A 转换对应值（D00）写入 BFM#16；

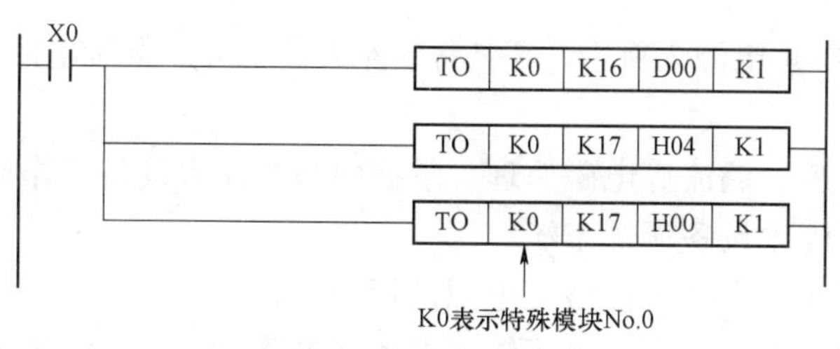

图 4.3.5　D/A 输出程序

［TO K0 K17 H04 K1］→（H04）写入 BFM#17，启动 D/A 转换；

［TO K0 K17 H00 K1］→（H00）写入 BFM#17，复位 D/A 转换。

项目四　非工频设备的装调与维修

项目提出

工频设备主要是指工作电源是 50 Hz 或 60 Hz 的设备，非工频设备是指工作电源是中高频或超高频设备，主要应用于工业上的感应加热。我国感应加热起步于 20 世纪 50 年代，在机床制造、纺织机制造、汽车、拖拉机工业等部门应用最早。20 世纪 50 年代末，我国已自制出电子管式高频电源与机械式中频发电机，感应熔炼、感应透热、淬火、介质加热等各种设备与工艺相继在工业上得到应用。20 世纪 60 年代后，研制出晶闸管中频电源，改进了电子管式高频电源，并设计、制造了各种形式的淬火机床。20 世纪 80 年代末，晶闸管中频感应加热装置已完全取代了中频发电机，开始了半导体高频感应加热电源的研究，正朝着 IGBT 和 MOSFET 为主要器件的全固态感应加热电源发展，具有大功率、高频率，低损耗、高功率，智能化、复合化、无污染等优点。

项目分析

感应加热电源根据频率不同可分为中频、超声频和高频三种。一般中频频率范围为 1～10 kHz，超声频频率范围为 20～100 kHz，高频频率范围为 200～500 kHz。目前，感应加热电源在中频频段主要采用晶闸管，超声频频段主要采用 IGBT，而在高频频段，由于采用 SIT 固态的高频感应加热电源，存在高导通损耗等缺点，对功率器件、无源器件、电缆、布线、接地和屏蔽等均有许多特殊要求。因此，实现感应加热电源高频技术还在研究。

感应加热电源主要由整流单元、逆变单元、谐振输出单元和感应器四部分组成。其中整流单元将工频三相交流电压转换成直流电压；逆变单元将电能变换成几千赫兹至上百千赫兹的高频电能；谐振输出单元一端连接逆变器，另一端连接感应器，经隔离和阻抗匹配，通过谐振的方法在感应器中产生强大的高频电流。加热时，感应器在工件中感生高频电流，因此导体迅速被加热。早期的感应加热设备中，逆变单元所需的高频逆变器件决定了装置的形式，它经历了从电子管、晶闸管到目前普遍采用 IGBT 的发展历程。

本项目以 IGBT 中频电源为例，学习中高频淬火设备可控整流电源的原理、调试与检修，以达到以下目标：

（1）了解集肤效应、涡流等电磁原理，掌握中高频淬火设备工作原理。

（2）掌握中高频淬火设备调试方法。

（3）能对中高频淬火设备可控整流电源进行调试。

（4）能对中高频淬火设备高压电子管三点振荡电路、电容耦合电路、变压器耦合电路进行调试。

（5）掌握中高频淬火设备操作规程。

（6）养成良好的职业素养，培养团队协作能力和交流沟通能力。

任务 4.4.1　IGBT 中频电源的调试与维修

知识导读

一、肌肤效应的原理及应用

1. 集肤效应的定义

集肤效应（又称趋肤效应）是指导体中有交流电或者交变电磁场时，导体内部的电流分布不均匀的一种现象。随着与导体表面的距离逐渐增加，导体内的电流密度呈指数递减，即导体内的电流会集中在导体的表面。从与电流方向垂直的横截面来看，导体的中心部分电流强度基本为零，即几乎没有电流流过，只在导体边缘的部分会有电流。简单而言就是电流集中在导体的“皮肤”部分，所以称为集肤效应。

产生这种效应的原因主要是变化的电磁场在导体内部产生了涡旋电场，与原来的电流相抵消。如图 4.4.1 所示，理想中电子在导体中以平均分布的方式传导流通，集肤效应则是电子集中在导体的近外肤位置上流通，使横截面的核心部位呈现空泛状态，进而使电流输送量减少。

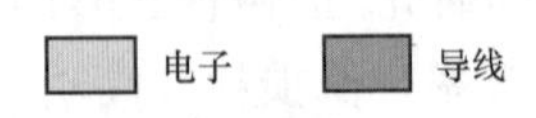

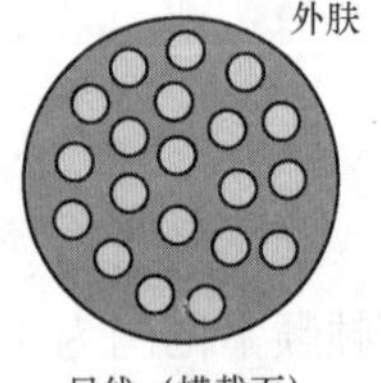

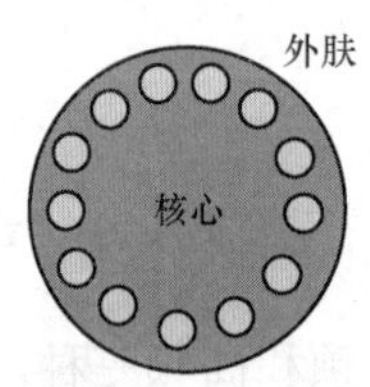

图 4.4.1　肌肤效应示意图

2. 集肤效应加热系统

集肤效应的原理基于交流电的“集肤效应”和“邻近效应”，加热装置是采用专门设计制造的耐腐耐热、绝缘的集肤效应导线，穿过一个被称为“热管”的碳钢管道（碳钢管道的厚度大于集肤深度），导线和热管的一端相连接，另一端则分别与交流电源相连接。当给集肤效应加热系统通电时，电流从导线的一端到达导线的另一端，在集肤效应和邻近效应的作用下，通过热管返回的电流被集中在热管的内壁表面。这种电磁感应作用，使流经热管的电流只能集中在热管的内壁表面，而实际上在热管的外表面是没有可测电压的。电流流经热管内壁表面时，通过阻抗发热，产生加热温度。如图 4.4.2 所示。

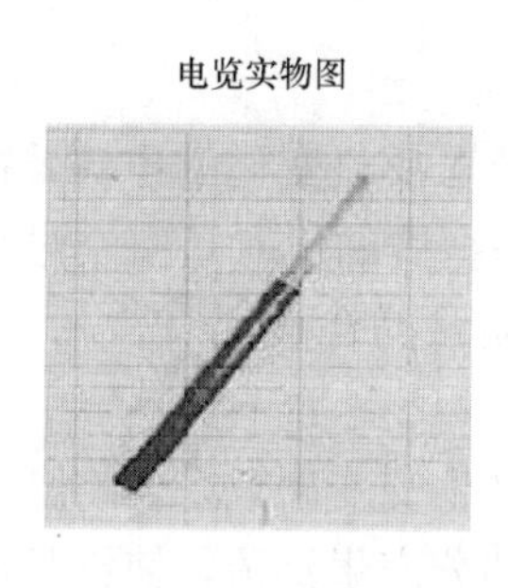

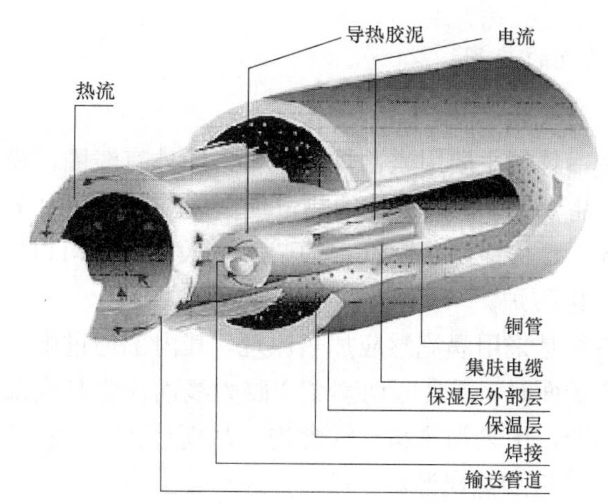

图 4.4.2　肌肤效应

集肤效应加热系统产生的焦耳热主要来自三部分：

（1）加热管上通电流时，加热管上发出的热。此热量是集肤效应加热系统的主要热量来源。

（2）加热管内部电缆产生的热。

（3）加热管内磁滞损耗产生的部分热。

3. 集肤效应的应用

淬火是指利用高频（30～1 000 kHz）电流使工件表面局部进行加热、冷却，获得表面硬化层的热处理方法。这种方法只是对工件一定深度的表面进行强化，而心部基本上保持处理前的组织和性能，因而可获得高强度、高耐磨性和高韧性的综合。又因是局部加热，所以能显著减少淬火变形，降减能耗。正是因为高频淬火拥有上述这些特点，因而在机械加工行业中被广泛采用。

工件放到感应器内，感应器一般是输入中频或高频交流电（1 000～300 000 Hz 或更高）的空心铜管。产生的交变磁场在工件中产生出同频率的感应电流，这种感应电流在工件的分布是不均匀的，在表面强，而在内部很弱，到心部接近于零，利用这个集肤效应，可使工件表面迅速加热，在几秒钟内表面温度可上升到 800～1 000 ℃，而心部温度升高很小。

二、涡流的原理及应用

1. 涡流的定义

涡流即由电磁感应作用在导体内部感生的电流，又称为傅科电流。当金属导体在非匀强磁场中运动，或者导体静止但有着随时间变化的磁场，或者两种情况同时出现时，都可以造成磁力线与导体的相对切割。按照电磁感应定律，在导体中就会产生感应电动势，由于导体自身存在电阻，在导体内部便会产生电流。这种电流在导体中的分布随着导体的表面形状和磁通的分布而不同，其路径往往有如水中的旋涡，因此称为涡流。

导体在非均匀磁场中移动或处在随时间变化的磁场中时，因涡流而导致的能量损耗称为涡流损耗。涡流损耗的大小与磁场的变化方式、导体的运动、导体的几何形状、导体的磁导率和电导率等因素有关。

2. 涡流的应用

（1）真空冶炼炉。

真空冶炼炉主要用来冶炼合金钢，炉外有线圈，线圈中通入反复变化的电流，在炉内的金属中产生涡流。涡流产生的热量使金属熔化。利用涡流冶炼金属的优点是整个过程能在真空中进行，这样能防止空气中的杂质进入金属，可以冶炼高质量的合金。

（2）电磁炉。

电磁炉是采用涡流感应加热原理，其内部通过电子线路产生交变磁场，当将含铁质锅具底部放置炉面时，锅具即切割交变磁力线而在锅具底部金属部分产生涡流，使锅具内电子运动产生热能，用来加热和烹饪食物，从而达到煮食的目的。

（3）感应加热电源。

感应加热就是利用涡流加热金属导体，也就是将被加热金属置于高频变化的电磁场中（实际应用是在感应线圈中），强大的电磁场在其表面形成感应涡流，依靠材料本身的内阻，使之迅速发热，以改善工件的机械性能。感应加热是金属热处理必不可少的加热方式，也是工业加热的趋势，感应涡流不仅用于金属件热处理，也用于海底管道铺设、石油天然气管道预热焊接、焊后热处理、紫铜钎焊、蒸发镀膜、电动机短路环焊接等。

任务实施

一、准备阶段

（1）实训室 IGBT 中频电源一台，数字万用表或指针万用表、20 M 以上双踪示波器、500 V 摇表、25W 电烙铁、螺丝刀、扳手等电工工具及仪器仪表，安全用具。

（2）设备有关电气图、说明书等技术资料。

（3）了解设备的故障现象以及出现故障时所发生的情况，查看设备的记录资料。

（4）维修前有必要对设备进行全面检查，紧固所有连接线和端子，看一下有无出现发黑、打火、短接、虚接等。

（5）中频电源原理图，如图 4.4.3 所示。

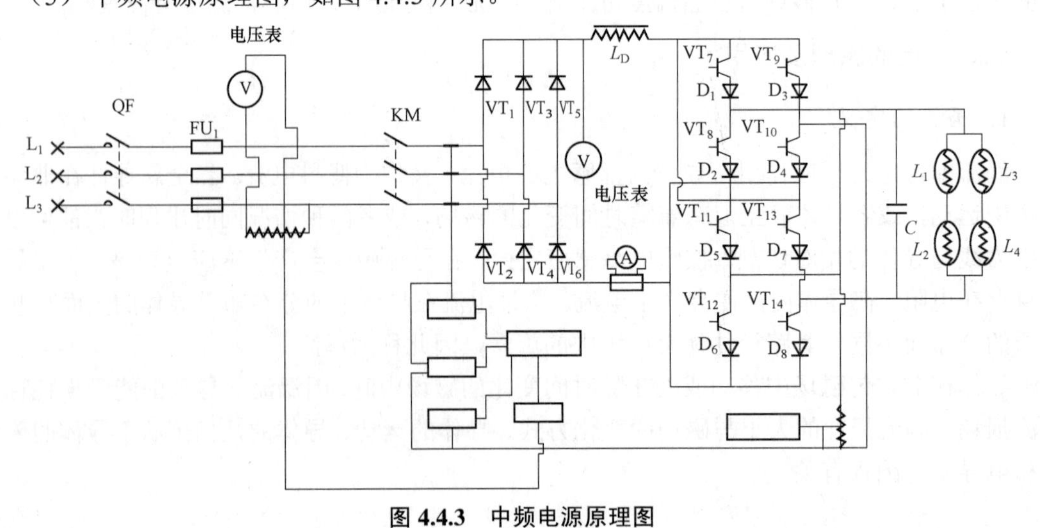

图 4.4.3　中频电源原理图

二、操作过程

1. 中频电源的原理分析调试

三相工频交流电经主交流接触器 KM 接通后输送到整流电路，通过 VT_1～VT_6 晶闸管三相全控桥整流和电抗器 L_D 滤波后，输出电压可调的平滑直流电供给逆变电路。逆变电路由 2 个结构完全相同的 IGBT 逆变器并联组成，这种结构形式能使中频电源负载能力增大 1 倍。每个逆变器由 4 只 IGBT（VT_7～VT_{10} 或 VT_{11}～VT_{14}）及相随的 4 个整流二极管（D_1～D_4 或 D_5～D_8）组成，它与负载中的加热头（感应线圈）L_1～L_4、电热电容 C 一起，组成单相 LC 并联谐振式逆变器。从逆变电路输出的中频交流电通过加热头，在垂直于感应线圈轴线表面内产生强烈的感应电流（又称涡流），使紧贴加热头的金属制品快速发热。

2. 中频电源的调试

（1）通电启动使 IGBT 中频电源运行在小功率状态，用双踪示波器测量并记录关键点波形。

（2）用示波器测量逆变输出主波形。波形应稳定正确、整齐一致，若波形异常，则应用控制电源检测法重点检查逆变电路。

（3）让 IGBT 中频电源运行在较大功率状态，测量整流输出主波形、电抗器平波后的主波形。

主波形必须稳定正确、整齐一致。用示波器测得的 IGBT 中频电源空载时的整流输出、电抗器平波后和逆变输出三大主波形如图 4.4.4 所示。

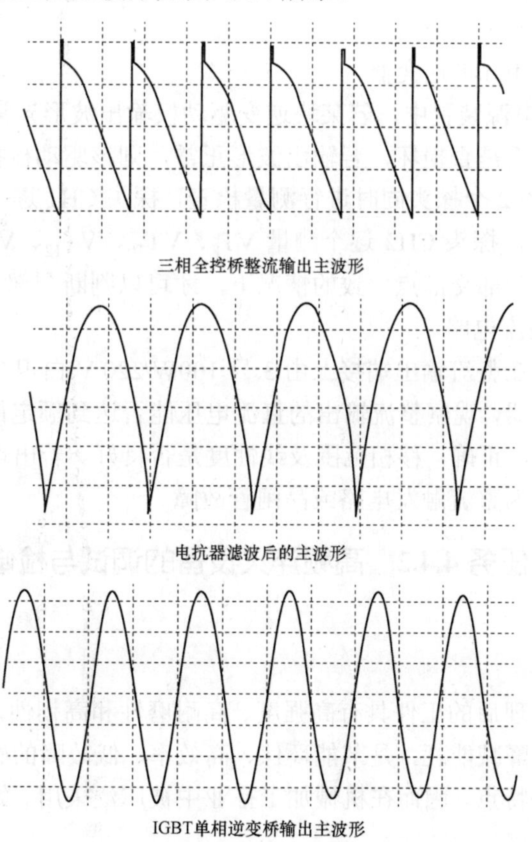

三相全控桥整流输出主波形
电抗器滤波后的主波形
IGBT单相逆变桥输出主波形

图 4.4.4　IGBT 中频电源整流、平波和输出三大主波形图

IGBT 中频电源功率的调整，是通过调节功率电位器改变整流触发脉冲控制角，从而改变整流电路输出直流电压来实现的。输出中频频率由负载 LC 并联振荡器的谐振频率决定，这是因为逆变触发脉冲控制信号取自负载回路，当负载 LC 参数发生变化时，逆变器输出频率也相应发生变化，起到自动调整频率的作用。

3. IGBT 中频电源的检修

IGBT 中频电源的检修方式一般包括断电状态检查、控制电源检测 IGBT 逆变器、假负载检查整流电路、通电工作测量关键点波形以及报警保护的检修。下面介绍前三种方式。

（1）断电状态下系统检查。

断开电源开关，观察是否有脱落、烧焦、打火等故障现象，然后再用数字万用表对 IGBT 中频电源装置做进一步检查判断。

① 用万用表电阻挡 $R\times200\ \Omega$检查并判断熔断器和主交流接触器是否存在异常。

② 检测整流晶闸管是否损坏。除控制极 G 与阴极 K 间的阻值约为 33 Ω外（受驱动变压器线圈影响），阳极 A、阴极 K 和控制极 G 间的阻值均应为无穷大，否则整流晶闸管已损坏。

③ 用万用表 $R\times2\ \text{k}\Omega$挡在路检测 IGBT 各引脚间的电阻，除集电极 C 到发射极 E 间的阻值约为 1.6 kΩ外，栅极 G、集电极 C 和发射极 E 间的阻值均应为无穷大，否则 IGBT 已损坏。如果用万用表测量不出来，需应用控制电源检测法通过测量波形才能断定。

④ 断开安装电热电容组铜排的前后连接，检测电热电容组两极间的阻值是否为无穷大，若不是则表明电容漏电或击穿短路。

（2）控制电源检测 IGBT 逆变器。

① 在 IGBT 中频电源装置中，若某块逆变驱动板输出波形异常，则可通过更换上正常驱动板来检测该块驱动板是否损坏，若输出波形正常，则该驱动板损坏，否则 IGBT 损坏。

② 用双踪示波器的 2 个探头同时进行测量检查，探头 CH1 逐个测量 VT_7、VT_9、VT_{11}、VT_{13} 的驱动板输出波形，探头 CH2 逐个测量 VT_8、VT_{10}、VT_{12}、VT_{14} 的驱动板输出波形，在两条角线桥臂波形的全部交汇点一致的情况下，才可以判断全部 IGBT 工作基本正常。

（3）假负载检查整流电路。

断开逆变主回路，在整流输出端接上由 3 只 100W/220 V 白炽灯串联而成的假负载。接通电源后调节功率电位器，观察整流输出的直流电压能否达到额定最大电压（约 500 V），整流输出的波形是否稳定、正确，移相范围及线性度是否良好。若出现异常，则测量整流触发脉冲波形，以判断是否为整流触发电路或晶闸管故障。

任务 4.4.2　高频淬火设备的调试与检修

知识导读

由于经高频淬火处理后的工件具有高强度、高耐磨性和高韧性，又因是局部加热，所以能显著减少淬火变形，降减能耗，是节能环保、高效率、低故障的感应加热设备。正是因为高频淬火拥有上述这些特点，因而在机械加工行业中被广泛采用。如图 4.4.5 和图 4.4.6 所示为常用的高频淬火设备。

图 4.4.5 高频焊接机

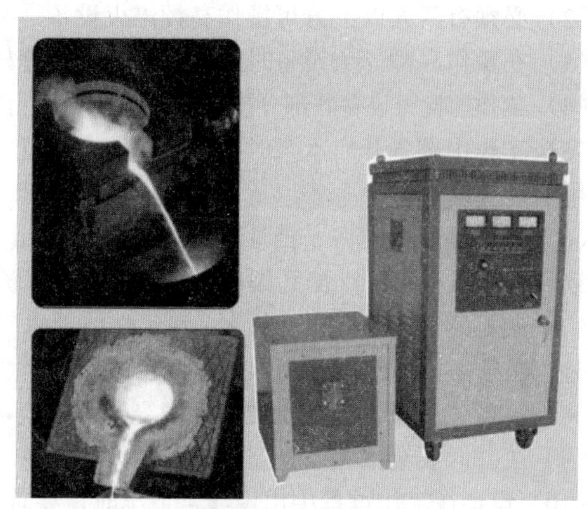
图 4.4.6 高频淬火炉

一、高频淬火设备的工作原理

高频淬火设备采用感应加热，其原理是：将工件放到感应器内，感应器一般是输入中频或高频（1 000～300 000 Hz 或更高）交流电的空心铜管。产生的交变磁场在工件中产生出同频率的感应电流，这种感应电流在工件的分布是不均匀的，在表面强，而在内部很弱，到心部接近于零，利用这个集肤效应，可使工件表面迅速加热，在几秒钟内可将表面温度上升到800～1 000 ℃，而心部温度升高很小。

二、高频淬火设备的突出优点

（1）采用 IGBT 模块，节能省电：比电子管式省电 30%，比可控硅中频省电 20%。

（2）加热效率高，加热非常均匀（也可通过调节感应圈的疏密，使工件各部位获得各自需要的温度），升温快，氧化层少，淬火后工件表层可得到极细的隐晶马氏体，硬度稍高（2～3 HRC），退火后无废品，节约资源，减少损耗。

（3）设备加热时间快、加热范围广，通过调节加热速度的快慢，最快加热速度不到 1 s，温度及加热时间可精确控制，加工质量高。

（4）采用分体式结构，体积小、质量轻，移动安装都方便，没有污染、噪声和粉尘，环保。

（5）具有过热、缺水、过压、过流等报警指示，并自动控制和保护，最大程度提高设备安全性能。

（6）适应性强，能加热各种各样的工件。

三、高频淬火设备的安全操作规程

高频淬火设备可以在瞬间提升热量，有很大的危险性，在操作过程中应严格遵照安全操作规程，避免对操作人员的伤害和设备的损坏。

（1）操作人员必须经考试合格取得上岗证才能进行操作，必须熟悉设备的性能、结构等，并要遵守安全和交接班制度。

（2）必须有两人以上方可操作高频淬火设备，并指定操作负责人。

（3）在操作高频淬火设备时应有完好的防护遮栏，工作时闲人免进，以免发生危险。

（4）工作前检查设备各部分接触是否可靠，确保淬火机床运行良好，机械或液压传动正常。

（5）工作中准备开启水泵时，检查各冷却水管是否畅通，水压是否在 1.2～2 kg，注意不准用手触及设备的冷却水。

（6）送电预热。先将一挡灯丝预热 30～45 min 后，再将二挡灯丝预热 15 min。合上后再继续调移相器至高压。加高频后，手不许触及汇流排和感应器。

（7）装好感应器，接通冷却水，将工件放于感应器方可通电加热，严禁空载送电。更换工件时，必须停止高频，若高频无法停止，应立即切断高压或连接紧急开关。

（8）高频淬火设备运行中要注意阳光流和栅流都不准超过规定值。

（9）工作时要全部关闭机门，高压开关合上后，不得随意到机后活动，严禁打开机门。

（10）设备在工作过程中出现异常情况时，要首先切断高压开关，再分析、排除故障。

（11）室内通风良好，温度应控制在 15～35 ℃。

（12）结束后先断开阳极电压，再切开灯丝电源，并继续供水 15～25 min，使电子管充分冷却，再清扫、检查设备，保持清洁干燥，以防电气元件放电和被击穿。打开机门清扫时，应先对阳极、栅极、电容器等放电。

任务实施

一、准备阶段

工作环境：电气、消防、卫生等应符合实训安全要求的电工实训室，且具有投影仪等多媒体教学设备。

配套设备：演示用高频炉一台，常用工具如钳子、扳手、螺丝刀等，准备的仪器如万用电表、高压摇表等仪器仪表，使用说明书等。

着装要求：穿工作服、穿绝缘胶鞋、戴胸牌。

二、操作过程

1. 中高频淬火设备中振荡电路的调试

（1）采用电子管三点振荡电路进行调试。

正弦波振荡器是指振荡波形为正弦波或接近正弦波的振荡器，它广泛应用于各类信号发生器中，如高频信号发生器、电视遥控器等。产生正弦信号的振荡电路形式很多，但归纳起来，则主要有 *RC*、*LC* 和晶体振荡器三种形式。本任务主要研究 *LC* 电容反馈三点式振荡器，其电路图如图 4.4.7 所示。

根据原理图进行电路连接，完成以下操作过程：

① 静态工作点测试。外接 +12 V 直流电源，注意电源极性不能接反。

反馈电容 C、R、C_T 不接，接入 C' = 680 pF，用示波器观察振荡器停振时的情况。电路连接情况如图 4.4.8 所示。

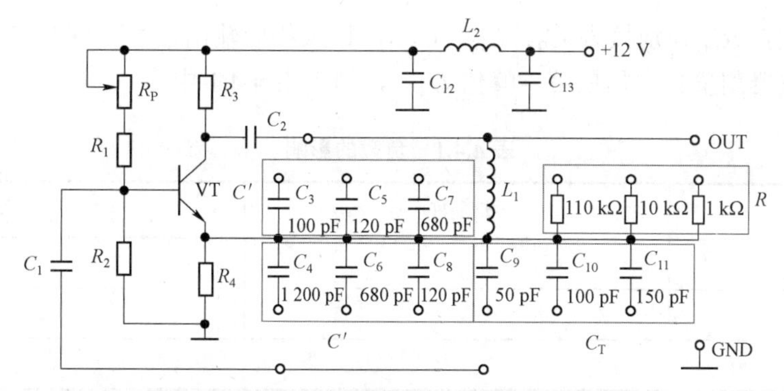

图 4.4.7　*LC* 电容反馈三点式振荡器实验电路

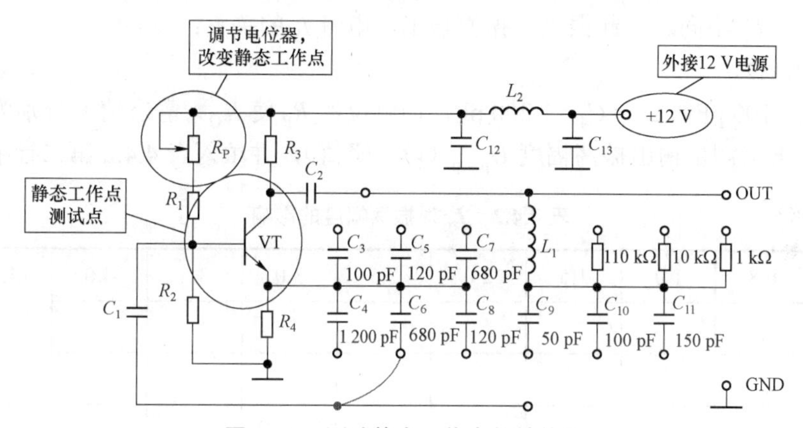

图 4.4.8　测试静态工作点的接线图

注意：连接 C' 的接线要尽量短，以减小导线分布电容的影响。

改变电位器 R_P（0～47 kΩ）测得晶体管 VT 的发射极电位 V_E，V_E 可连续变化，记下 V_E 的最大值 V_{Emax}，计算 I_{Emax} 的值。

$$I_{Emax}=V_{Emax}/R_4\text{（设 }R_4=1\text{ k}\Omega\text{）}$$

② 振荡频率与振荡幅度测试。

实验条件：$I_{EQ}=2$ mA，$C=120$ pF，$C'=680$ pF，$R=110$ kΩ。

调节 R_P 使 $I_{EQ}=2$ mA 或 $V_{EQ}=I_{EQ}R_4=2$ V。

按图 4.4.9 连接电路。

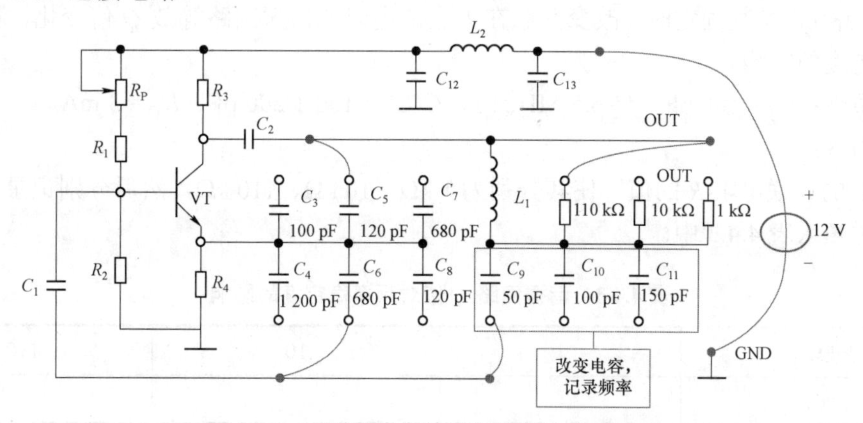

图 4.4.9　测试振荡频率和振荡幅度的接线图

改变 C_T 电容（C_T 分别接为 C_9、C_{10}、C_{11}），记录相应输出信号（OUT 节点的电压）的频率，并用示波器测量各电压的峰－峰值 U_{p-p}，填入表 4.4.1 中。

表 4.4.1　负载的影响

C_T/pF	f/MHz	U_{p-p}/V
51		
100		
150		

测试当 C、C' 不同时，起振点、振幅与工作电流 I_E 的关系：

取 $R=110$ kΩ。

取 $C=C_3=100$ pF，$C'=C_4=1\,200$ pF，调电位器 R_P 使 I_{EQ}（静态值）分别为表 4.4.2 所标各值，用示波器测量输出振荡幅度 U_{p-p}（峰－峰值），并填入表 4.4.2 第二行中。

表 4.4.2　I_{EQ} 对振荡幅度的影响

I_{EQ}/mA	0.8	1.0	1.5	2.0	2.5	3.0	3.5	4.0	4.5	5.0
U_{p-p}/V										
U_{p-p}/V										
U_{p-p}/V										

取 $C=C_5=120$ pF，$C'=C_6=680$ pF，分别重复测试表 4.4.2 中所示内容，并填入表 4.4.2 第三行中。

取 $C=C_7=680$ pF，$C'=C_8=120$ pF，分别重复测试表 4.4.2 中所示内容，并填入表 4.4.2 第四行中。

以 I_{EQ} 为横轴，输出电压峰－峰值 U_{p-p} 为纵轴，将不同 C/C' 值下测得的三组数据，在同一坐标上绘制成曲线，说明振荡器静态工作点对振荡幅度的影响。

③ 频率稳定度的影响。

（a）回路 LC 参数固定时，改变并联在 L 上的电阻使谐振回路等效 Q 值变化，测试 Q 值对频率稳定度的影响。

实验条件：$C_T=100$ pF，$f=6.5$ MHz 时，$C/C'=100/1\,200$ pF、$I_{EQ}=3$ mA。

实验内容：

改变 L 的并联电阻 R 的值，使其分别为 1 kΩ、10 kΩ、110 kΩ，然后分别记录电路的振荡频率，并填入表 4.4.3 中。

表 4.4.3　谐振回路 Q 值对频率稳定度的影响

R/kΩ	1	10	110
f/MHz			

注意频率计后几位跳动变化的情况。

（b）回路 LC 参数及 Q 值不变，改变 I_{EQ} 时对频率的影响。

实验条件：C_T = 100 pF，f = 6.5 MHz，C/C' = 100/1 200 pF，R = 110 kΩ。

实验内容：改变晶体管的 I_{EQ}，使其分别为表 4.4.4 所标各值，测出振荡频率，并填入表中。

表 4.4.4　I_{EQ} 对频率稳定度的影响

I_{EQ}/mA	1	2	3	4
f/MHz				

（2）采用电容耦合电路进行调试。

通常放大电路的输入信号都是很弱的，一般为毫伏或微伏数量级，输入功率常在 1 mV 以下。为了推动负载工作，要求把几个单级放大电路连接起来，使信号逐级得到放大，以便在输出获得必要的电压幅值或足够的功率。由几个单级放大电路连接起来的电路称为多级放大电路。在多级放大电路中，每两个单级放大电路之间的连接方式叫耦合；如果耦合电路是采用电阻、电容进行耦合，则叫作阻容耦合。

阻容耦合交流放大电路是低频放大电路中应用得最多、最为常见的电路。本实验采用的是两级阻容耦合放大电路，如图 4.4.10 所示。

① 两级放大电路静态工作点的测量。

创建如图 4.4.10 所示两级阻容耦合放大电路。断开函数信号发生器与电路的连接，将电路输入端接地。单击仿真开关，进行仿真分析。用数字万用表或动态测试探针分别测量节点电压 U_{B1}、U_{C1}、U_{E1}、U_{B2}、U_{C2} 及 U_{E2}，并记录测量结果于表 4.4.5 中。

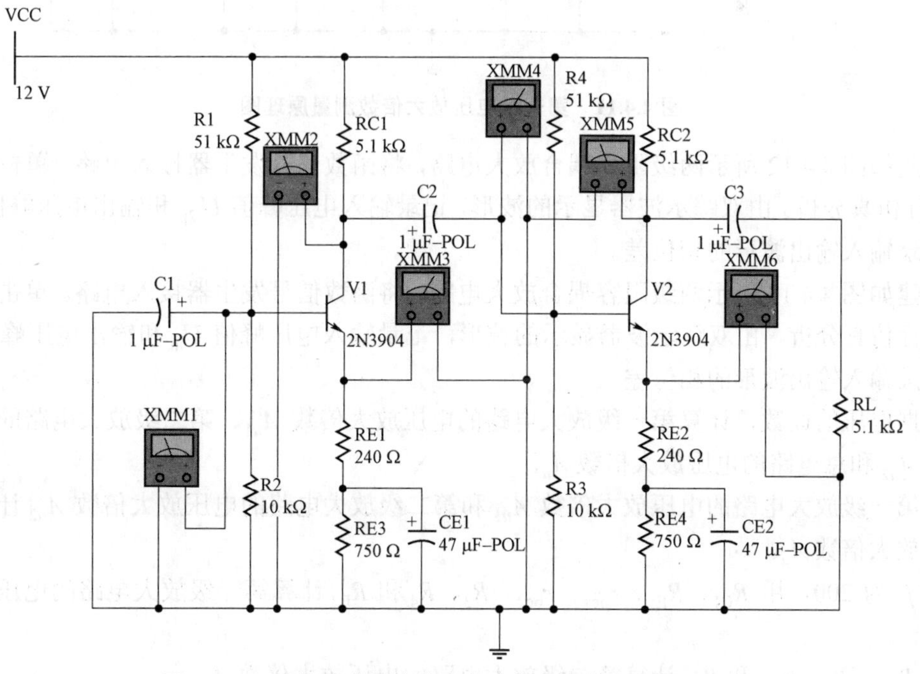

图 4.4.10　两级阻容耦合放大电路静态工作点测量原理图

根据阻值 R_1、R_2 和电源电压 V_{CC}，计算节点电压 U_{B1}。

设 U_{BE} 为 0.7 V，由基极偏压 U_{B1} 估算 V_1 管的射极偏压 U_{E1}、射极电流 I_{E1} 和集电极电流 I_{C1}。根据 I_{E1}、V_{CC} 和 R_{C1} 估算集电极偏压 U_{C1}。

确定 V_1 管的静态工作点 Q_1，即 I_{BQ1}、I_{CQ1} 和 U_{CEQ1}。

② 两级电压放大倍数的测量。

创建如图 4.4.11 所示两级阻容耦合放大电路，将函数信号发生器接入电路。单击仿真开关，进行仿真分析。由双踪示波器显示的波形，记录输入电压峰值 U_{i1p} 和输出电压峰值 U_{o1p}，同时记录输入输出波形的相位差。

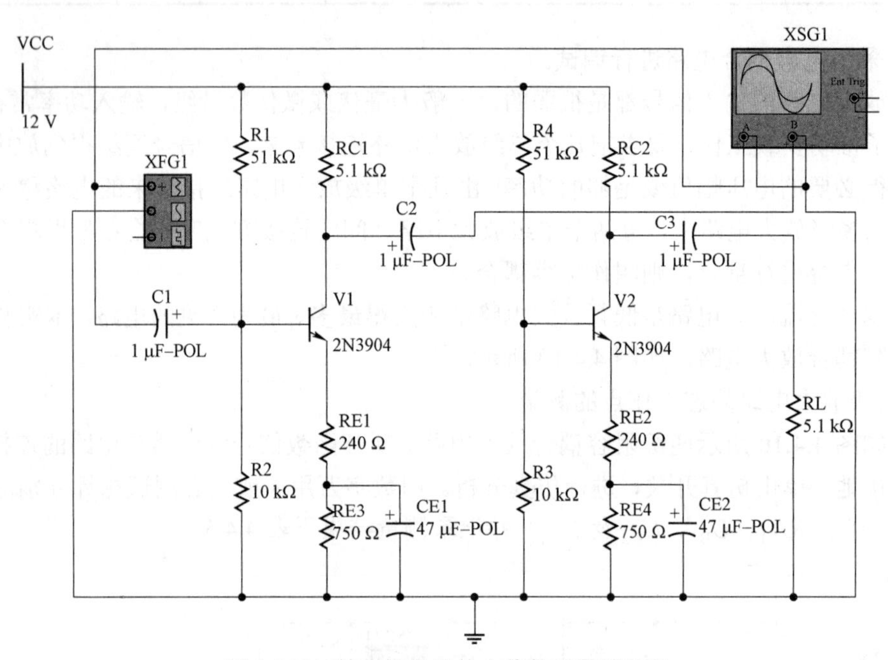

图 4.4.11　第一级电压放大倍数测量原理图

创建如图 4.4.12 所示两级阻容耦合放大电路，将函数信号发生器接入电路。单击仿真开关，进行仿真分析。由双踪示波器显示的波形，记录输入电压峰值 U_{i2p} 和输出电压峰值 U_{o2p}，同时记录输入输出波形的相位差。

创建如图 4.4.13 所示两级阻容耦合放大电路，将函数信号发生器接入电路。单击仿真开关，进行仿真分析。由双踪示波器显示的波形，记录输入电压峰值 U_{ip} 和输出电压峰值 U_{op}，同时记录输入输出波形的相位差。

根据电压的读数，计算第一级放大电路的电压放大倍数 A_{u1}、第二级放大电路的电压放大倍数 A_{u2} 和总电路的电压放大倍数 A_u。

用第一级放大电路的电压放大倍数 A_{u1} 和第二级放大电路的电压放大倍数 A_{u2} 计算总电路电压放大倍数 A_u。

设 β 为 200，用 R_{C1}、R_{E1}、r_{be1}、r_{be2}、R_3、R_4 和 R_{E2} 计算第一级放大电路的电压放大倍数 A_{u1}。

用 R_{C2}、R_L、r_{be2} 和 R_{E2} 计算第二级放大电路的电压放大倍数 A_{u2}。

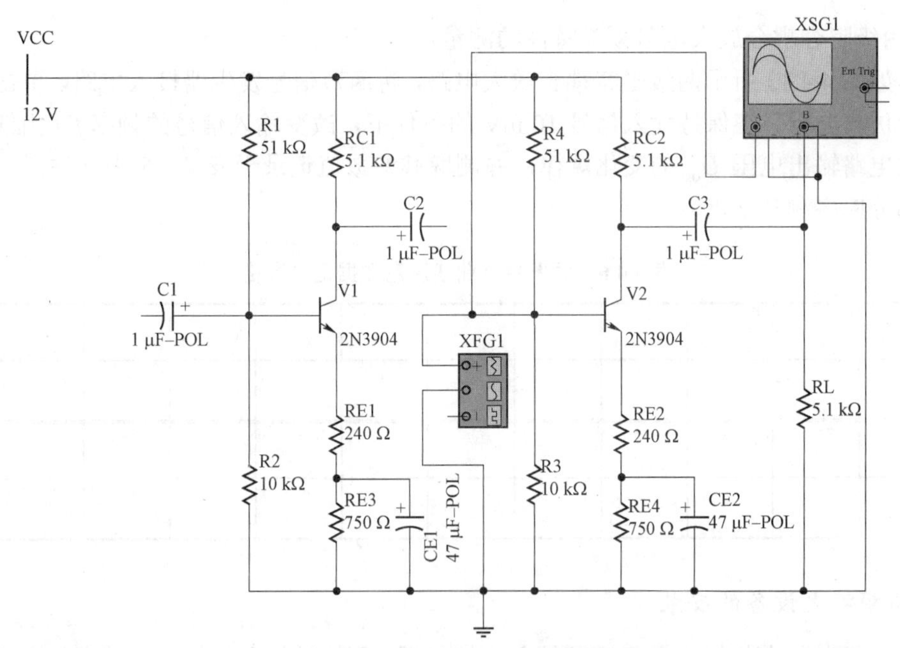

图 4.4.12　第二级电压放大倍数测量原理图

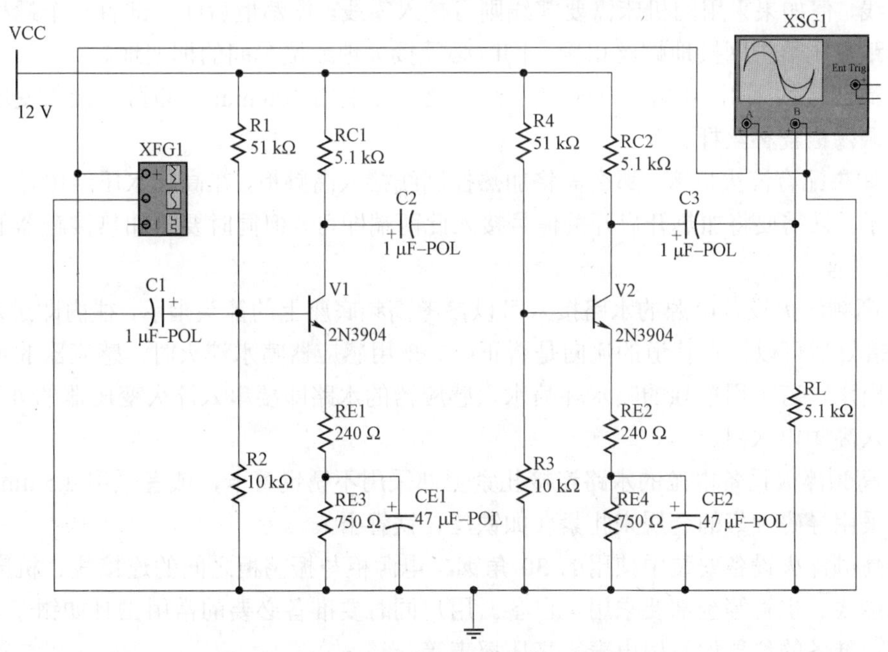

图 4.4.13　总电路电压放大倍数测量原理图

表 4.4.5　两级阻容耦合放大电路测量数据记录表格

静态工作点/V						输入输出电压/mV					
第一级			第二级								
V_{B1}	V_{C1}	V_{E1}	V_{B2}	V_{C2}	V_{E2}	U_{i1p}	U_{o1p}	U_{i2p}	U_{o2p}	U_{ip}	U_{op}

③ 两级阻容耦合放大电路频率特性的测量。

创建如图 4.4.13 所示两级阻容耦合放大电路，将函数信号发生器接入电路。单击仿真开关，进行仿真分析。在保持输入信号 10 mV 的条件下，改变输入信号的频率 f（由低到高），观察放大电路输出电压 U_{op} 的变化规律，并测取其参数值记录于表 4.4.6 中（注意：特性曲线弯曲部分应多测几个点）。

表 4.4.6　频率特性曲线测量数据记录表格

f/Hz											
U_{op}/mV											
f/Hz											
U_{op}/mV											

2. 高频淬火设备的安装

（1）电源从振荡柜操作单元底部接入主接触器。可控硅输入后接入变压器输入端，进线不需要零线，但如果采用的机床需要零线则可接入零线。振荡柜后面下部有一个螺杆是接地端，必须跟变压器护网接地螺丝相接。同时必须接大地或接车间的框架地。

（2）高压接线采用 30 角钢弯成 U 字形，离柜顶端约 300 mm 高即可，接入变压器的瓷杯丝杆和振荡柜瓷杯丝杆。

（3）如果配有淬火机床，那么需将加热控制线接入高频柜，在高频水压继电器上方有对应接线端子，只需要将加热开启开关信号接入此两端即可，但同时要将加热接触器的自保端拆下。

（4）高频淬火设备电源的水路接入可以参考高频底座上的箭头指示，往内即进水，往外即出水。接好后可以检查管道的流向是否正确。采用感应器喷水淬火时，感应器的水接机床的喷水阀出水，若采用单独的喷水环喷水，感应器的水路即要串入淬火变压器的外环出水，然后再接入高频出水口。

（5）高频淬火设备电源的水路连接扎紧全部采用不锈钢管卡，或者采用 2.5 mm 铜线扎紧，不能采用导磁性好的金属来扎紧（如铁丝、铁管卡）。

注：高频淬火设备安装中使用的 30 角钢、电源柜与振荡柜之间的连接线、机床与高频控制的连接线、水管等全部要求用户自备。用户同时要准备必要的常用工具如钳子、扳手、螺丝刀等，准备的仪器如万用电表、高压摇表等。

项目评价

对项目实施的完成情况进行检查，并填写项目评价表，见表 4.4.7。

表 4.4.7　非工频设备的装调与维修项目考核评价表

序号	考核内容	考核要点	配分	评分标准	扣分	得分
1	识图与绘图	正确识图与绘制电路	20	（1）电气图形文字符号错误或遗漏，每处均扣 2 分； （2）徒手绘制电路图扣 2 分； （3）电路原理错误扣 5 分		
2	工具的使用	正确使用工具	5	工具使用不正确每次扣 2 分		
3	仪表的使用	正确使用仪表	5	仪表使用不正确每次扣 2 分		
4	安装接线	按接线图正确连接模块电路，模块布置要合理，安装要准确、紧固，配线导线要紧固、美观	30	（1）模块布置不整齐、不合理，每只扣 2 分； （2）损坏元件扣 5 分； （3）系统运行正常，如不按电路图接线，扣 1 分； （4）主电路、控制电路布线不整齐、不美观，每根扣 0.5 分； （5）接点松动、露铜过长、压绝缘层，标记线号不清楚、遗漏或误标，引出端无接线端头，每处扣 0.5 分		
5	系统调试	熟练操作，能正确地设置非工频设备系统参数；按照被试系统参数要求进行操作调试，达到系统要求	30	（1）通电测试发生短路和开路现象扣 8 分； （2）通电测试损坏元件，每项扣 2 分； （3）不会调整测试参数，每项扣 2 分； （4）系统参数不符合要求，每处扣 2 分		
6	安全文明生产	（1）明确安全用电的主要内容； （2）操作过程符合文明生产要求	10	（1）损坏设备扣 2 分； （2）损坏工具仪表扣 1 分； （3）发生轻微触电事故扣 3 分		
合计						
若考生发生重大设备和人身事故，应及时终止操作						

拓展知识

中高频感应加热设备日常操作中应当特别注意的操作规范。

（1）必须有两个人以上操作高频设备，并指定操作负责人。穿戴好绝缘鞋、绝缘手套和其他规定的防护用品。

（2）操作者必须熟悉高频设备的操作规程，开机前应检查设备冷却系统是否正常，正常后方可送电，并严格按操作规程进行操作。

（3）工作前应关好全部机门，机门应装电气联锁装置，保证机门未关前不能送电。高压开关合上后，严禁打开机门。

（4）工件应去除铁屑和油污，否则在加热时容易与感应器产生打弧现象。打弧产生的电弧光既会损伤视力，也容易打坏感应器和损坏设备。

（5）高频设备应保持清洁、干燥和无尘土，工作中发现异常现象时，首先应切断高压电，再检查排除故障。必须由专人检修高频设备，打开机门后，首先对阳极、栅极、电容器等进行放电，然后再开始检修，严禁带电抢修。

（6）使用淬火机床时，应遵守有关电气、机械和液压传动的安全规程。在移动淬火机床时，应防止倾倒。

中高频感应加热设备在使用过程中，应该严格按照说明事项来进行，严禁违规操作，以免给生产打来不必要的损失。

模块五　电力电子电路的安装、调试及维修

项目一　三端集成稳压电源的组装与调试

项目提出

当今社会人们极大地享受着电子设备带来的便利，但是任何电子设备都有一个共同的电路——电源电路。大到超级计算机、小到袖珍计算器，所有的电子设备都必须在电源电路的支持下才能正常工作。当然这些电源电路的样式、复杂程度千差万别。由于电子技术的特性，电子设备对电源电路的要求就是能够提供持续稳定、满足负载要求的电能，而且通常情况下都要求提供稳定的直流电能。提供这种稳定的直流电能的电源就是直流稳压电源。

稳压电源的分类方法繁多，按输出电源的类型分为直流稳压电源和交流稳压电源；按稳压电路与负载直流稳压电源的连接方式分为串联稳压电源和并联稳压电源；按调整管的工作状态分为线性稳压电源和开关稳压电源；按电路类型分为简单稳压电源和反馈型稳压电源等。

项目分析

不论是用分立元件构成的稳压器，还是用集成稳压器，一个完整的直流稳压电源都被分为变压、整流、滤波和稳压四个部分。其框图及对应的特征波形如图 5.1.1 所示。

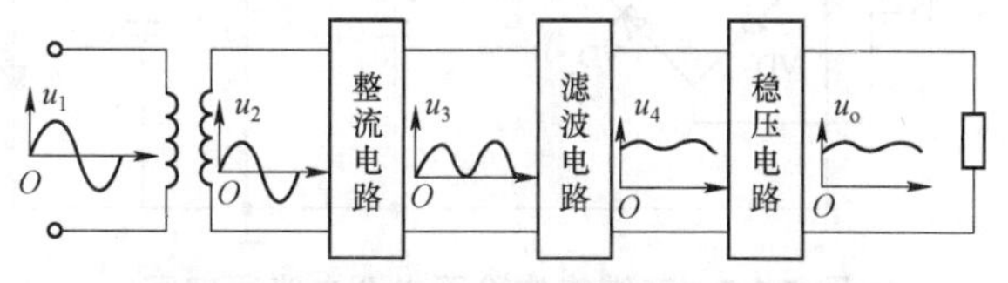

图 5.1.1　直流稳压电源结构图和稳压过程

变压是利用电源变压器将电网 220 V 的交流电压 u_1 变换成整流滤波电路所需要的交流电压 u_2。当用 1:1 的变比来变压时，通常称为信号隔离。整流是利用二极管的单向导电作用，构成单相半波、全波、桥式或倍压整流电路，或利用其他半导体器件，如 SCR 可控硅等，将双向的交流电压 u_2 变成单向脉动直流电压 u_3。滤波是利用电容、电感等储能元件的平波作用构成滤波电路滤除纹波，输出较平滑的直流电压 u_4。稳压电路的作用是提高输出直流电压 u_o 的带负载能力和稳定性，分立元件稳压电路和集成电路常采用串联负反馈式。

本项目以三端集成稳压电源为例进行学习，学会稳压电源的安装、调试与维修，达成以下目标：

（1）了解电路的组成，会分析整流、滤波、稳压电路的工作原理。

（2）会用常用仪器仪表对整流电路、稳压电路等电路进行调试。

（3）能熟练在万能印制电路板上进行合理布局、布线。

（4）能正确使用 CW78××系列集成稳压器，完成三端集成稳压电源的组装与调试。

（5）能正确测试直流稳压电源的主要技术指标，会对电路常见故障进行判断并检修。

（6）培养学生分析问题、解决问题的能力，以及交流沟通和团队协作能力，培养学生养成良好的职业素养。

任务　三端集成稳压电源的组装与调试

知识导读

一、电路原理

三端集成稳压电源的电路原理图如图 5.1.2 所示，其由变压器、整流电路、滤波电路、稳压电路和显示电路组成。电路中 VD_1～VD_4 为整流二极管，C_1、C_2 是滤波电容，安装时一定要注意其极性。U_1 是 78 系列三端稳压器，输出为正电压。

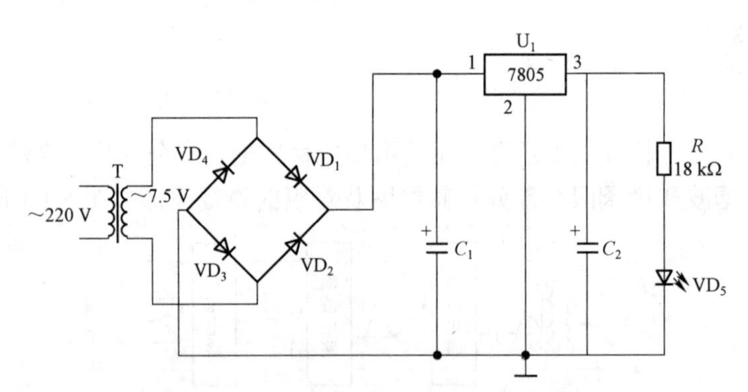

图 5.1.2　三端集成稳压电源电路原理图

二、装配要求和方法

工艺流程：准备→熟悉工艺要求→绘制装配草图→核对元件数量、规格、型号→元件检测→元器件预加工→万能印制电路板装配、焊接→总装加工→自检。

① 准备：将工作台整理有序，工具摆放合理，准备好必要的物品。

② 熟悉工艺要求：认真阅读电路原理图和工艺要求。

③ 绘制装配草图：图 5.1.3 所示为三端集成稳压电源装配草图。

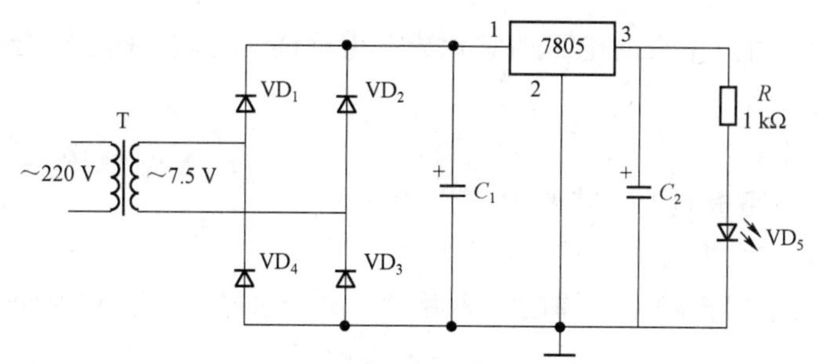

图 5.1.3　三端集成稳压电源装配草图

任务实施

一、准备阶段

1. 工具、元件和仪器

电子装备生产线实训室，电烙铁等常用电子装配工具，万用表、示波器，稳压电源。

2. 装调准备

熟悉电路原理、所用元器件的外形尺寸及封装形式。

二、操作过程

（1）按万能印制电路板实样以 1:1 比例在图纸上确定安装孔的位置。

（2）装配草图以导线面（焊接面）为视图方向：元器件水平或垂直放置，不可斜放；布局时应考虑元器件外形尺寸，避免安装时相互影响，疏密均匀；同时注意电路走向应基本和电路原理图一致，一般由输入端开始向输出端逐步确定元件位置，相关电路部分的元器件应就近安放，按一字排列，避免输入、输出之间的影响；每个安装孔只能插一个元器件引脚。

按电路原理图的连接关系布线，布线应做到横平竖直，导线不能交叉（确需交叉的导线可在元件下穿过）。

检查绘制好的装配草图上的元器件数量、极性和连接关系，应与电路原理图完全一致。

（3）清点元件。按表 5.1.1 三端集成稳压电源元件清单核对元件的数量和规格，应符合工艺要求，如有短缺、差错应及时补缺和更换。

表 5.1.1　三端集成稳压电源元件清单

代号	品名	型号/规格	数量
U_1	集成电路	7805	1
VD_1~VD_4	整流二极管	1N4007	4
R	碳膜电阻	1 kΩ	1
C_1，C_2	电解电容	1 000 μF，470 μF	2
VD_5	发光二极管		1

（4）元件检测。用万用表的电阻挡对元器件进行逐一检测，对不符合质量要求的元器件应剔除并更换。

（5）元件预加工。

（6）万能印制电路板装配工艺要求。

① 二极管均采用水平安装方式，紧贴板面。

② 所有焊点均采用直脚焊，焊接完成后剪去多余引脚，留头在焊面以上 0.5～1 mm，且不能损伤焊接面。

③ 万能接线板布线应正确、平直、转角处成直角、焊接可靠，无漏焊、短路现象。焊接次序为先焊小型元件和细导线，后焊中型、大型元件与晶体管、集成电路。有源器件相对来说比较娇贵，后焊可防止因焊接其他元件时不小心使之损坏。

（7）总装加工。电源变压器用螺钉紧固在万能印制电路板的元件面，一次绕组的引出线向外，二次绕组的引出线向内，万能印制电路板的另外两个角上也固定两个螺钉，紧固件的螺母均安装在焊接面。电源线从万能印制电路板焊接面穿过打结孔后，在元件面打结，再与变压器一次侧绕组引出线焊接并完成绝缘恢复，变压器二次侧绕组引出线插入安装孔后焊接。在焊接 MOS 器件时，其栅级的绝缘电阻非常高，栅级如感应上电荷就很难泄漏，会产生较高的电压而造成击穿，所以烙铁外壳要接地。在带有 MOS 器件的电路板上焊接少数几个焊点时，为了安全，一般先将烙铁的电源插头拔下，利用烙铁的余热进行焊接。

（8）自检。对已完成的装配、焊接的工件仔细检查质量，重点是装配的准确性，包括元件位置、电源变压器的绕组等；焊点质量应无虚焊、假焊、漏焊、搭焊及空隙、毛刺等；检查有无影响安全性能指标的缺陷。

（9）元件整形。最后效果如图 5.1.4 所示。

图 5.1.4　三端集成稳压电源实物图

（10）调试、测量。

① 接通电源发光二极管应发光，测量此时稳压电源的直流输出电压 U_o=________。

② 测试稳压电源的输出电阻 R_o=________。

当 U_I=220 V 时，测量此时的输出电压 U_o 及输出电流 I_o；断开负载，测量此时的 U_o 及 I_o，记录在表 5.1.2 中。

表 5.1.2　输出电压与电流测量表

$R_L \neq \infty$	$U_o=$　　　V	$I_o=$　　　mA
$R_L = \infty$	$U_o=$　　　V	$I_o=$　　　mA
$R_o = \dfrac{\Delta U_o}{\Delta I_o}$		

③ 验证滤波电容的作用。

测量 C_1 和 C_2 两端的电压，并与理论值比较。

用示波器观察 C_1 和 C_2 两端的波形，将波形绘制于表 5.1.3 中。

表 5.1.3　波形记录表

C_1两端波形								C_2两端波形							

项目评价

对项目实施的完成情况进行检查，并填写项目评价表，见表 5.1.4。

表 5.1.4　三端集成稳压电源的组装与调试项目考核评价表

序号	考核内容	考核要点	配分	评分标准	扣分	得分
1	绘图	正确绘图	20	绘制电路图和时序图错误一处扣 2 分		
2	工具的使用	正确使用工具	10	工具使用不正确每次扣 2 分		
3	仪表的使用	正确使用仪表	10	仪表使用不正确每次扣 2 分		
4	安装布线	按照电子焊接工艺要求，依据电路图正确完成线路的安装和接线	30	（1）不按图组装接线每处扣 1 分； （2）元器件组装不牢固每处扣 1 分； （3）元器件偏斜每个扣 0.5 分； （4）焊点不圆滑每个扣 0.5 分； （5）焊接点接触不良每处扣 1 分； （6）元器件引线高出焊点 1 mm 以上每处扣 1 分		

续表

序号	考核内容	考核要点	配分	评分标准	扣分	得分
5	试运行	（1）通电前检测设备、元器件及电路； （2）通电试运行实现电路功能	10	（1）通电测试发生短路和开路现象扣 10 分； （2）通电测试异常，每项扣 5 分		
6	故障检修	（1）观察故障现象； （2）判断故障点	10	（1）描述故障现象错误，每处扣 2 分； （2）判断故障点错误，每处扣 2 分； （3）排除故障一次不成功扣 5 分		
7	安全文明生产	（1）明确安全用电的主要内容； （2）操作过程符合文明生产要求	10	（1）损坏设备扣 2 分； （2）损坏工具仪表扣 1 分； （3）发生轻微触电事故扣 3 分		
合计						
注意：若考生发生重大设备和人身事故，应及时终止操作						

拓展知识

所谓集成稳压器就是利用半导体集成技术将稳压电路中的无源元件与有源元件都制作在一个半导体芯片或绝缘基片上，这就是稳压电路的集成化。常见的集成稳压器有固定式三端稳压器与可调式三端稳压器。

固定式三端稳压器常见产品有 CW78××、CW79××（国产），LM78××、LM79××（美国），78××系列稳压器输出固定的正电压（见表 5.1.5），如 7805 的输出为 +5 V，79××系列稳压器输出的固定电压为负电压，如 7905 输出为 −5 V，其封装为三个引脚单列直插式（输入、输出、公共端），不需要外接元件，使用起来十分方便。它们的引脚功能及构成的典型电路如图 5.1.5 所示。其中输入端接电容 C_i 可以进一步滤除纹波，输出端接电容 C_o 能消除自激振荡，确保电路稳定工作。C_i、C_o 最好采用漏电流小的钽电容，如果采用电解电容，电容量要比图中数值增加 10 倍。

表 5.1.5　CW78××输出的固定电压值

型号	输出电压/V	输入电压/V	U_{imax}	U_{imin}
CW7805	5	10	35	7
CW7806	6	11	35	7
CW7809	9	14	35	11
CW7812	12	19	35	14
CW7815	15	23	35	18
CW7818	18	26	35	21
CW7824	24	33	40	27

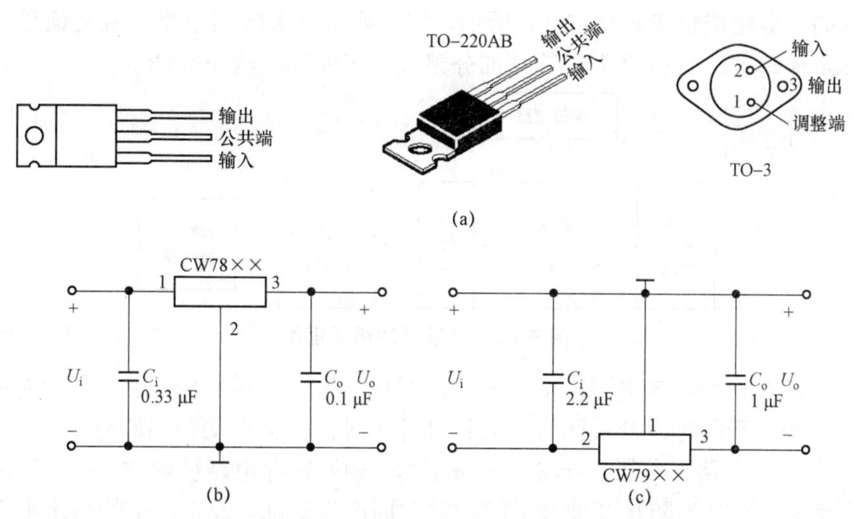

图 5.1.5　固定式三端稳压器引脚功能及构成的典型电路

（a）引脚；（b）78××系列的典型应用电路；（c）79××系列的典型应用电路

项目二　四路竞赛抢答器的制作与调试

项目提出

抢答器是竞赛问答中一种常用的必备装置，从原理上讲，它是一种典型的数字电路，其中包括了组合逻辑电路和时序电路。

触发器是构成时序逻辑电路必不可少的基本单元电路，在数字信号的产生、变换、存储、控制等方面有着广泛的应用。触发器是具有记忆功能的单元电路，由门电路构成，能够存储 1 位二进制代码。触发器按工作状态分为双稳态、单稳态和无稳态触发器（多谐振荡器）等几种。

项目分析

四路竞赛抢答器是利用数字集成电路的锁存特性，实现优先抢答和数字显示功能，要求如下：

（1）设计一个可供 4 名选手参加比赛的 4 路数字显示抢答器。它们的编号分别为“1”“2”“3”“4”，各用一个抢答按钮，编号与参赛者的号码一一对应。

（2）抢答器具有数据锁存功能，并将锁存的数据用 LED 数码管显示出抢答成功者的号码。

（3）抢答器对抢答选手动作的先后有很强的分辨能力，即使他们的动作仅相差几毫秒，也能分辨出抢答者的先后来，即不显示后动作的选手编号。

（4）主持人具有手动控制开关，可以手动清零复位，为下一轮抢答做准备。

抢答器的一般组成框图如图 5.2.1 所示。它主要由开关阵列电路、触发锁存电路、编码器、七段显示译码器、数码显示器等几部分组成。下面逐一给予介绍。

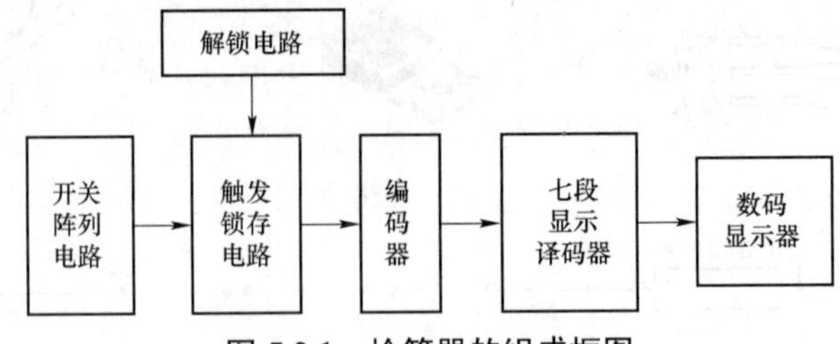

图 5.2.1　抢答器的组成框图

（1）开关阵列电路：该电路由多路开关所组成，每一竞赛者与一组开关相对应。开关应为常开型，当按下开关时，开关闭合；当松开开关时，开关自动弹出断开。

（2）触发锁存电路：当某一开关首先按下时，触发锁存电路被触发，在输出端产生相应的开关电平信息，同时为防止其他开关随后触发而产生紊乱，最先产生的输出电平变化又反过来将触发电路锁定。

（3）编码器：编码器的作用是将某一开关信息转化为相应的 8421BCD 码，以提供数字显示电路所需要的编码输入。

（4）七段显示译码器：译码驱动电路将编码器输出的 8421BCD 码转换为数码管需要的逻辑状态，并且为保证数码管正常工作提供足够的工作电流。

（5）数码显示器：数码管通常用发光二极管（LED）型数码管和液晶（LCD）数码管。本设计提供的为 LED 数码管。

通过本项目学习达成以下目标：

（1）掌握编码器、译码器等组合逻辑电路和寄存器、计数器等时序逻辑电路的基础知识。

（2）会用常用仪器仪表对编码器、译码器等组合逻辑电路进行调试维修。

（3）了解电路的组成，会分析电路的工作原理。

（4）会用常用仪器仪表对寄存器、计数器等时序逻辑电路进行调试维修。

（5）能完成四路竞赛抢答器的组装与调试。

（6）会对电路常见故障进行判断并检修。

（7）培养学生分析问题、解决问题的能力，以及交流沟通和团队协作能力，培养学生养成良好的职业素养。

任务　四路竞赛抢答器的制作与调试

知识导读

电路的工作原理

从图 5.2.2 上可以看出其结构非常简单。电路中 R_1～R_4 为上拉和限流电阻。当任一开关按下时，相应的输出为高电平，否则为低电平。

CD4042 为 4D 锁存器，一开始，当所有开关均未按下时，锁存器输出全为高电平，经 4 输入与非门和非门后的反馈信号仍为高电平，该信号作为锁存器使能端控制信号，使锁存器处于等待接收触发输入状态；当任一开关按下时，输出信号中必有一路为低电平，则反馈信号变为低电平，锁存器刚刚接收到的开关被锁存，这时其他开关信息的输入将被封锁。由此可见，触发锁存电路具有时序电路的特征，是实现抢答器功能的关键。

CD4532 为 8－3 线优先编码器，当任意输入为高电平时，输出为相应的输入编号的 8421BCD 码的反码。编码器实现了对开关信号的编码并以 BCD 码的形式输出。

为了将编码显示出来，需用显示译码电路将计数器的输出数码转换为数码显示器件所需要的输出逻辑和一定的电流。一般这种译码通常称为七段译码显示驱动器。常用的七段译码显示驱动器有 CD4511 等。

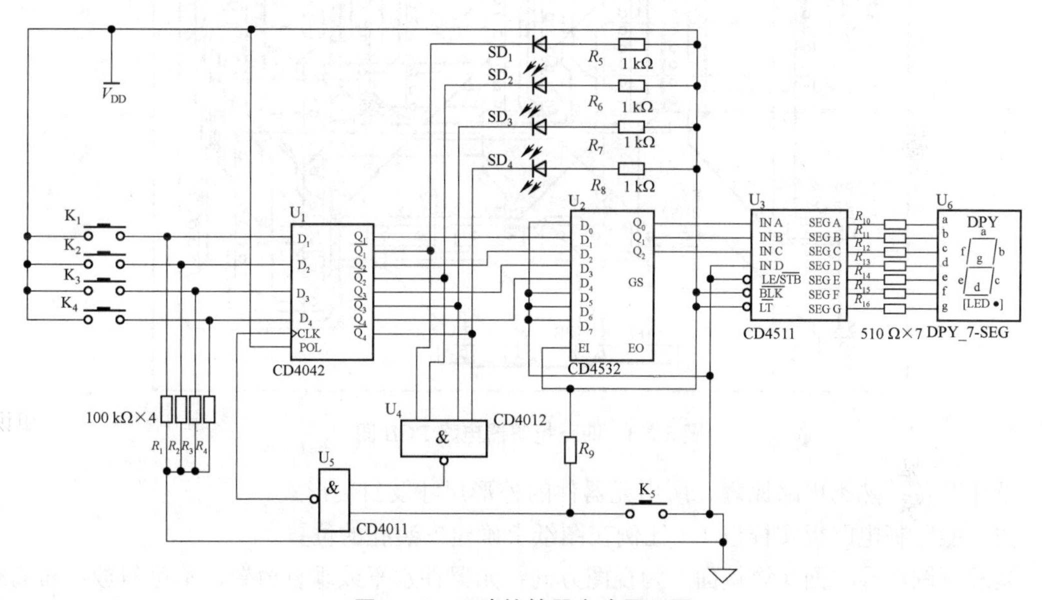

图 5.2.2　四路抢答器电路原理图

任务实施

一、准备阶段

（1）电子装配生产线实训室，电烙铁等常用电子装配工具，万用表、示波器，稳压电源。

（2）装调准备：熟悉电路原理、所用元器件的外形尺寸及封装形式。

二、操作过程

1. 装配要求和方法

工艺流程：准备→熟悉工艺要求→绘制装配草图→核对元件数量、规格、型号→元件检测→元器件预加工→万能印制电路板装配、焊接→总装加工→自检。

（1）准备：将工作台整理有序，工具摆放合理，准备好必要的物品。

（2）熟悉工艺要求：认真阅读电路原理图和工艺要求。

（3）绘制装配草图：图 5.2.3 所示为四路抢答器电路 PCB 图。

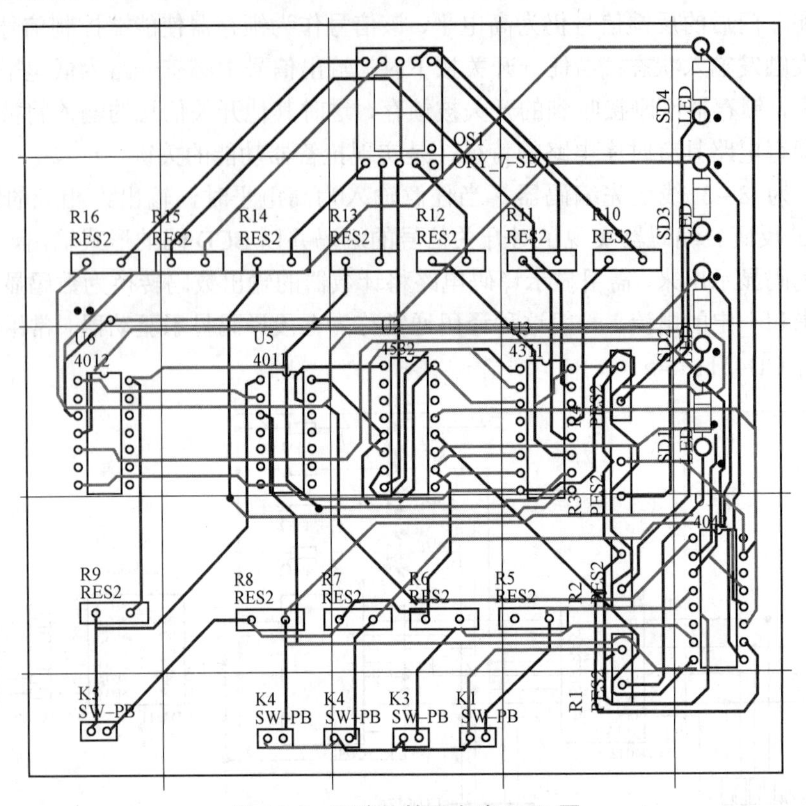

图 5.2.3　四路抢答器电路 PCB 图

设计准备：熟悉电路原理、所用元器件的外形尺寸及封装形式。

按万能印制电路板实样以 1:1 比例在图纸上确定安装孔的位置。

装配草图以导线面（焊接面）为视图方向：元器件水平或垂直放置，不可斜放；布局时应考虑元器件外形尺寸，避免安装时相互影响，要疏密均匀；同时注意电路走向应基本和电路原理图一致，一般由输入端开始向输出端逐步确定元件位置，相关电路部分的元器件应就近安放，按一字排列，避免输入、输出之间的影响；每个安装孔只能插一个元器件引脚。

按电路原理图的连接关系布线，布线应做到横平竖直，导线不能交叉（确需交叉的导线可在元件下穿过）。

检查绘制好的装配草图上的元器件数量、极性和连接关系，应与电路原理图完全一致。

（4）清点元件：按表 5.2.1 四路抢答器元件清单表核对元件的数量和规格，应符合工艺要求，如有短缺、差错，应及时补缺和更换。

表 5.2.1　四路抢答器元件清单

序号	品名	型号/规格	数量	配件图号	实测情况
1	数字集成电路	CD4042	1	U_1	
2	数字集成电路	CD4532	1	U_2	

续表

序号	品名	型号/规格	数量	配件图号	实测情况
3	数字集成电路	CD4511	1	U_3	
4	数字集成电路	CD4012	1	U_4	
5	数字集成电路	CD4011	1	U_5	
6	LED 数码管	BS205	1	U_6	
7	按键		5	K_1～K_5	
8	碳膜电阻	100 kΩ	4	R_1～R_4	
9	碳膜电阻	1 kΩ	5	R_5～R_9	
10	碳膜电阻	510 Ω	7	R_{10}～R_{16}	
11	发光二极管		4	SD_1～SD_4	

（5）元件检测：用万用表的电阻挡对元器件进行逐一检测，对不符合质量要求的元器件应剔除并更换。

（6）元件预加工。

（7）电路板装配、焊接，总装加工。

参照抢答器的电路原理图 5.2.2，用电路板进行元器件的焊接，电路板焊接的注意事项如下：正负电源线的颜色要有区分；焊接过程中，元器件焊接要横平竖直，紧贴电路板；焊接均匀饱满，不虚焊、不漏焊，焊点要达到标准。

集成电路焊接过程中，各引脚的焊接必须仔细，不可将两个甚至两个以上的引脚焊接在一起。电阻、芯片焊接完毕后，再将 LED 数码管、按键等体积较大的元器件焊接在电路板上，其焊接点要严格按照电路板的标注进行。

（8）自检：对已完成的装配、焊接的工件仔细检查质量，重点是装配的准确性，包括元件位置、电源变压器的绕组等；焊点质量应无虚焊、假焊、漏焊、搭焊及空隙、毛刺等；检查有无影响安全性能指标的缺陷；元件整形。

2. 调试、测量

（1）装配完成后，对照电路原理图进行检查。

电路安装结束后，仔细检查核对元器件的焊接是否有误焊、漏焊现象，检查发光二极管是否有极性焊反的情况，电源线导线是否有损坏，接头是否有短路等现象。

（2）检查无误后，插上集成电路，通电。

为电路板加上 5～7 V 的直流电源，电路板中各元器件应正常工作，通电后检查电路板是否有短路现象，是否有异味，观察 LED 数码管是否能够正常显示数字，初始状态时 LED 数码管显示为零。

通电后，经过检查，一切正常后再对各个按键进行调试，观察四个抢答按键以及数码显示管是否能够正常工作。分别按下四个按键，LED 数码管分别显示 1、2、3、4。

最后检查在某一按键按下之后，其他按键是否能自动排除；复位键能否起到复位作用，使 LED 数码管显示数字 0；在调试过程中，电路板上的其他元器件是否能正常工作，是否有局部发热、异味等故障现象。

抢答情况由高电平驱动 LED 数码管进行显示，每一块 IC 都需要供电电源 +5 V 和接 GND，检查无误后，接通电源开关，先按动复位（清零）按钮 K_5 进行清零，然后尝试按动各抢答按钮，看看指示各组抢答的 LED 数码管显示是否正常。然后再进行多按钮抢答，看看能否锁定最快按动的那一组状态。

（3）将 K_1、K_2、K_3、K_4 按键开关按表 5.2.2 所列按动并观察现象，测量 CD4042 的输入、CD4511 的输出电压，将测试结果填入表 5.2.2 中。

表 5.2.2 四路抢答器实训项目测量表

按键状态				CD4042 的输入				CD4511 的输出							数码管显示
K_1	K_2	K_3	K_4	D_1	D_2	D_3	D_4	a	b	c	d	e	f	g	
ON	OFF	OFF	OFF												
OFF	ON	OFF	OFF												
OFF	OFF	ON	OFF												
OFF	OFF	OFF	ON												
K_5															

3. 典型故障分析

对四路抢答器的各个焊点、连接点进行最终的检查，检查是否有明显的短路现象，若有短路现象，应尽快进行检查维修。另外，还需要检查电路中是否有异声、异味、异热等现象，若有以上现象应立即停机调查原因，排除故障并重新通电检查。

（1）LED 数码管不显示：若数码管不亮，则首先要检查数码管是否完好，其次检查数码管限流电阻；最后检查 CD4511 芯片各引脚及按键是否正常工作，或者有虚焊现象。如果出现数码管的某一个或者几个数码段不亮，而其他数码段正常时，则说明芯片引脚不能正常工作，需要更换 CD4511 译码芯片。

（2）若 LED 数码管不显示，并且发光二极管不能正常工作，则首先要检查电源是否有电，其次检查电源线是否存在断线或虚焊等现象，最后检查电路板是否有短路或电路板的元器件有错焊等现象。

检测检修任务全部完成后，关闭工作台总电源，拆下测量线及导线，归还工具，对实训台及实训室开展“整理、整顿、清扫、清洁、安全”5S 行动。

项目评价

对项目实施的完成情况进行检查，并填写项目评价表，见表 5.2.3。

表 5.2.3　四路抢答器的制作与调试项目考核评价表

序号	考核内容	考核要点	配分	评分标准	扣分	得分
1	绘图	正确绘图	20	绘制电路图和时序图错误一处扣 2 分		
2	工具的使用	正确使用工具	10	工具使用不正确每次扣 2 分		
3	仪表的使用	正确使用仪表	10	仪表使用不正确每次扣 2 分		
4	安装布线	按照电子焊接工艺要求，依据电路图正确完成线路的安装和接线	30	（1）不按图组装接线每处扣 1 分； （2）元器件组装不牢固每处扣 1 分； （3）元器件偏斜每个扣 0.5 分； （4）焊点不圆滑每个扣 0.5 分； （5）焊接点接触不良每处扣 1 分； （6）元器件引线高出焊点 1 mm 以上每处扣 1 分		
5	试运行	（1）通电前检测设备、元器件及电路； （2）通电试运行实现电路功能	10	（1）通电测试发生短路和开路现象扣 10 分； （2）通电测试异常，每项扣 5 分		
6	故障检修	（1）观察故障现象； （2）判断故障点	10	（1）描述故障现象错误，每处扣 2 分； （2）检测判断故障点错误，每处扣 2 分； （3）排除故障一次不成功扣 2 分		
7	安全文明生产	（1）明确安全用电的主要内容； （2）操作过程符合文明生产要求	10	（1）损坏设备扣 2 分； （2）损坏工具仪表扣 1 分； （3）发生轻微触电事故扣 3 分		
合计						
注意：若考生发生重大设备和人身事故，应及时终止操作						

拓展知识

日常生活中我们使用的是十进制数，而在数字电路中所使用的都是二进制数，因此就必须用二进制数码来表示十进制数，这种方法称为二－十进制编码，简称 BCD 码。

七段数码显示器是用 a～g 这七个发光线段组合来构成十个十进制数的。为此，就需要使用显示译码器将 BCD 代码（二－十进制编码）译成数码管所需要的七段代码（abcdefg），以便使数码管用十进制数字显示出 BCD 代码所表示的数值。

显示译码器，是将 BCD 码译成驱动七段数码管所需代码的译码器。

显示译码器型号有 74LS47（共阳）、74LS48（共阴）、CD4511（共阴）等多种类型。我们主要学习 CD4511，CD4511 是输出高电平有效的 CMOS 显示译码器，其输入为 8421BCD 码，图 5.2.4 和表 5.2.4 分别为 CD4511 的外引线排列图及其逻辑功能表。

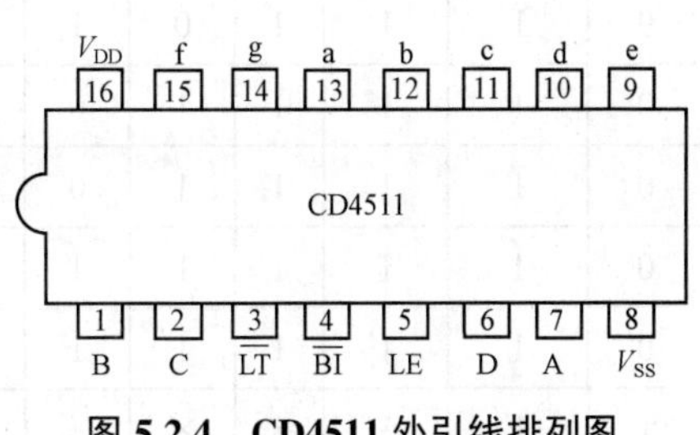

图 5.2.4　CD4511 外引线排列图

CD4511 引脚功能说明：

A、B、C、D——BCD 码输入端。

a、b、c、d、e、f、g——译码输出端，输出“1”为有效，用来驱动共阴极 LED 数码管。

$\overline{LT}$——测试输入端，$\overline{LT}$=0 时，译码输出全为“1”。

$\overline{BI}$——消隐输入端，$\overline{BI}$=0 时，译码输出全为“0”。

LE——锁定端，LE=1 时译码器处于锁定（保持）状态，译码输出保持在 LE=0 时的数值；当 LE=0 时为正常译码。

表 5.2.4 为 CD4511 的逻辑功能表。CD4511 内接有上拉电阻，故只需在输出端与数码管笔段之间串入限流电阻即可工作。译码器还有拒伪码功能，当输入码超过 1001 时，输出全为“0”，数码管熄灭。

表 5.2.4 CD4511 逻辑功能表

输入							输出							
LE	$\overline{BI}$	$\overline{LT}$	D	C	B	A	a	b	c	d	e	f	g	显示字形
×	×	0	×	×	×	×	1	1	1	1	1	1	1	8
×	0	1	×	×	×	×	0	0	0	0	0	0	0	消隐
0	1	1	0	0	0	0	1	1	1	1	1	1	0	0
0	1	1	0	0	0	1	0	1	1	0	0	0	0	1
0	1	1	0	0	1	0	1	1	0	1	1	0	1	2
0	1	1	0	0	1	1	1	1	1	1	0	0	1	3
0	1	1	0	1	0	0	0	1	1	0	0	1	1	4
0	1	1	0	1	0	1	1	0	1	1	0	1	1	5
0	1	1	0	1	1	0	0	0	1	1	1	1	1	6
0	1	1	0	1	1	1	1	1	1	0	0	0	0	7
0	1	1	1	0	0	0	1	1	1	1	1	1	1	8
0	1	1	1	0	0	1	1	1	1	0	0	1	1	9
0	1	1	1	0	1	0	0	0	0	0	0	0	0	消隐
0	1	1	1	0	1	1	0	0	0	0	0	0	0	消隐
0	1	1	1	1	0	0	0	0	0	0	0	0	0	消隐
0	1	1	1	1	0	1	0	0	0	0	0	0	0	消隐
0	1	1	1	1	1	0	0	0	0	0	0	0	0	消隐
0	1	1	1	1	1	1	0	0	0	0	0	0	0	消隐
1	1	1	×	×	×	×	锁存							锁存

说明：分段显示译码器与译码器有着本质的区别。严格地讲，把这种电路叫代码变换器更加确切些。但习惯上都把它叫作显示译码器。

CD4511 常用于驱动共阴极 LED 数码管，工作时一定要加限流电阻。由 CD4511 组成的基本数字显示电路如图 5.2.5 所示。图中 BS205 为共阴极 LED 数码管，电阻 R 用于限制 CD4511 的输出电流大小，它决定 LED 的工作电流大小，从而调节 LED 的发光亮度，R 值由下式决定：

$$R=\frac{U_{\mathrm{OH}}-U_{\mathrm{D}}}{I_{\mathrm{D}}}$$

式中，U_{OH} 为 CD4511 的输出高电平（$\approx V_{\mathrm{DD}}$）；U_{D} 为 LED 的正向工作电压（1.5～2.5 V）；I_{D} 为 LED 的笔画电流（5～10 mA）。

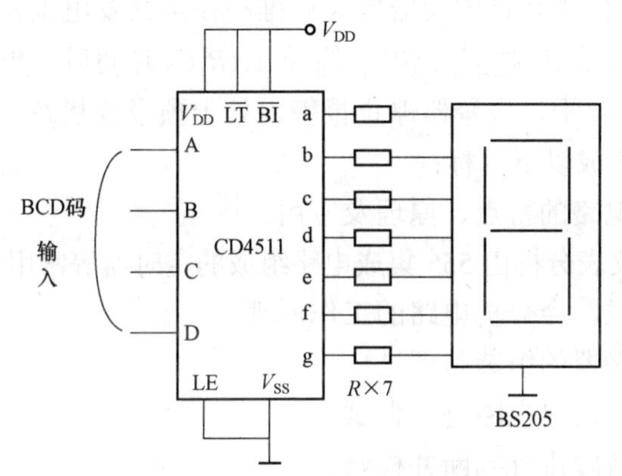

图 5.2.5 由 CD4511 组成的基本数字显示电路

项目三 防盗报警器电路的制作与调试

项目提出

防盗报警器是利用现代科学技术手段预防犯罪和及时发现犯罪活动的报警仪器。其种类很多，从工作原理上可分为开关报警器、音响报警器、感应报警器、红外报警器、激光报警器等。随着电视技术和电子计算机技术的发展，又出现了电视和计算机联合使用的先进监视控制报警系统。报警信号有无线、有线两种传递方式。随着犯罪技术预防工作的加强，防盗报警器已经发挥明显的作用。

防盗报警器是通过物理方法或电子技术产生报警功能的一种电子设备，它主要由防盗报警主机与防盗报警配件共同组成。通常在使用过程中，由防盗报警配件探测发生在布防监测区域内的侵入行为，或由配件主动触发，产生报警信号，报警信号再传输给报警主机，由报警主机发出报警提示。

项目分析

本项目介绍由 555 定时器和语音芯片制作的触摸式防盗报警器（参见图 5.3.6），要求当人触摸到报警装置时，报警器发出报警声音。555 集成电路与 R_1、C_1、C_2、C_3 组成单稳态触发器。接通电源开关 S_1 后，再断开 S_2，电路启动。当平时没人接触金属片 M 时，电路处于稳态，即 IC_1 的 3 脚输出低电平，报警电路不工作。一旦有人触及金属片 M 时，由于人体感应电动势给 IC_1 的 2 脚输入了一个负脉冲（实际为杂波脉冲），单稳态电路被触发翻转进入暂稳态，所以 IC_1 的 3 脚由原来的低电平跳变为高电平。该高电平信号经限流电阻 R_2 使晶体管 VT_1 导通，于是 VT_2 也饱和导通，语音集成电路 IC_2 被接通电源而工作。IC_2 输出的音频信号经晶体管 VT_3、VT_4 构成互补放大器放大后推动扬声器发出报警声。在单稳态电路被触发翻转的同时，电源开始经 R_1 对 C_2 充电，约经 $1.1R_1C_2$ 时间后，单稳态电路自动恢复到稳定状态，3 脚输出变为低电平，报警器停止报警，处于预报警状态。

通过本项目的学习达成以下目标：

（1）掌握 555 集成电路的特点、原理及应用。

（2）会用常用仪器仪表分析由 555 集成电路组成的定时器等常用电子电路的功能、用途。

（3）了解电路的组成，会分析电路的工作原理。

（4）能完成防盗报警器的组装与调试。

（5）会用常用仪器仪表对电路进行调试。

（6）会对电路常见故障进行判断并检修。

（7）培养学生分析问题、解决问题的能力，以及交流沟通和团队协作能力，培养学生养成良好的职业素养。

项目实施

任务　防盗报警器电路的制作与调试

知识导读

一、555 定时器的电路结构与工作原理

1. 555 定时器的电路结构及原理

555 定时器的功能主要由两个比较器决定。两个比较器的输出电压控制 RS 触发器和放电管的状态。其电路如图 5.3.1 所示。

在电源与地之间加上电压 V_{CC}，当 5 脚悬空时，则电压比较器 C_1 的同相输入端的电压为 $2V_{CC}/3$，C_2 的反相输入端的电压为 $V_{CC}/3$，若触发输入端 $\overline{TR}$ 的电压小于 $V_{CC}/3$，则比较器 C_2 的输出为 0，可使 RS 触发器置 1，使输出为 1 电平。如果阈值输入端 TH 的电压大于 $2V_{CC}/3$，

同时 $\overline{TR}$ 端的电压大于 $V_{CC}/3$，则 C_1 的输出为 0，C_2 的输出为 1，可将 RS 触发器置 0，使输出为 0 电平。

它的各个引脚功能如下：

1 脚：外接电源负端 V_{SS} 或接地，一般情况下接地。

8 脚：外接电源 V_{CC}，双极型时基电路 V_{CC} 的范围是 4.5～16 V，CMOS 型时基电路 V_{CC} 的范围为 3～18 V。一般用 5 V。

3 脚：输出端 u_O。

2 脚：低触发端 $\overline{TR}$。

6 脚：高触发端 TH。

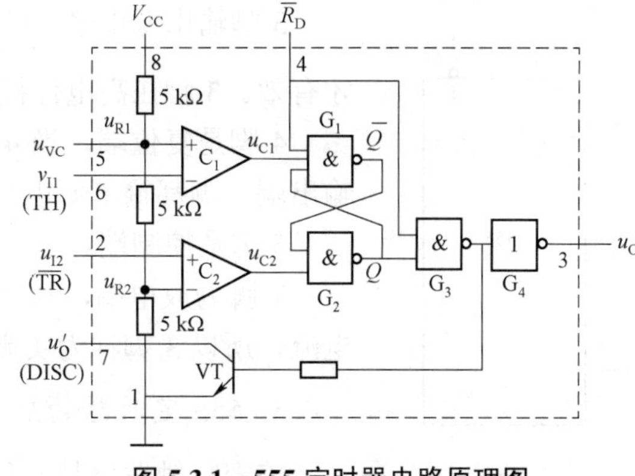

图 5.3.1 555 定时器电路原理图

4 脚：直接清零端。当此端接低电平时，则时基电路不工作，此时不论 $\overline{TR}$、TH 处于何电平，时基电路输出为"0"，该端不用时应接高电平。

5 脚：控制电压端 VC。若此端外接电压，则可改变内部两个比较器的基准电压，当该端不用时，应将该端串入一只 0.01 μF 电容接地，以防引入干扰。

7 脚：放电端。该端与放电管集电极相连，用作定时器时电容的放电。

在 1 脚接地，5 脚未外接电压，两个比较器 C_1、C_2 基准电压分别为 $\frac{2}{3}V_{CC}$、$\frac{1}{3}V_{CC}$ 的情况下，555 时基电路的功能表如表 5.3.1 所示。

表 5.3.1 555 时基电路的功能表

清零端	高触发端 TH	低触发端 $\overline{TR}$	Q	放电管 VT	功能
0	×	×	0	导通	直接清零
1	0	1	×	保持上一状态	保持上一状态
1	1	0	×	导通	清零
1	0	0	1	截止	置 1
	1	1	0	导通	清零

2. 555 芯片引脚图及引脚描述

555 芯片引脚如图 5.3.2 所示。

555 芯片的 8 脚是集成电路工作电压输入端，电压为 5～18 V，以 V_{CC} 表示。

1 脚为地；2 脚为触发输入端；3 脚为输出端，输出的电平状态受触发器控制，而触发器受 C_1 比较器 6 脚和 C_2 比较器 2 脚的控制。

2 脚和 6 脚是互补的，2 脚只对低电平起作用，高电平对它不起作用，即电压小于 $\frac{1}{3}V_{CC}$，此时 3 脚输出高电平。6 脚为阈值端，只对高电平起作用，低电平对它不起作用，即输入电压大于 $2V_{CC}/3$，称为高触发端。

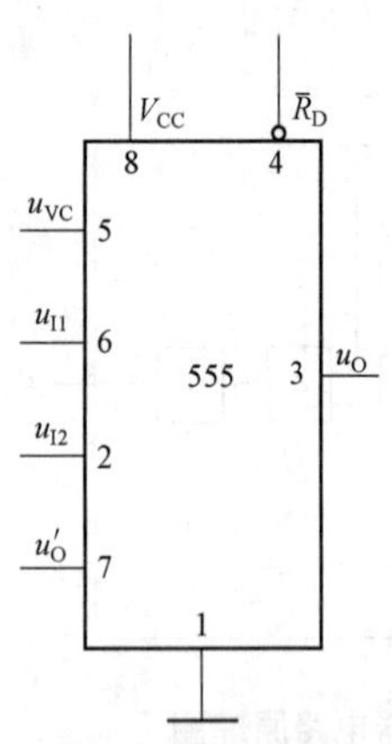

图 5.3.2　芯片引脚

3 脚输出低电平，但有一个先决条件，即 2 脚电位必须大于 $\frac{1}{3}V_{CC}$ 时才有效。3 脚在高电位接近电源电压 V_{CC}，输出电流最大可达 200 mA。

4 脚是复位端，当 4 脚电位小于 0.4 V 时，不管 2、6 脚状态如何，输出端 3 脚都输出低电平。

5 脚是控制端。

7 脚为放电端，与 3 脚输出同步，输出电平一致，但 7 脚并不输出电流，所以 3 脚称为实高（或低）、7 脚称为虚高。

3. 555 定时器的应用——555 定时器构成施密特触发器

施密特触发器是一种特殊的门电路，与普通的门电路不同，施密特触发器有两个阈值电压，分别称为正向阈值电压和负向阈值电压。在输入信号从低电平上升到高电平的过程中使电路状态发生变化的输入电压称为正向阈值电压，在输入信号从高电平下降到低电平的过程中使电路状态发生变化的输入电压称为负向阈值电压。正向阈值电压与负向阈值电压之差称为回差电压。其电路如图 5.3.3 所示。

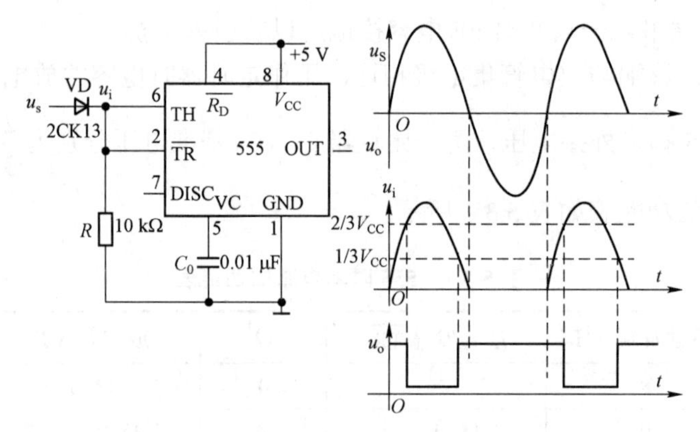

图 5.3.3　555 构成施密特触发器及波形图

只要将 2 脚和 6 脚连在一起作为信号输入端，即得到施密特触发器。设被整形变换的电压为 u_s 正弦波，其正半波通过二极管 VD 同时加到 555 定时器的 2 脚和 6 脚，得到的 u_i 为半波整流波形。当 u_i 上升到 $2/3V_{CC}$ 时，u_o 从高电平转换为低电平；当 u_i 下降到 $1/3V_{CC}$ 时，u_o 又从低电平转换为高电平。

回差电压：

$$\Delta u = \frac{2}{3}V_{CC} - \frac{1}{3}V_{CC} = \frac{1}{3}V_{CC}$$

4. 555 定时器构成单稳态触发器

单稳态触发器只有一个稳定状态，一个暂稳态。在外加脉冲的作用下，单稳态触发器可以从一个稳定状态翻转到一个暂稳态。由于电路中 RC 延时环节的作用，该暂态维持一段时间又回到原来的稳态，暂稳态维持的时间取决于 RC 的参数值。

由 555 定时器和外接定时元件 R、C 构成的单稳态触发器如图 5.3.4 所示。VD 为钳位二极管，稳态时 555 电路输入端处于电源电平，内部放电开关管 VT 导通，输出端 u_o 输出低电平，当有一个外部负脉冲触发信号加到 u_i 端，并使 2 端电位瞬时低于 $1/3V_{CC}$ 时，低电平比较器动作，单稳态电路即开始一个稳态过程，电容 C 开始充电，u_C 按指数规律增长。当 u_C 充电到 $2/3V_{CC}$ 时，高电平比较器动作，比较器 C_1 翻转，输出 u_o 从高电平返回低电平，放电开关管 VT 重新导通，电容 C 上的电荷很快经放电开关管放电，暂态结束，恢复稳定，为下个触发脉冲的到来做好准备。

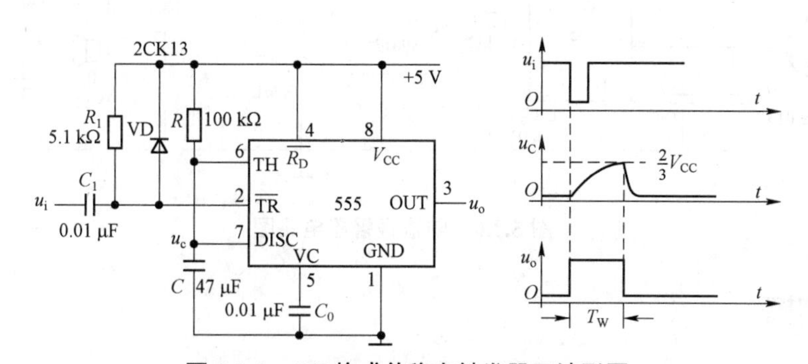

图 5.3.4　555 构成单稳态触发器及波形图

5. 555 定时器接成多谐振荡器

多谐振荡器又称为无稳态触发器，它没有稳定的输出状态，只有两个暂稳态。在电路处于某一暂稳态后，经过一段时间可以自行触发翻转到另一暂稳态。两个暂稳态自行相互转换而输出一系列矩形波。多谐振荡器可用作方波发生器，如图 5.3.5 所示。

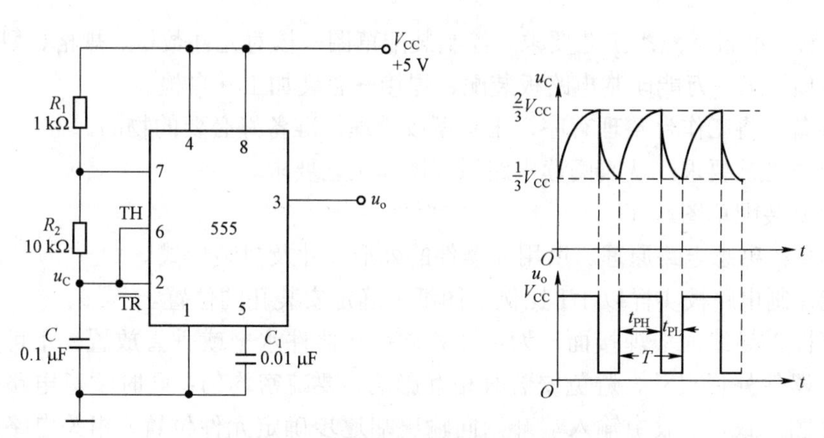

图 5.3.5　555 构成多谐振荡器和工作波形

接通电源后，假定是高电平，则 VT 截止，电容 C 充电。充电回路是 V_{CC}—R_1—R_2—C—地，充电电压 u_C 按指数规律上升，当上升到 TH 端电压大于 $2/3V_{CC}$ 时，输出翻转为低电平，VT 导通，C 放电，放电回路为 C—R_2—VT—地，放电电压按指数规律下降，当下降到 $\overline{TR}$ 端电压小于 $1/3V_{CC}$ 时，输出翻转为高电平，放电管 VT 截止，电容再次充电，如此周而复始，产生振荡，经分析可得输出高电平时间 $T=(R_1+R_2)C\ln 2$，输出低电平时间 $T=R_2C\ln 2$，振荡周期 $T=(R_1+2R_2)C\ln 2$。

二、防盗报警器电路的工作原理

防盗报警器电路如图 5.3.6 所示。

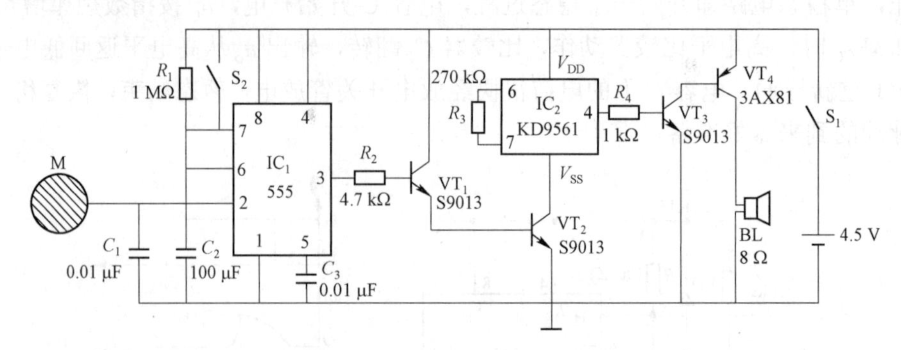

图 5.3.6　防盗报警器电路图

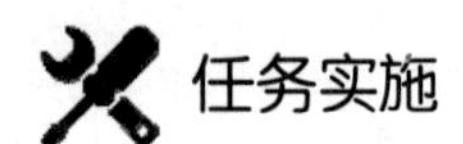

任务实施

一、准备阶段

（1）电子装备生产线实训室，电烙铁等常用电子装配工具，万用表、示波器，稳压电源。

（2）装调准备：熟悉电路原理、所用元器件的外形尺寸及封装形式。

二、操作过程

1. 装配要求和方法

工艺流程：准备→熟悉工艺要求→绘制装配草图→核对元件数量、规格、型号→元件检测→元器件预加工→万能印制电路板装配、焊接→总装加工→自检。

（1）准备：将工作台整理有序，工具摆放合理，准备好必要的物品。

（2）熟悉工艺要求：认真阅读电路原理图和工艺要求。

（3）绘制装配草图。

设计准备：熟悉电路原理、所用元器件的外形尺寸及封装形式。

按万能印制电路板实样以 1:1 比例在图纸上确定安装孔的位置。

装配草图以导线面（焊接面）为视图方向：元器件水平或垂直放置，不可斜放；布局时应考虑元器件外形尺寸，避免安装时相互影响，要疏密均匀；同时注意电路走向应基本和电路原理图一致，一般由输入端开始向输出端逐步确定元件位置，相关电路部分的元器件应就近安放，按一字排列，避免输入、输出之间的影响；每个安装孔只能插一个元器件引脚。

按电路原理图的连接关系布线，布线应做到横平竖直，导线不能交叉（确需交叉的导线可在元件下穿过）。

检查绘制好的装配草图上的元器件数量、极性和连接关系，应与电路原理图完全一致。

（4）清点元件：按表 5.3.2 防盗报警器元件清单表核对元件的数量和规格，应符合工艺要求，如有短缺、差错应及时补缺和更换。

表 5.3.2　防盗报警器元件清单

序号	品名	型号/规格	数量	配件图号	实测情况
1	数字集成电路	NE555	1	IC_1	
2	数字集成电路	KD9561	1	IC_2	
3	晶体管	S9013	3	VT_1～VT_3	
4	晶体管	3AX81	1	VT_4	
5	扬声器	0.5 W，8 Ω	1	BL	
6	电阻	1 kΩ	1	R_4	
7	碳膜电阻	270 kΩ	1	R_3	
8	碳膜电阻	4.7 kΩ	1	R_2	
9	碳膜电阻	1 MΩ	1	R_1	
10	瓷片电容	0.01 μF	2	C_1，C_3	
11	瓷片电容	100 μF	1	C_2	
12	开关	SS12D00	2	S_1，S_2	
13	触摸金属片		1	M	

（5）元件检测：用万用表的电阻挡对元器件进行逐一检测，对不符合质量要求的元器件应剔除并更换。

① 555 集成定时器的识别与检测。

用 555 定时器组成多谐振荡器对 5555 定时器进行初步检测。检测电路如图 5.3.7 所示，观察到波形信号正常即可判定 555 正常。

② 语音芯片的识别与检测。

KD9561 是四音模拟声报警集成电路，如图 5.3.8 所示。它有 4 种不同的模拟声响可选用，模拟声音种类由选声端 SEL_1 和 SEL_2 的电平高低决定。当 SEL_1 和 SEL_2 悬空时，发出警车声；当 SEL_1 接电源、SEL_2 悬空时，发出火警声；当 SEL_1 接电源负极、SEL_2 悬空时，发出救护车声；当 SEL_2 接电源、SEL_1 任意接时，发出机关枪声。KD9561 的四声功能如表 5.3.3 所示。

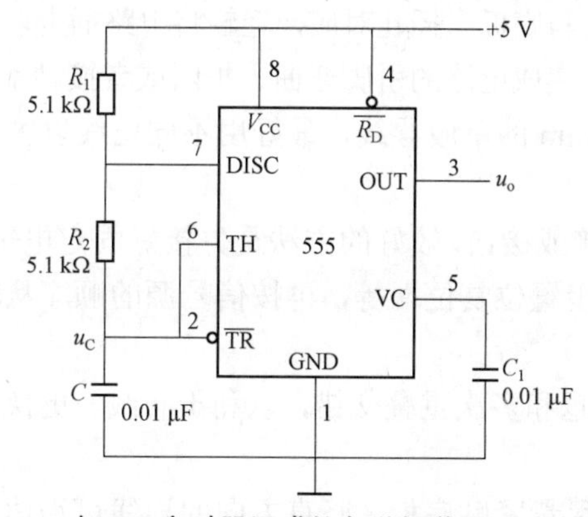

图 5.3.7　由 555 定时器组成的多谐振荡器测试电路

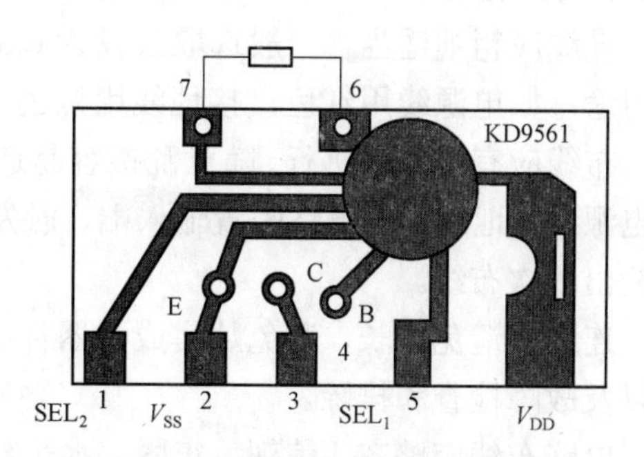

图 5.3.8　四音模拟声报警集成电路

表 5.3.3　KD9561 的四声功能表

音效	连接方法	
	SEL_1	SEL_2
警车声	悬空	悬空
火警声	V_{DD}	悬空
救护车声	V_{SS}	悬空
机关枪声	任意	V_{DD}

对 KD9561，可采用图 5.3.9 所示的 KD9561 接线图进行检测。当 SEL_1 和 SEL_2 悬空时，发出警车声，说明 KD9561 基本正常。改变 SEL_1 和 SEL_2 接法，可检测其他声效功能。

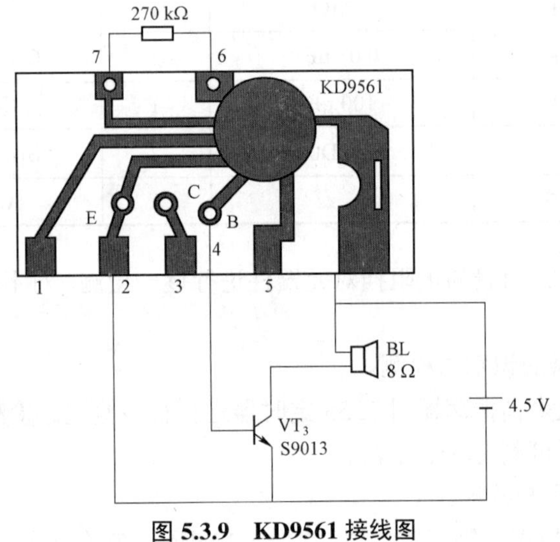

图 5.3.9　KD9561 接线图

（6）元件预加工。

（7）电路的安装。

将检测合格的元器件按照图 5.3.6 连接，电路连接安装在面包板或万能印制电路板上。

当插接集成电路时，应先校准两排引脚，使之与底板上插孔对应，轻轻将电路插上，在确定引脚与插孔吻合后，再稍用力将其插紧，以免将集成电路的引脚弯曲、折断或者接触不良。

导线应粗细适当，一般选取直径为 0.6～0.8 mm 的单股导线，最好用不同色线以区分不同用途，如电源线用红色，接地线用黑色。

布线应有次序地进行，随意乱接容易造成漏接或接错，较好的方法是先接好固定电平点，如电源线、地线、门电路闲置输入端、触发器异步置位复位端等，再按信号源的顺序从输入到输出依次布线。

连线应避免过长，避免从集成元器件上方跨越和多次重叠交错，以利于布线、更换元器件以及故障检查和排除。

电路布线应整齐、美观、牢固。水平导线应尽量紧贴底板，竖直方向的导线可沿边框四角敷设，导线转弯时弯曲半径不要过小。

安装过程要细心，防止导线绝缘层被损伤，不要让线头、螺钉、垫圈等异物落入安装电路中，以免造成短路或漏电。

电路安装完后，要仔细检查电路连接，确认无误后再接入电源。

（8）自检：对已完成的装配、焊接的工件仔细检查质量，重点是装配的准确性，包括元件位置、电源变压器的绕组等；焊点质量应无虚焊、假焊、漏焊、搭焊及空隙、毛刺等；检查有无影响安全性能指标的缺陷；元件整形。

2. 调试、测量

（1）装配完成后，对照电路原理图进行检查。

仔细检查电路与元器件的连接情况。

先闭合 S_2，再闭合 S_1，接通整机电源。

断开 S_2，开启报警器，使报警器处于待报警状态。

用手触碰金属片 M，扬声器应发出报警声。

M 可用钢片或铝片，在其中间钻一小孔，将其接到任何需要防护的金属部位。

（2）检查无误后，插上集成电路，通电。

IC_2 的外围元器件只有一只振荡电阻 R_3，取值可在 180～510 kΩ范围。R_3 越小，报警节奏就越快；反之，就越慢。

按图接线，检查电路连接无误后接通电源。输入信号 u_i 由音频信号源提供，频率为 1 kHz，接通电源，逐渐加大 u_i 的幅度，观察输出波形 u_o，同时绘出实验观测到的波形 u_o 于表 5.3.4 中。

表 5.3.4　波形记录表

u_i 波形	u_o 波形

3. 典型故障分析

本电路常见的故障现象有接通电源即报警或接通电源不报警等。

（1）接通电源即报警的主要原因有：开启电源前，报警启动开关未闭合；555 集成定时器损坏；晶体管 VT_1、VT_2 击穿损坏等。

（2）开启电源后不报警，常见的原因有：开启电源后，报警启动开关未断开；555 定时器损坏；VT_3、VT_4 损坏等。

（3）检修技巧。对采用 555 定时器的触摸报警器进行检修时，可将图 5.3.6 所示电路分为两部分，一部分是由 555 定时器和外围元器件组成的触发控制和延时电路，IC_1 的 3 脚是关键测试点；另一部分是报警发声电路。

例如，故障现象为接通电源即报警。用逻辑笔或万用表检测 IC_1 的 3 脚，若为高电平，则为前级的故障，即 555 定时器及外围元器件损坏，通过进一步检测可找到故障元器件，如检测到 IC_1 的 3 脚为低电平，则可判断故障为后级电路。因接通电源即报警，说明语音报警芯片 IC_2 正常，显然故障原因是晶体管 VT_1 或 VT_2 击穿，使接通电源后，IC_2 的 V_{SS} 相当于接地，即通电后报警发声电路就开始工作。

又如，故障现象为开启电源后不能报警。用手触摸金属片 M 的同时检测 IC_1 的 3 脚状态，若为低电平，则说明前级部分电路异常，应检查前级电路，即 555 定时器电路及外围元器件，否则，应检查后级电路，即检查 IC_2 和晶体管 VT_1～VT_4 是否正常。

检测检修任务全部完成后，关闭工作台总电源，拆下测量线及导线，归还工具，对实训台及实训室开展“整理、整顿、清扫、清洁、安全”5S 行动。

项目评价

对项目实施的完成情况进行检查，并填写项目评价表，见表 5.3.5。

表 5.3.5　防盗报警器电路的制作与调试项目考核评价表

序号	考核内容	考核要点	配分	评分标准	扣分	得分
1	绘图	正确绘图	20	绘制电路图和时序图错误一处扣 2 分		
2	工具的使用	正确使用工具	10	工具使用不正确每次扣 2 分		
3	仪表的使用	正确使用仪表	10	仪表使用不正确每次扣 2 分		
4	安装布线	按照电子焊接工艺要求，依据电路图正确完成线路的安装和接线	30	（1）不按图组装接线每处扣 1 分； （2）元器件组装不牢固每处扣 1 分； （3）元器件偏斜每个扣 0.5 分； （4）焊点不圆滑每个扣 0.5 分； （5）焊接点接触不良每处扣 1 分； （6）元器件引线高出焊点 1 mm 以上每处扣 1 分		
5	试运行	（1）通电前检测设备、元器件及电路； （2）通电试运行实现电路功能	10	（1）通电测试发生短路和开路现象扣 10 分； （2）通电测试异常，每项扣 5 分		
6	故障检修	（1）观察故障现象； （2）判断故障点	10	（1）描述故障现象错误，每处扣 2 分； （2）检测判断故障点错误，每处扣2分； （3）排除故障一次不成功扣 2 分		
7	安全文明生产	（1）明确安全用电的主要内容； （2）操作过程符合文明生产要求	10	（1）损坏设备扣 2 分； （2）损坏工具仪表扣 1 分； （3）发生轻微触电事故扣 3 分		
合计						
注意：若考生发生重大设备和人身事故，应及时终止操作						

拓展知识

由 555 定时器组成声控自动延时灯

用 555 定时器设计一个声控自动延时灯，轻拍手掌，它就会点亮，而过一会儿，又会自动熄灭，方便夜间使用。本电路使用 1 片 555 时基集成电路。图 5.3.10 所示是声控自动延时灯的电原理图。

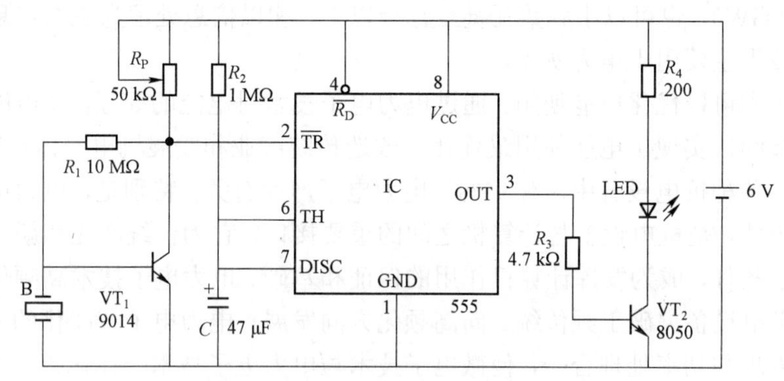

图 5.3.10　声控自动延时灯的电原理图

压电陶瓷片 B 与晶体管 VT_1、电阻 R_1、可变电阻 R_P 组成了声控脉冲触发电路，555 时基集成电路与电阻 R_2、电容 C 组成了单稳态延时电路。平时，晶体管 VT 处于截止状态，555 时基集成电路的低电位触发端（2 脚）处于高电平状态，单稳态电路处于稳态；555 时基集成电路的输出端（3 脚）输出低电平，发光二极管 LED 灯不亮。

当在一定的范围内轻拍一下手掌，声波被压电陶瓷片 B 接收并被转换成电信号，经晶体三极管 VT_1 放大后，从集电极输出负脉冲，555 时基集成电路的低电位触发端（2 脚）获得低电平触发信号，单稳态电路进入暂稳态状态（即延时状态），555 时基集成电路的输出端（3 脚）输出高电平信号，发光二极管发光。

与此同时，电源通过电阻 R_2 开始向电容 C 充电，当电容 C 两端的电压达到 555 时基集成电路的高电位触发端（6 脚）电位时，单稳态电路翻转恢复稳态，电容 C 通过 555 时基集成电路的放电端（7 脚）放电，其输出端（3 脚）重新输出低电平信号，发光二极管自动熄灭。

电路调试时可将声控自动延时灯的电源开关闭合，在离其 3～5 m 处轻拍一下手掌，以检验电路的工作性能，并可通过以下所述的方法，改变电阻等元器件的数值，调整延时点亮的时间或声控的灵敏度。

本电路发光二极管每次延时点亮的时间长短，取决于单稳态延时电路中电阻 R_2、电容 C 的时间常数。若要想缩短延时点亮的时间，可适当减小电阻 R_2 的数值来加以调整；反之，增加电阻 R_2 的数值可延长延时点亮的时间。

另外，改变可变电阻 R_P 的阻值，可调整 555 时基集成电路的低电位触发端（2 脚）电位的高低，可以控制声控的灵敏度。若觉得声控的灵敏度不高，可适当增加可变电阻 R_P 的阻值。反之，减小可变电阻 R_P 的数值可降低声控的灵敏度。

项目四　电力电子电路安装、调试及维修

项目提出

电力电子技术是应用于电力领域的电子技术，是使用电力电子器件（如晶闸管、GTO、IGBT 等）对电能进行变换和控制的技术。电力电子技术所变换的“电力”功率可大到数百兆瓦甚至吉瓦（GW），也可以小到数瓦甚至瓦级以下，和以信息处理为主的信息电子技术不同，电力电子技术主要用于电力变换。

电力电子技术可以优化电能使用，通过电力电子技术对电能的处理，使电能的使用达到合理、高效和节约，实现了电能使用最佳化。改造传统产业和发展机电一体化等新兴产业，即工业和民用的各种机电设备中，有 95%与电力电子产业有关，特别是，电力电子技术是弱电控制强电的媒体，是机电设备与计算机之间的重要接口，它为传统产业和新兴产业采用微电子技术创造了条件，成为发挥计算机作用的保证和基础。电力电子技术高频化和变频技术的发展，将使机电设备突破工频传统，向高频化方向发展。电力电子智能化的进展，在一定程度上将信息处理与功率处理合一，使微电子技术与电力电子技术一体化，电力电子技术将把人们带到第二次电子革命的边缘。

项目分析

电力电子装置是以满足用电要求为目标，以电力半导体器件为核心，通过合理的电路拓扑和控制方式，采用相关的应用技术对电能实现变换和控制的装置。

电力电子装置和负载组成的闭环控制系统称为电力电子控制系统，其基本组成如图 5.4.1 所示，它是通过弱电控制强电实现其功能的。控制系统根据运行指令和输入、输出的各种状态，产生控制信号，用来驱动对应的开关器件，完成其特定功能。

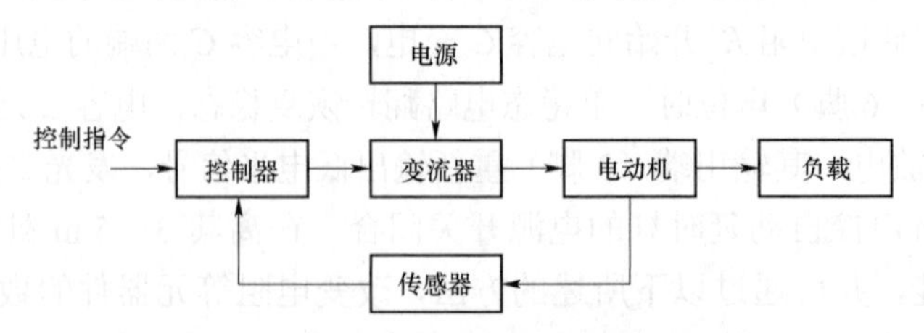

图 5.4.1　电力电子控制系统的基本组成

电力电子装置的种类繁多，根据电能转换形式的不同，基本上可以分为交流－直流变换器（AC/DC）、直流－交流变换器（DC/AC）、直流－直流变换器（DC/DC）、交流－交流变换器（AC/AC）和电力电子静态开关五大类。

1. AC/DC 变换器

AC/DC 变换器又称整流器，用于将交流电能变换为直流电能。

2. DC/DC 变换器

DC/DC 变换器用于将一种规格的直流电能变换为另一种规格的直流电能。采用 PWM 控制的 DC/DC 变换器也称直流斩波器，主要用于直流电动机驱动和开关电源。

3. DC/AC 变换器

DC/AC 变换器又称逆变器，用于将直流电能变换为交流电能。根据输出电压及频率的变化情况，可分为恒压恒频（CVCF）及变压变频（VVVF）两类，前者用作稳压电源，后者用于交流电动机变频调速系统。

4. AC/AC 变换器

AC/AC 变换器用于将一种规格的交流电能变换为另一种规格的交流电能。输入和输出频率相同的称为交流调压器，频率发生变化的称为周波变换器或变频器。

5. 静态开关

静态开关又称无触点开关，它是由电力电子器件组成的可控电力开关。

根据需要，以上各类变换可以组合应用。此外，各类变换器正在向模块化发展，可方便地组成不同功率等级的变换器。

通过本项目学习达成以下目标：

（1）掌握半波可控整流电路、半控桥式整流电路、全控桥式整流电路的工作原理。

（2）了解相控整流电路的调试方法。

（3）能对晶闸管触发电路进行测绘。

（4）能对相控整流主电路、触发电路的工作波形进行测绘。

（5）能利用示波器对相控整流主电路、触发电路进行波形测量和调试。

（6）培养学生分析问题、解决问题及交流沟通和团队协作能力。

项目实施

任务 5.4.1　触发电路的装接与检测

知识导读

电力电子电路基本都由主电路和触发电路两部分组成，主电路的主要作用是变换电能，触发电路的主要作用是为主电路晶闸管的导通提供触发信号。晶闸管是在晶体管基础上发展起来的一种大功率半导体器件。它的出现使半导体器件由弱电领域扩展到强电领域。晶闸管也像半导体二极管那样具有单向导电性，但它的导通时间是可控的，主要用于整流、逆变、调压及开关等方面。

晶闸管导通的条件：一是晶闸管阳极电路（阳极与阴极之间）施加正向电压；二是晶闸管控制电路（控制极与阴极之间）加正向电压或正向脉冲（正向触发电压）。晶闸管导通后，控制极便失去作用。依靠正反馈，晶闸管仍可维持导通状态。

晶闸管关断的条件：一是必须使可控硅阳极电流减小，直到正反馈效应不能维持；二是将阳极电源断开或者在晶闸管的阳极和阴极间加反向电压。

由于晶闸管导通后，门极就失去控制作用，因此对晶闸管的控制实际上就是提供一个有一定宽度的门极控制脉冲去触发晶闸管使之导通，产生门极控制脉冲的电路称为门极控制电路，常称为触发电路。

1. 电路原理图

晶闸管触发电路原理图如图 5.4.2 所示。

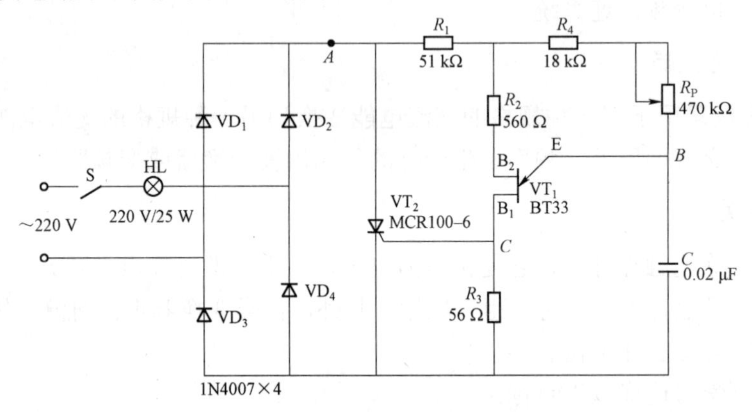

图 5.4.2　晶闸管触发电路原理图

2. 电路工作原理

当开关 S 闭合时，首先 220 V 交流市电经过由整流二极管 VD_1～VD_4 组成的桥式整流电路，经过桥式整流后得到了脉动的直流电。得到的脉动直流电经过分压限流电阻 R_1 和充电定时电阻 R_4、R_P 后向电容 C 进行充电。电容 C 上的电压会按指数规律逐渐升高，当电容 C 上的电压大于单结晶体管 BT33 的峰点电压时，单结晶体管就会导通，这时电容就会通过 BT33 的 EB_1 极和电阻 R_3 进行放电，这时会在电阻 R_3 上输出脉冲电压，触发晶闸管 MCR100－6 导通，从而使电灯 HL 被点亮。

调节可调电阻 R_P 可以改变电容 C 充放电的快慢时间，这也就控制了晶闸管 MCR100－6 的导通时间，从而控制灯泡 HL 的亮度。当 R_P 调小时，电容器 C 充电就快，在电阻 R_3 上形成触发电压的时间就会变短，这样就会使晶闸管的导通时间延长，灯泡 HL 的亮度就会增加。反之，当 R_P 调大时，电容器 C 充电就变慢，在电阻 R_3 上形成触发电压的时间就会变长，这样就会使晶闸管的导通时间变短，灯泡 HL 的亮度就会变暗。

任务实施

一、准备阶段

工具、元件和仪器仪表：

（1）电源单元电路；

（2）万用表 MF47A；

（3）双踪示波器。

二、操作过程

1. 触发电路的装接

（1）检测元器件。按图 5.4.2 连接好电路，确保电路准确无误。

鉴别晶闸管的好坏，见图 5.4.3，用万用表 $R\times1$ kΩ 电阻挡测试两只晶闸管的阳极（A）—阴极（K）、门极（G）—阳极（A）之间的正反向电阻，再用万用表 $R\times100$ kΩ 电阻挡测量两只晶闸管的门极（G）—阴级（K）之间的正反向电阻，将测量数据填入表 5.4.1，并鉴别晶闸管的好坏。

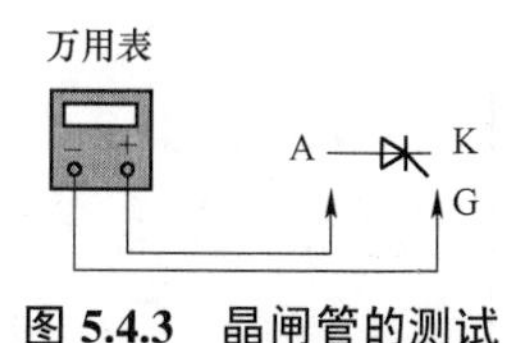

图 5.4.3　晶闸管的测试

表 5.4.1　晶闸管正反向电阻测量数据

被测晶闸管	R_{AK}	R_{KA}	R_{AG}	R_{GA}	R_{GK}	R_{KG}	结论
VT_1							
VT_2							

用万用表测试晶闸管门极与阴极正反高电阻时，发现有的晶闸管正反向电阻很接近，这种现象并不能说明晶闸管已经损坏，只要正向电阻比反向电阻小些，该晶闸管就是好的。注：用万用表测试晶闸管门极与阴极电阻时，不能用 $R\times10$ Ω 挡，以防损坏门极，一般用 $R\times1$ kΩ 挡测量。

（2）接通电源，用双踪示波器 Y1 测量 A、B 点的电压数值与波形 A_1、B_1，表 5.4.2 所列为单结晶体管触发电路元件清单。

表 5.4.2　单结晶体管触发电路元件清单

序号	元器件名称	型号	数量	单位
1	二极管	1N4007	4	个
2	晶闸管	MCR100－6	1	个
3	单结晶体管	BT33	1	个
4	涤纶电容	0.02 μF	1	个
5	电阻器	560 Ω	1	个
6	电阻器	56 Ω	1	个
7	电阻器	51 kΩ	1	个
8	电阻器	18 kΩ	1	个
9	电位器	470 kΩ	1	个
10	接线柱	5.08 间距	2	个

2. 触发电路的调试、测量

（1）读取双踪示波器 Y1 对 A、B 点所测得的电压数值与波形 A_1、B_1，并记录于表 5.4.3 中。

表 5.4.3　*A*、*B* 的电压波形 A_1、B_1

记录 *A* 的电压波形 A_1	示波器	记录 *B* 的电压波形 B_1	示波器
	峰－峰值： 频率值：		峰－峰值： 频率值：

（2）调节给定电位器 R_P，使触发延迟角 α 为 60° 左右。

（3）用双踪示波器 Y1 测量 *A*、*B* 点的电压数值与波形 A_2、B_2，并记录于表 5.4.4 中。

表 5.4.4　*A*、*B* 的电压波形 A_2、B_2

记录 *A* 的电压波形 A_2	示波器	记录 *B* 的电压波形 B_2	示波器
	峰－峰值： 频率值：		峰－峰值： 频率值：

（4）测量单结晶体管 BT33 发射极触发脉冲输出 1 电压波形并记录于表 5.4.5 中。

（5）调节电位器，测量单结晶体管 BT33 发射极触发脉冲输出 2 电压波形，并记录于表 5.4.5 中。

表 5.4.5　单结晶体管 BT33 发射极触发脉冲输出电压波形

触发脉冲输出 1 电压波形	示波器	触发脉冲输出 2 电压波形	示波器
	峰－峰值： 频率值：		峰－峰值： 频率值：

完成测量任务后，关闭工作台总电源，拆下测量线及导线，归还工具，对实训台及实训室开展“整理、整顿、清扫、清洁、安全”5S 行动。

任务 5.4.2　单相桥式半控整流电路的装接与检测

知识导读

按照图 5.4.4 连接电路，使用双踪示波器观察并记录其产生的波形，分析波形产生的原因。了解单相桥式半控整流电路的基本工作原理。理解单相桥式半控整流电路的基本组成。掌握单相桥式半控整流电路的安装与调试方法。

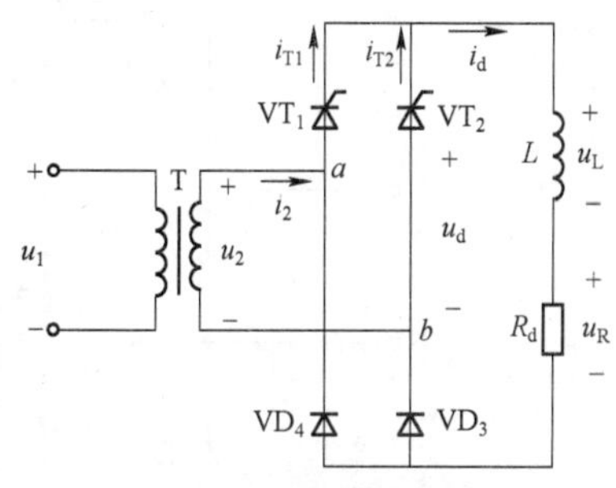

图 5.4.4　单相桥式半控整流电路

在单相桥式全控整流电路中共用了 4 只晶闸管，分成两个导电回路，要求桥臂上晶闸管同时被导通，因此选择晶闸管时要求具有相同的导通时间，且脉冲变压器二次绕组之间要承受 u_2 电压，所以绝缘要求高。从经济角度出发，可用两只整流二极管代替两只晶闸管，简化整个电路，如图 5.4.4 所示，该电路为单相桥式半控整流电路，其在中小容量可控整流装置中被广泛采用。

图 5.4.4 所示电路的特点是：两只晶闸管为“共阴极”接法，触发脉冲同时送给两只晶闸管的门极，能被触发导通的只能是承受正向电压（即阳极电位高）的一只晶闸管，所以触发电路较简单。整流二极管 VD_3 与 VD_4 是“共阳极”接法，能否导通仅取决于电源电压 u_2 的正负，承受正向电压（即阴极电位低）的一只二极管导通，而与 VT_1 及 VT_2 是否导通及负载性质均无关。

带电阻性负载时的半控电路与全控电路的工作情况相同，这里只对带电感性负载的工作情况进行讨论。

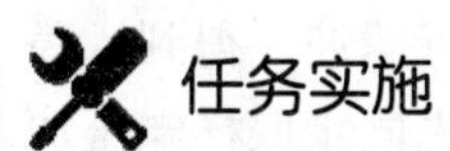

任务实施

一、准备阶段

1. 工具和仪器

（1）电源单元电路；

（2）万用表 MF47A；

（3）双踪示波器。

2. 电路原理图

单相桥式半控整流电路原理图如图 5.4.5 所示。

3. 电路工作原理

单相桥式半控整流电路由三部分子电路组成，其分别是同步取样给定电路、触发电路以及桥式整流电路。同步取样给定电路是由二极管组成的桥式整流电路，然后通过 1 kΩ电阻的分压和限流，再通过 10 V 的稳压二极管进行稳压，稳压后再通过电解电容 C_6 进行滤波，得到了稳定的 10 V 直流电，最后再通过可调电阻 R_{P3} 和 R_{P2} 进行电压取样。

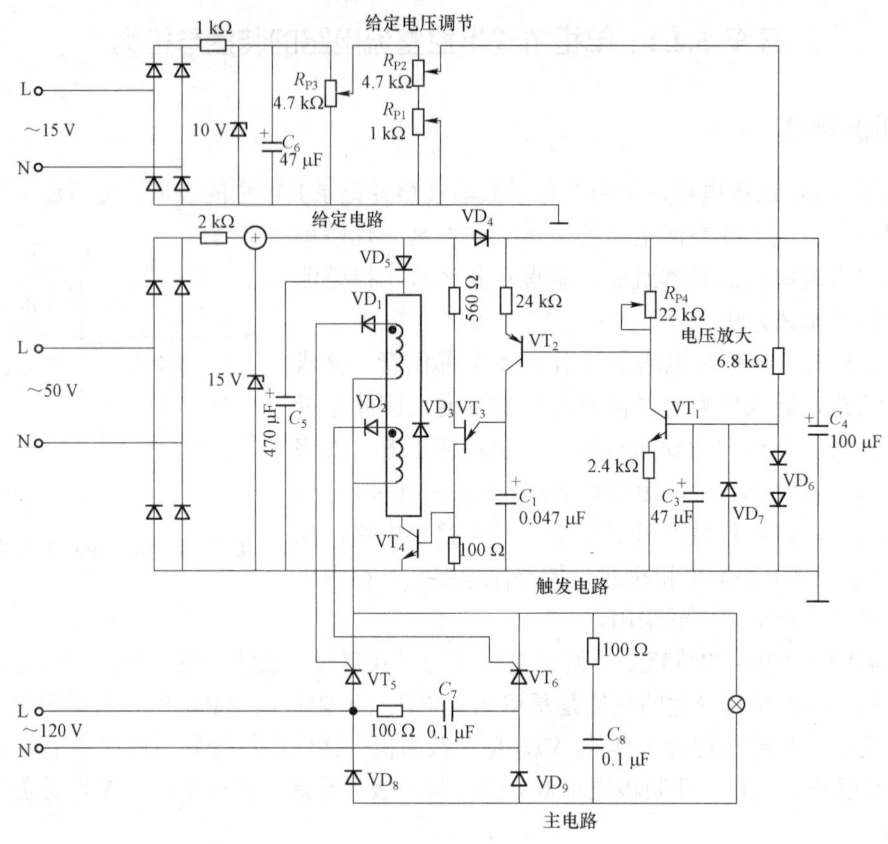

图 5.4.5　单相桥式半控整流电路原理图

脉冲触发电路也是由二极管组成的桥式整流电路，然后通过 2 kΩ电阻的分压和限流，再通过 15 V 的稳压二极管进行稳压，稳压后再通过电解电容 C_5 和 C_4 进行滤波，得到了稳定的 15 V 直流电压，这个 15 V 的电压为单结晶体管提供了工作电压，首先同步取样电压加到三极管 VT_1 的基极，促使三极管 VT_1 导通，VT_1 导通后使 PNP 三极管 VT_2 导通，这样 15 V 的直流电就通过 24 kΩ电阻、VT_2 三极管的发射极 E 和集电极 C 对电解电容 C_1 进行充电，电容 C_1 上的电压会按指数规律逐渐升高，当电容 C_1 上的电压大于单结晶体管 VT_3 的峰点电压时，单结晶体管就会导通，这时电容 C_1 就会通过单结晶体管 VT_3 的 E 极和 B 极以及 100 Ω 的电阻进行放电，在 100 Ω电阻上产生一个高脉冲电压，这个高脉冲电压会促使 NPN 三极管 VT_4 导通，一旦 VT_4 导通，就会在两个具有同名端的电感上产生两个同步的高脉冲电压信号，这两个同步的高脉冲信号分别加在晶闸管 VT_5 和 VT_6 的门极上，使晶闸管 VT_5 和 VT_6 随时准备着导通。

主电路分别由两个晶闸管 VT_5、VT_6 和两个二极管 VD_8、VD_9，以及负载灯泡和阻容保护环节构成。当电压处于正半周时，晶闸管 VT_5 和 VD_9 承受正向电压状态，在此时刻又有触发脉冲的到来，这样 VT_5 和 VD_9 就会导通，其电流流过的路径由电源正向端到晶闸管 VT_5 再到灯泡，然后经过 VD_9，最后到达电源的负极，就会在负载灯泡上得到一个从上到下的电流；同理，当电压处于负半周时，其电流流过的路径由电源负向端到晶闸管 VT_6 再到灯泡，然后经过 VD_8，最后到达电源的正极，这样也会在负载灯泡上得到一个从上到下的电流。由此可见在单相交流电的整个周期内，负载上的电流始终都是从上到下流过灯泡的。

二、操作过程

1. 单相桥式半控整流电路的连接与检测

（1）检测元器件。按图 5.4.5 连接好电路，确保电路准确无误。

（2）将电阻性负载（灯泡）接入单相桥式半控整流电路主电路，将触发脉冲加在晶闸管 VT_5、VT_6 上。

（3）单相桥式半控整流电路元器件清单见表 5.4.6。

表 5.4.6　单相桥式半控整流电路元器件清单

电路名称	序号	元器件名称	型号	数量
触发电路	1	二极管	1N4007	15
	2	稳压管	10 V、15 V	各 1
	3	电解电容	47 μF	2
	4	电解电容	470 μF、100 μF、0.047 μF	各 1
	5	电位器	4.7 kΩ	2
	6	晶体管	9013	2
	7	晶体管	9012	1
	8	电位器	1 kΩ、22 kΩ	各 1
	9	电阻器	100 Ω、560 Ω、1 kΩ、2 kΩ、2.4 kΩ、6.8 kΩ、24 kΩ	各 1
	10	单结晶体管	BT33	1
主电路	1	晶闸管	BT151	2
	2	电阻	100 Ω	2
	3	电容	0.1 μF	2
	4	白炽灯	120 V/20W	1
	5	二极管	1N4007	2

2. 单相桥式半控整流电路的调试、测量

（1）接通电源，调节给定电压，观察并记录晶闸管 VT_5 两端的电压、负载两端电压以及波形，并填入表 5.4.7 中。

表 5.4.7　波形记录表 1

记录晶闸管 VT_5 电压波形	示波器	记录负载两端电压波形	示波器
	峰－峰值： 频率值：		峰－峰值： 频率值：

（2）改变触发延迟角α的大小，观察波形的变化，填入表 5.4.8 中。

表 5.4.8　波形记录表 2

记录改变α后晶闸管 VT_5 电压波形	示波器	记录改变α后负载两端电压波形	示波器
	峰－峰值： 频率值：		峰－峰值： 频率值：

完成测量任务后，关闭工作台总电源，拆下测量线及导线，归还工具，对实训台及实训室开展“整理、整顿、清扫、清洁、安全”5S 行动。

任务 5.4.3　单相桥式全控整流电路的装接与检测

知识导读

单相可控整流电路因其具有电路简单、投资少、调试和维修方便等优点，一般 4 kW 以下容量的可控整流装置采用较多。本任务以单相桥式全控整流电路为例，根据所接负载不同，有电阻性负载、阻感性负载、反电动势负载三种情况。

1. 电路原理图

单相桥式全控整流电路原理图如图 5.4.6 所示。

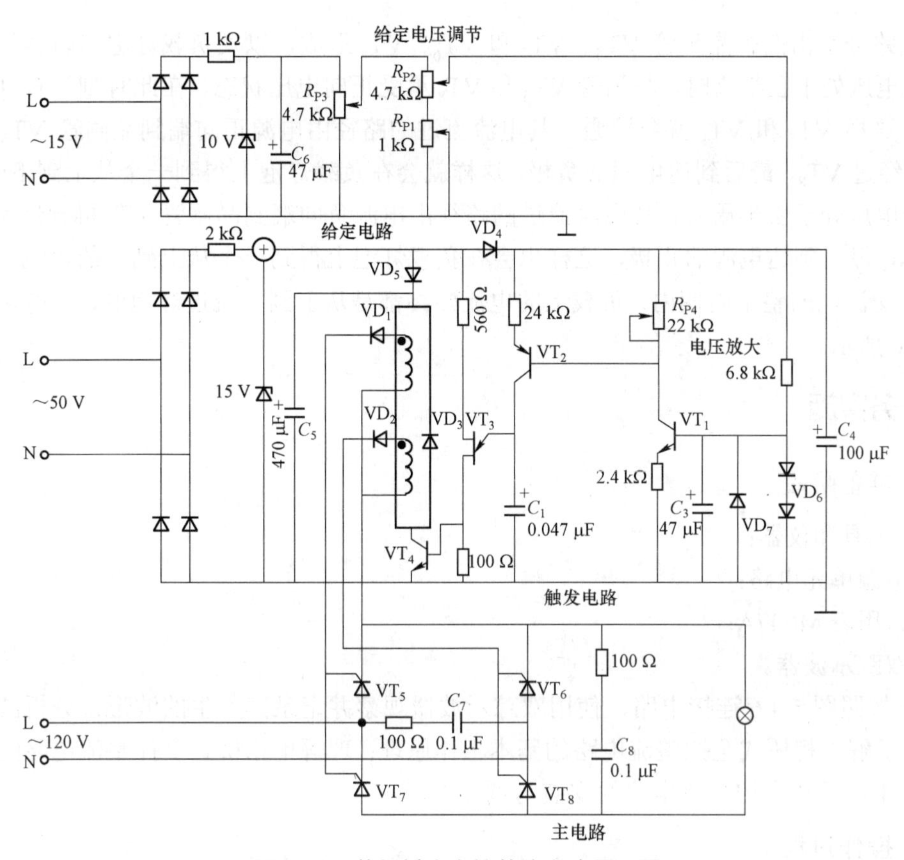

图 5.4.6 单相桥式全控整流电路原理图

2. 电路工作原理

单相桥式全控整流电路由三部分子电路组成，其分别是同步取样给定电路、触发电路以及桥式整流电路。同步取样给定电路是由二极管组成的桥式整流电路，然后通过 1 kΩ电阻的分压和限流，再通过 10 V 的稳压二极管进行稳压，稳压后再通过电解电容 C_6 进行滤波，得到了稳定的 10 V 直流电，最后再通过可调电阻 R_{P2} 和 R_{P1} 进行电压取样。

脉冲触发电路也是由二极管组成的桥式整流电路，然后通过 2 kΩ电阻的分压和限流，再通过 15 V 的稳压二极管进行稳压，稳压后再通过电解电容 C_5 和 C_4 进行滤波，得到了稳定的 15 V 直流电压，这个 15 V 的电压为单结晶体管提供了工作电压，首先同步取样电压加到三极管 VT_1 的基极，促使三极管 VT_1 导通，VT_1 导通后使 PNP 三极管 VT_2 导通，这样 15 V 的直流电就通过 24 kΩ电阻、VT_2 三极管的发射极 E 和集电极 C 对电解电容 C_1 进行充电，电容 C_1 上的电压会按指数规律逐渐升高，当电容 C_1 上的电压大于单结晶体管 VT_3 的峰点电压时，单结晶体管就会导通，这时电容 C_1 就会通过单结晶体管 VT_3 的 E 极和 B 极以及 100 Ω 的电阻进行放电，这时就会在 100 Ω电阻上产生一个高脉冲电压，这个高脉冲电压会促使 NPN 三极管 VT_4 导通，一旦 VT_4 导通，就会在两个具有同名端的电感上产生两个同步的高脉冲电压信号，这两个同步的高脉冲信号分别加在晶闸管 VT_5、VT_7 和 VT_6、VT_8 的门极上，就会使晶闸管 VT_5、VT_7 和 VT_6、VT_8 随时准备着导通。

主电路分别由四个晶闸管 VT_5、VT_7 和 VT_6、VT_8 组成，以及负载灯泡和阻容保护环节构成。当电压处于正半周时，晶闸管 VT_5 和 VT_8 承受正向电压状态，在此时刻又有触发脉冲的到来，这样 VT_5 和 VT_8 就会导通，其电流流过的路径由电源正向端到晶闸管 VT_5 再到灯泡，然后经过 VT_8，最后到达电源的负极，这样就会在负载灯泡上得到一个从上到下的电流；同理，当电压处于负半周时，其电流流过的路径由电源负向端到晶闸管 VT_6 再到灯泡，然后经过 VT_7，最后到达电源的正极，这样也会在负载灯泡上得到一个从上到下的电流。由此可见在单相交流电的整个周期内，负载上的电流始终都是从上到下流过灯泡的，其电路原理图如图 5.4.6 所示。

任务实施

一、准备阶段

（1）工具和仪器：

① 电源单元电路；

② 万用表 MF47A；

③ 双踪示波器。

（2）按照图 5.4.6 连接电路，使用双踪示波器观察并记录其产生的波形，分析波形产生的原因。了解单相桥式全控整流电路的基本工作原理；理解单相桥式全控整流电路的基本组成；掌握单相桥式全控整流电路的安装与调试方法。

二、操作过程

1. 单相桥式全控整流电路的连接与检测

（1）检测元器件。按图 5.4.6 连接好电路，确保电路准确无误。

（2）将电阻性负载（灯泡）接入单相桥式全控整流电路主电路，将触发脉冲加在晶闸管 VT_5～VT_8 上。

（3）单相桥式全控整流电路元器件清单见表 5.4.9。

表 5.4.9　单相桥式全控整流电路元器件清单

电路名称	序号	元器件名称	型号	数量
触发电路	1	二极管	1N4007	15
	2	稳压管	10 V、15 V	各 1
	3	电解电容	47 μF	2
	4	电解电容	470 μF、100 μF、0.047 μF	各 1
	5	电位器	4.7 kΩ	2
	6	晶体管	9013	2
	7	晶体管	9012	1
	8	电位器	1 kΩ、22 kΩ	各 1

续表

电路名称	序号	元器件名称	型号	数量
触发电路	9	电阻器	100 Ω、560 Ω、1 kΩ、2 kΩ、2.4 kΩ、6.8 kΩ、24 kΩ	各 1
	10	单结晶体管	BT33	1
主电路	1	晶闸管	BT151	4
	2	电阻	100 Ω	2
	3	电容	0.1 μF	2
	4	白炽灯	120 V/20W	1

2. 单相桥式全控整流电路的调试、测量

（1）接通电源，调节给定电压，观察并记录晶闸管 VT_5 两端的电压、负载两端电压以及波形，并填入表 5.4.10 中。

表 5.4.10　波形记录表

记录晶闸管 VT_5 电压波形	示波器	记录负载两端电压波形	示波器
	峰－峰值： 频率值：		峰－峰值： 频率值：

（2）改变触发延迟角α的大小，观察波形的变化，并填入表 5.4.11 中。

表 5.4.11　波形记录表

记录改变α后晶闸管 VT_5 电压波形	示波器	记录改变α后负载两端电压波形	示波器
	峰－峰值： 频率值：		峰－峰值： 频率值：

完成测量任务后，关闭工作台总电源，拆下测量线及导线，归还工具，对实训台及实训室开展“整理、整顿、清扫、清洁、安全”5S 行动。

项目评价

对项目实施的完成情况进行检查，并填写项目评价表 5.4.12。

表 5.4.12　电力电子电路安装、调试及维修项目考核评价表

序号	考核内容	考核要点	配分	评分标准	扣分	得分
1	绘图	正确绘图	20	绘制电路图和时序图错误一处扣 2 分		
2	工具的使用	正确使用工具	10	工具使用不正确每次扣 2 分		
3	仪表的使用	正确使用仪表	10	仪表使用不正确每次扣 2 分		
4	安装布线	按照电子焊接工艺要求，依据电路图正确完成线路的安装和接线	30	（1）不按图组装接线每处扣 1 分； （2）元器件组装不牢固每处扣 1 分； （3）元器件偏斜每个扣 0.5 分； （4）焊点不圆滑每个扣 0.5 分； （5）焊接点接触不良每处扣 1 分； （6）元器件引线高出焊点 1 mm 以上每处扣 1 分		
5	试运行	（1）通电前检测设备、元器件及电路； （2）通电试运行实现电路功能	10	（1）通电测试发生短路和开路现象扣 10 分； （2）通电测试异常，每项扣 5 分		
6	故障检修	（1）观察故障现象； （2）判断故障点	10	（1）描述故障现象错误，每处扣 2 分； （2）判断故障点错误，每处扣 2 分； （3）排除故障一次不成功扣 2 分		
7	安全文明生产	（1）明确安全用电的主要内容； （2）操作过程符合文明生产要求	10	（1）损坏设备扣 2 分； （2）损坏工具仪表扣 1 分； （3）发生轻微触电事故扣 3 分		
合计						
注意：若考生发生重大设备和人身事故，应及时终止操作						

拓展知识

三相桥式全控整流电路

在三相桥式全控整流电路中，对共阴极组和共阳极组是同时进行控制的，控制角都是α。由于三相桥式整流电路是两组三相半波电路的串联，因此整流电压为三相半波时的 2 倍。显然在输出电压相同的情况下，三相桥式晶闸管要求的最大反向电压，可比三相半波线路中的晶闸管低一半。

为了分析方便，使三相全控桥的 6 只晶闸管触发的顺序是 1-2-3-4-5-6，晶闸管是这样编号的：晶闸管 KP1 和 KP4 接 a 相，晶闸管 KP3 和 KP6 接 b 相，晶闸管 KP5 和 KP2 接 c 相。晶闸管 KP1、KP3、KP5 组成共阴极组，而晶闸管 KP2、KP4、KP6 组成共阳极组。其电路如图 5.4.7 所示。

输出波形分析：

先分析 $\alpha=0$ 的情况，也就是在自然换相点触发换相时的情况。

为了分析方便起见，把一个周期等分 6 段（见图 5.4.8）。

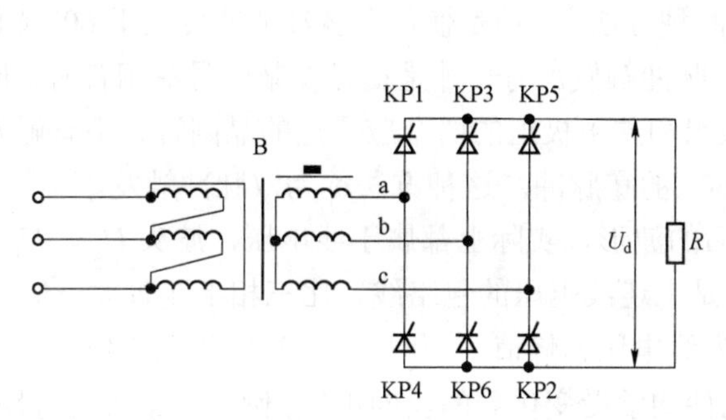

图 5.4.7　三相桥式全控整流电路原理图

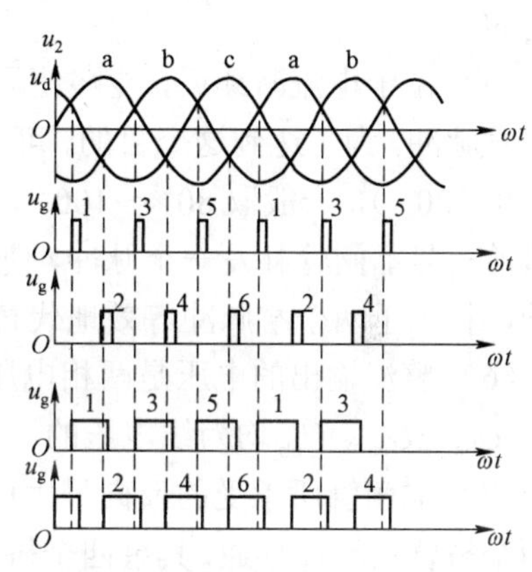

图 5.4.8　三相桥式全控整流电路触发信号

在第 1 段期间，a 相电压最高，而共阴极组的晶闸管 KP1 被触发导通，b 相电位最低，所以共阳极组的晶闸管 KP6 被触发导通。这时电流由 a 相经 KP1 流向负载，再经 KP6 流入 b 相。变压器 a、b 两相工作，共阴极组的 a 相电流为正，共阳极组的 b 相电流为负。加在负载上的整流电压为

$$U_{d}=U_{a}-U_{b}=U_{ab}$$

经过 60° 后进入第 2 段时期。这时 a 相电位仍然最高，晶闸管 KP1 继续导通，但是 c 相电位却变成最低，当经过自然换相点时触发 c 相晶闸管 KP2，电流即从 b 相换到 c 相，KP6 承受反向电压而关断。这时电流由 a 相流出经 KP1、负载、KP2 流回电源 c 相。变压器 a、c 两相工作。这时 a 相电流为正，c 相电流为负。在负载上的电压为

$$U_{d}=U_{a}-U_{c}=U_{ac}$$

再经过 60°，进入第 3 段时期。这时 b 相电位最高，共阴极组在经过自然换相点时，触发导通晶闸管 KP3，电流即从 a 相换到 b 相，c 相晶闸管 KP2 因电位仍然最低而继续导通。此时变压器 bc 两相工作，在负载上的电压为

$$U_{d}=U_{b}-U_{c}=U_{bc}$$

余相依此类推。

由上述分析三相桥式全控整流电路的工作过程可以看出：

（1）三相桥式全控整流电路在任何时刻都必须有两个晶闸管导通，而且这两个晶闸管一

个是共阴极组的，另一个是共阳极组的。

（2）三相桥式全控整流电路就是两组三相半波整流电路的串联，所以与三相半波整流电路一样，对于共阴极组触发脉冲的要求是保证晶闸管 KP1、KP3 和 KP5 依次导通，因此它们的触发脉冲之间的相位差应为 120°。对于共阳极组触发脉冲的要求是保证晶闸管 KP2、KP4 和 KP6 依次导通，因此它们的触发脉冲之间的相位差也是 120°。

（3）由于共阴极的晶闸管是在正半周触发，共阳极组是在负半周触发，因此接在同一相的两个晶闸管的触发脉冲的相位应该相差 180°。

（4）三相桥式全控整流电路每隔 60° 有一只晶闸管要换流，由上一号晶闸管换流到下一号晶闸管触发，触发脉冲的顺序是：1→2→3→4→5→6→1，依次下去。相邻两脉冲的相位差是 60°。

（5）由于电流断续后，能够使晶闸管再次导通，必须对两组中应导通的一对晶闸管同时有触发脉冲。为了达到这个目的，可以采取两种办法：一种是使每个脉冲的宽度大于 60°（必须小于 120°），一般取 80°～100°，称为宽脉冲触发。另一种是在触发某一号晶闸管时，同时给前一号晶闸管补发一个脉冲，使共阴极组和共阳极组的两个应导通的晶闸管上都有触发脉冲，相当于两个窄脉冲等效地代替大于 60° 的宽脉冲。这种方法称为双脉冲触发。

（6）整流输出的电压是两相电压相减后的波形，实际上都属于线电压，波头 U_{ab}、U_{ac}、U_{bc}、U_{ba}、U_{ca}、U_{cb} 均为线电压的一部分，是上述线电压的包络线，比三相半波时大一倍。

（7）晶闸管所承受的反向最大电压即为线电压的峰值。三相桥式整流电路在任何瞬间仅有两个桥臂的元件导通，其余四个桥臂的元件均承受变化着的反向电压。例如在第 1 段时期，KP1 和 KP6 导通，此时 KP3 和 KP4 承受反向线电压 $U_{ba}=U_b-U_a$，KP2 承受反向线电压 $U_{bc}=U_b-U_c$，KP5 承受反向线电压 $U_{ca}=U_c-U_a$，当α从零增大的过程中，同样可分析出晶闸管承受的最大正向电压也是线电压的峰值。

参 考 文 献

[1] 李锁牢. PLC 应用技术项目教程 [M]. 西安: 西安电子科技大学出版社, 2013.
[2] 刘震, 范建华. 施工现场　临时用电 [M]. 北京: 中国电力出版社, 2017.
[3] 郑惠忠. 新编施工临时用电 [M]. 上海: 同济大学出版社, 2018.
[4] 耿淬, 刘冉冉. 传感器与检测技术 [M]. 北京: 北京理工大学出版社, 2019.
[5] 肖俊. 维修电工实训 [M]. 北京: 中国劳动社会保障出版社, 2015.
[6] 崔陵. 电子产品安装与调试 [M]. 北京: 高等教育出版社, 2012.